Environmental Health
Hazards and Protection

环境健康危害与防护

主　编　吴德礼
副主编　张超杰　冯雷雨

U0347604

同济大学 出版社
TONGJI UNIVERSITY PRESS
·上海·

内 容 提 要

环境健康与人类生存和发展息息相关。本书是同济大学广受欢迎的公共选修课"环境健康危害与防护"的教学用书,作者总结了 10 多年的教学经验,根据国内外环境健康与防护的最新研究成果,结合读者的兴趣点和通识课程教材的特点,从环境健康绪论、大气污染、水污染、土壤污染、物理性污染、生物性污染、重金属污染、新兴污染物、室内空气污染、家用化学品污染、食品安全等方面介绍其与人类健康的密切关系及防护措施。同时,本书穿插了众多环境健康案例,使内容更贴近实际生活。

本书可读性和实用性俱佳,不仅适用于高校的公选课参考,也可作为人们爱护自然环境、关心环境与身体健康的科普读物。

图书在版编目(CIP)数据

环境健康危害与防护 / 吴德礼主编;张超杰,冯雷雨副主编.—上海:同济大学出版社,2023.9
ISBN 978-7-5765-0790-4

Ⅰ.①环… Ⅱ.①吴…②张… ③冯… Ⅲ.①环境污染-影响-健康-研究 Ⅳ.①X503.1

中国国家版本馆 CIP 数据核字(2023)第 028602 号

环境健康危害与防护

主　编　吴德礼　　　**副主编**　张超杰　冯雷雨

责任编辑　翁　晗
助理编辑　王映晓
责任校对　徐春莲
封面设计　陈益平
出版发行　同济大学出版社　　　　www.tongjipress.com.cn
　　　　　(地址:上海市四平路 1239 号　邮编:200092　电话:021-65985622)
经　　销　全国各地新华书店
排　　版　南京文脉图文设计制作有限公司
印　　刷　苏州市古得堡数码印刷有限公司
开　　本　787mm×1092mm　1/16
印　　张　18
字　　数　449 000
版　　次　2023 年 9 月第 1 版
印　　次　2023 年 9 月第 1 次印刷
书　　号　ISBN 978-7-5765-0790-4

定　　价　69.00 元

本书若有印装质量问题,请向本社发行部调换　　版权所有　侵权必究

前言 | **Preface**

  良好的环境是人类健康生存和发展的基础,全球范围内的环境污染对人体健康的危害已受到人们越来越多的关注。据世界卫生组织报告,80%的人类消化系统、呼吸系统等疾病是由不良环境因素导致的。近一个世纪以来,人类频繁的活动引发了土地沙化、生态破坏、资源耗竭、全球变暖和臭氧层破坏等一系列环境污染与健康问题。自20世纪中叶起,频繁发生的环境公害事件给人类健康与生存敲响了警钟。环境污染不仅影响到社会经济的可持续发展,同样也给人类健康带来了潜在的风险。深入开展环境污染对健康影响的研究,不仅能够为国家制定相关的政策、法规、标准提供科学的依据,也能够为人民群众保护自己的环境权益、提高健康水平和生活质量提供指导性的意见和建议。

  2012年本书编者在同济大学开设了公共选修课"环境健康危害与防护",受到学生的广泛欢迎。该课程主要讲述自然环境和生活居住环境与人群健康的关系以及环境因素对健康的影响,并探讨如何控制不利的环境因素,进而预防疾病。该课程是保障人类健康的一门课程。经过十多年的教学和发展,该课程体系日趋完善,编者结合国内外环境健康与防护的最新研究成果,将教学素材总结成书,以帮助学生更好地理解和消化相关知识。编者结合学生的兴趣点和通识课程教材的特点,在传统的大气、水体、土壤污染的基础上,增加了新污染物、家用化学品以及食品安全等方面的内容。在每一章中,尽可能地融合一些贴近生活的实例,以使本书更具可读性和实用性。此外,本书通过材料案例阐述环境污染与人体健康的关系,使读者能够更好地将书本内容与实际生活相联系。因此,本书不仅可作为高校的公选课教材,也可作为人们爱护自然环境、关心环境与健康的科普读物。

  全书共分为11章,第1～3章、第5、6、10、11章由吴德礼组织编写,第4、7章由冯雷雨组织编写,第8、9章由张超杰组织编写。本书得到同济大学学术专著(自然科学类)出版基金和同济大学课程思政教育教学改革研究课题的资助。书中参考和引用了相关作者的文献资料,在文中难以逐一注明,在此谨向这些作者致以衷心感谢。同济大学出版社的编辑在本书的选题以及编写等环节中提出了很多宝贵意见,在此深表谢意。

  鉴于编者知识范围和学术水平的局限性,书中难免存在错误、不足和疏漏之处,恳请各位读者予以批评指正。

编者

2023年6月

于同济大学

目录 | Contents

第 1 章

绪 论

1.1 环境

21 世纪以来,环境与发展问题受到国际社会的普遍关注,人们越来越清晰地认识到日益严重的全球性环境污染已经威胁到人类生存和社会发展,环境问题已成为当代社会所面临的最严重问题之一。

1.1.1 环境的概念

人们通常所称的环境是指人类环境,即以人为中心,除人以外的一切其他生命体和非生命体均被视为环境的对象。因此,环境即以人为中心而存在于周围的一切事物。《中华人民共和国环境保护法》中,环境是指影响人类生存和发展的各种天然的和经过人工改造的自然因素总体,包括大气、水、海洋、土地、矿藏、森林、草原、野生生物、自然遗迹、人文遗迹、风景名胜区、自然保护区、城市和乡村等。

1.1.2 环境的因素

在环境体系中以一定物质形态(气态、液态和固态)存在的客观实体形成环境的构造骨架——环境介质,如大气、水体、土壤、岩石和生物体;而介质中被载运的能量、物质以及介质中各种无机和有机成分则被称为环境因素,人类环境是由各种环境介质和环境因素组成的综合体系。在人类环境中,不同环境体系由不同环境因素构成,自然环境因素按其性质可划分为物理性、化学性和生物性三类因素,环境因素是环境健康科学研究的重要方面,其对人体健康的影响,尤其是不利影响,是环境健康科学关注的重点。各种环境因素中,有的可对人体产生有益作用,有的会在一定条件下对人体产生不利作用,其中能引起机体不良反应的环境因素称为环境有害因素。

环境物理因素主要有温度、湿度、气流、热辐射、噪声、振动、电离辐射、非电离辐射等。温度、湿度、气流、热辐射、噪声、振动是表征人类生活环境小气候的主要因子,电离辐射指包括电磁辐射(X射线和γ射线)和粒子辐射(β粒子、α粒子和质子)等具有较高能量的辐射,非电离辐射指波长大于100 nm的可见光、紫外线、红外线以及长波、中波、短波和微波等电磁波辐射。在自然状态下,很多物理因素是人类生理活动所必需的外界条件,一般不会对人体造成损伤,只有在接触一定强度和/或过长时间时才会产生危害。在现代生产和生活中,人类几乎无时无刻不在接触有害物理因素,因此其可能对人体造成的健康效应愈来愈引起人们的重视。例如核燃料及反应堆、X射线透视、工业部门加速器等,强烈的电离辐射会对人体健康构成极大的威胁。核武器的爆炸瞬间可致数十万人死亡,核工业发展的过程产生的核辐射或核素的内照射都可对机体的生命大分子和水分子造成电离和激发,进而呈现各种形式的伤害效应,最常见的是急性放射病和远期的"三致"(致癌、致畸、致突变)效应。

环境化学因素既包括人类生存和健康所必需的各种有机和无机物质,也包含人类的生产和生活中所排放的各种化学污染物质。在人类环境中,天然无机物质是构成人类机体的主要物质,很多化学物质在正常接触和使用情况下不会对人体产生危害,但在过量接触和低剂量长期接触时可能对机体产生不良效应。根据化学物质的性质,环境中的化学污染物可分为金属及类金属污染物、非金属污染物、有害气体、农药类及石油化工类污染物等。化学污染物中的许多成分是生物体中多种酶的重要组成成分,可能引起酶活性的改变,从而导致机体代谢失调和引发疾病。人们最为关注的是那些对生物有急性慢性毒性、易挥发、难降解、高残留、通过食物链危害身体健康的化学品,主要包括环境荷尔蒙类、"三致"化学品类和有毒化学品突发污染类。据估计,进入环境体系的人工合成化学物质已有10万多种,其中很多化学物质对人类和生物体具有毒害作用,如具有"三致"效应的多环芳烃、具有分泌干扰作用的有机氯农药和多氯联苯以及危害动物中枢神经系统的重金属等。

环境生物因素主要包括细菌、真菌、病毒和寄生虫等,自然环境中生存着对生态系统平衡维持起重要作用的众多微生物,而生活污水、工业废水、医疗污水、生活垃圾、人畜粪便等含有大量危害人体健康的病毒和寄生虫,不清洁的室内外空气中也存在众多致病生物体。此外,环境体系中还生存着各种能够对人体健康带来不利影响的作为传染病传播媒介的生物体。生物性有害因素的来源非常广泛,可能是地方性的,也可能是外源性的;可能是人类特有的,也可能是人畜共患的;可能源自生活性污染,也可能源自生产性污染。

在人类活动中,物理性、化学性和生物性因素发生变化时,人类环境将在一定的范围内发生变化。当机体能够适应环境变化时,人体可以保持稳定状态;而当机体难以适应时,人体会患各种疾病。

1.1.3　人类与环境的关系

人类在生存与发展过程中既受制于环境,同时也不断适应并改造着环境。人类既是自然环境的产物,也是环境的创造者和改造者,人类与环境具有对立统一的紧密联系。在经历工业革命的洗礼后,人类的生产力获得了巨大的提高,人类对地球环境的影响力也日益显著。人类每天需要消耗大量的物质和能源,它们绝大多数源于环境;同时,人类每天也在向地球排放大量废弃的物质和能量,它们的受体也是环境。人类对地球环境无止境的消耗、掠夺和肆意污染已经逐步超出了地球的承受能力,由此引发了日益严重的环境问题,而环境问题反过来威胁着人类的生存和发展。

引发环境问题的因素根据其性质可划分为自然因素和人为因素。前者包括火山爆发、地震、风暴、海啸等自然灾害;后者则指人类的生产、生活活动及其影响,主要包括:人类活动排放的各种污染物超过了环境容量的容许极限,使环境受到污染和破坏;人类开发利用自然资源超出了环境自身的承载能力,使生态环境质量恶化或导致自然资源枯竭。

1.2　环境污染

1.2.1　环境污染的概念

环境污染是指人类活动使有害物质、因子进入环境,进而使环境系统结构和功能发生变化,导致环境质量恶化,扰乱了生态平衡,对人类健康造成直接的、间接的或潜在的危害影响,或妨碍了其他各种生物的繁殖与生存,破坏了生态系统平衡的现象。环境污染使某些化学物质突然增加,或出现了环境中本来没有的合成化学物质,破坏了人与环境的对立统一关系,从而引起机体的疾病甚至死亡。人类不断地向环境排放污染物质,但由于大气、水、土壤等介质的扩散、稀释、氧化还原、生物降解等作用,污染物质的浓度和毒性会自然降低,这种现象叫作环境自净。如果排放的污染物质超过了环境自净能力的容许量,环境质量就会发生不良变化,危害人类生存,即产生了环境污染。

1.2.2　环境污染物及其来源

人们在生产和生活过程中,排入大气、水、土壤并引起环境污染或导致环境破坏的物质,叫作环境污染物。环境污染物及其来源主要有以下几个方面。

(1) 生产性污染物

工业生产产生的"三废"(废渣、废气和废水),如果未经处理或处理不当即大量排放到环境中,就可能造成污染。农业生产中长期使用的农药(杀虫剂、杀菌剂、除草剂、植物生长调节剂等)造成了农作物、畜产品及野生生物中农药残留,空气、水、土壤也可能受到不同程度的污染。

(2) 生活性污染物

粪便、垃圾、污水等生活废物处理不当,也是污染空气、水、土壤以及滋生蚊蝇的重要原因。随着人口增长和消费水平的不断提高,生活垃圾的数量大幅上升,垃圾的性质也发生了变化,如生活垃圾中增加了塑料及其他高分子化合物等成分,给无害化处理增加了很大的困难。粪便可用作肥料,但如果无害化处理不当,也可能造成某些疾病的传播。

（3）其他污染物

除了人类生产和生活产生的污染之外，放射性污染、交通污染、噪声污染、光污染等统称为其他污染。对环境造成放射性污染的人为污染源主要是核能工业排放的放射性废物，医用及工农业用放射源，以及核武器生产及试验所排放出来的废物和飘尘。放射性物质的污染波及空气、河流或海洋水域、土壤以及食品等，可通过各种途径进入人体，形成内照射源，医用放射源或工农业生产中应用的放射源还可使人体处于局部或全身的外照射中。交通污染主要指道路上的运输车辆排放出的烟、尘和有害气体造成的污染，特别是城市中的汽车尾气，量大而集中，排放的污染物能直接侵袭人的呼吸器官，对人体健康的危害很大，并且是大城市主要空气污染源之一。噪声污染来源广泛，人为噪声污染主要包括交通噪声、工业噪声、生活噪声和建筑施工噪声，会对人们正常的生活、工作和学习产生干扰。光污染是继废气、废水、废渣和噪声等污染之后的一种新的环境污染源，主要包括白亮污染、人工白昼污染和彩光污染。在日常生活中，人们常见的光污染的状况多为由镜面建筑反光所导致的行人和司机的眩晕感，以及夜晚不合理灯光给人体造成的不适感。

1.2.3　环境污染的特征

（1）影响范围大

环境污染涉及的地区广、人口多，接触污染物的人群除从事相关工作的人员外，还可能包括其他人群，比如污染地区周围的人群，尤其是老、弱、病、残、幼受到的危害最大。

（2）作用时间长

作用时间长有两方面含义：一是指环境被污染后，人和其他生物长时间处于污染环境中，持续受到影响。二是有些有毒有害物质，比如重金属、有机氯农药、有毒塑料制品和其他难降解的有机物，能长期保留在环境中。有些虽然能被降解，但其降解的中间产物往往毒性更大，会对人和生物产生潜在的或长期的危害。

（3）污染情况复杂

污染物进入环境后，受到大气、水体等稀释，浓度往往很低。污染物浓度虽低，但由于环境中存在的污染物种类繁多，可通过生物或理化作用发生转化、代谢、降解和富集，从而改变其原有的性状和浓度，产生不同的危害作用。多种污染物同时作用于人体，往往产生复杂的联合作用。如有的是相加作用，即两种污染物的毒性作用相似，作用于同一受体，而且其中一种污染物可按一定比例被另一种污染物取代；有的是独立作用，即联合污染物中每一污染物对机体作用的途径、方式和部位均有不同，各自产生的生物性效应也互不相关，联合污染物的总效应不是污染物的毒性相加，而仅是各污染物单独效应的累积；也有的是拮抗作用或协同作用，即两种污染物联合作用时，一种污染物能减弱或加强另一种污染物的毒性。

此外，环境污染还有污染容易、治理难的特点。环境一旦被污染，要想恢复原状，不但费力大、代价高，而且难以奏效，甚至还有重新污染的可能。有些污染物，如重金属和难以降解的有机氯农药污染土壤后,能在土壤中长期残留,短期内很难消除,处理起来十分困难。

1.3　全球环境问题

所谓环境问题,就是指作为中心事物的人类与作为周围事物的环境之间的矛盾。人类生活在环境之中,其生产和生活不可避免地对环境造成影响。这些影响有些是积极的,对环境起着改善和美化作用;有些是消极的,使环境退化或破坏。另外,自然环境也从某些方面(例如严酷的环境条件和自然灾害)限制和破坏人类的生产和生活。上述人类与环境之间相互的消极影响就构成了环境问题。

近代工业革命使人与自然环境的关系发生了巨大变化。特别是从 20 世纪中叶开始,科学技术的发展和世界经济的迅速增长,使人类"征服"自然环境的足迹踏遍了全球,人类成为主宰全球生态系统的至关重要的力量。世界著名科学刊物 Science 在 1997 年刊发了《人类主宰地球生态系统》一文,列出的一组数据表明,人类活动正在改变全球的生态系统。的确,在第二次世界大战后的短短几十年历程中,环境问题迅速从地区性问题发展为波及全球的问题,从简单问题(可分类、可定量、易降解、低风险、近期可见性)发展到复杂问题(不可分类、不可量化、不易解决、高风险、长期性),出现了一系列国际社会关注的热点问题,如气候变化、臭氧层破坏、酸雨、水资源危机、海洋污染、土地退化与荒漠化、垃圾围城、有毒有害化学品污染、生物多样性锐减等。围绕这些问题,国际社会在经济、政治、技术和贸易等方面形成了复杂的对抗和合作关系,并建立起一个庞大的国际环境条约体系,其正在越来越大地影响着全球经济、政治和技术的未来走向。表 1-1 和表 1-2 列举了国外一些著名的公害事件。

表 1-1　世界八大公害事件

事件名称	发生时间	主要污染物	发生地点	致害情况	致害原因
马斯河谷烟雾事件	1930 年 12 月初	烟尘及二氧化硫	比利时马斯河谷工业区	数千人中毒,60 人死亡	硫化物和金属氧化物颗粒进入肺部深处
洛杉矶光化学烟雾事件	1943 年 5—10 月	光化学烟雾	美国洛杉矶市(三面环山)	大多数居民患病,65 岁以上老人死亡 400 人	石油工业和汽车尾气在紫外线作用下生成光化学烟雾
多诺拉烟雾事件	1948 年 10 月	烟雾及二氧化硫	美国多诺拉镇(马蹄形河湾,两岸山高 120 m)	4 天内 43% 的居民患病,20 人死亡	硫化物和烟尘生成硫酸盐气溶胶,被吸入肺部
伦敦烟雾事件	1952 年 12 月	烟尘及二氧化硫	英国伦敦市	4 天死亡约 4 000 人	二氧化硫在金属颗粒物催化下生成三氧化硫、硫酸和硫酸盐,附着在烟尘上,被吸入肺部

续 表

事件名称	发生时间	主要污染物	发生地点	致害情况	致害原因
水俣病事件	1953—1961年	甲基汞	日本九州南部熊本县水俣镇	截至1972年,有180多人患病,50多人死亡,22个婴儿神经受损	海鱼中富含甲基汞,当地居民食用含毒的鱼而中毒
四日事件(哮喘病)	1955年以来	二氧化硫、烟尘、重金属粉尘	日本四日市,并蔓延到几十个城市	患者500多人,其中36人因哮喘病死亡	重金属粉尘和二氧化硫随烟尘进入肺部
米糠油事件	1968年	多氯联苯	日本九州爱知县等23个府县	患者5 000多人,死亡16人,实际受害者超过1万人	食用含多氯联苯的米糠油
富山事件(痛痛病)	1931—1975年(集中在20世纪50、60年代)	镉	日本富山县神通川流域,并蔓延至群马县等地7条河的流域	截至1968年5月,确诊患者258例,其中死亡128例;至1977年12月共死亡207例	食用含镉的米和水

来源:徐炎华等,环境保护概论,2009

表1-2 世界十大污染事件

事件	污染物	时间	国家
维素化学污染	二噁英	1976年	意大利
阿摩柯卡的斯油轮泄油	原油	1978年	法国
三哩岛核电站泄漏	放射性物质	1979年	美国
威尔士饮用水污染	酚	1985年	英国
墨西哥油库爆炸	原油	1984年	墨西哥
博帕尔农药泄漏	甲基异氰酸甲酯	1984年	印度
切尔诺贝利核电站爆炸	放射性物质	1986年	苏联
莱茵河污染	硫、磷、汞	1986年	瑞士
莫农格希拉河污染	原油	1988年	美国
埃克森瓦尔迪兹邮轮漏油	原油	1989年	美国

来源:贾振邦等,环境与健康,2008

1.3.1 全球气候变暖,温室效应加剧

联合国政府间气候变化专门委员会第六次评估报告的第一部分《气候变化2021:自然科学基础》是2013年以来对全球变暖的首次全球评估。报告称,现代社会对化石燃料的持续依赖而产生的温室气体正在以过去两千年来前所未有的速度使全球变暖,其带来的影响已经很明显:创纪录的干旱、野火和洪水在世界各地肆虐。如果温室气体继续排放下去,情况可能会变得更糟。报告明确表示,地球的未来在很大程度上取决于人类今天做出的选择。根据2015年颁布的《巴黎协定》,国际社会同意将21世纪全球气温上升幅度控制在比工业化前水平高2.0℃以内,并努力将气温上升幅度限制在1.5℃以内。如果这一临

界值被打破,北极海冰消失、珊瑚礁大规模灭绝以及富含甲烷的永久冻土融化等现象将更有可能出现,地球生态系统将发生永久性转变。

该报告对未来几十年全球变暖水平的可能性进行了新的估计。报告称,2011—2020年的10年间,全球地表温度比1850—1900年高1.09℃,这是自12.5万年前冰河时代以来从未有过的水平,过去5年也是自1850年有记录以来最热的5年。从未来20年的平均水平来看,科学家们预计,到21世纪30年代中期,气温上升将达到或超过1.5℃。该报告预测,未来几十年,所有地区的气候变化都将加剧。全球变暖1.5℃,热浪会越来越强,暖季会更长,冷季会更短。报告显示,在全球变暖2.0℃时,极端高温更容易达到农业和健康的容忍阈值。

绝大多数科学家认为,全球气候变化是由于人类活动过度排放二氧化碳、氯氟烃、甲烷、氮氧化物等温室气体,使大气过度吸收长波辐射,在近地层形成与玻璃温室相似的温室效应,对全球生态环境造成了深刻的影响,使全球气候变暖,引起冰川崩塌消融、海平面上升、粮食减产、物种灭绝等。

高温热浪席卷全球

美国政府相关机构于2015年1月16日发布的两份报告显示,2014年是全球自1880年有气温统计以来最热年份,这也是全球最热年纪录10年来第三次被刷新。两份报告分别来自美国国家海洋和大气管理局(NOAA)及美国国家航空航天局(NASA),由于采取的分析方法不同,两家机构的气温数据略有区别,但对2014年为史上最热年的结论并无分歧。

NOAA的科学家在对原始数据进行独立分析时发现,2014年全球平均气温为14.6℃,比20世纪平均水平高出0.69℃,比此前两个最热年2005年和2010年高出0.04℃。全球海洋表面气温也在2014年创下新高,比此前的最热年1998年和2003年高出0.05℃。

(来源:贡水,资源与人居环境,2015)

1.3.2 臭氧层破坏

臭氧层是大气中臭氧相对集中的层面,距离地面约22~27 km。在30 km以上的高空,短波长紫外辐射把氧分子解离为活泼的氧原子,氧原子与氧分子结合生成臭氧,分布在平流层的臭氧能吸收大量由太阳放射出的对人类及动植物有害的短波长紫外线(即UV-B:280~320 nm),把紫外线辐射转换为热能,用于加热平流层大气,同时保护着地球上的生命和生态系统。

卫星观测资料表明,自20世纪70年代以来,全球臭氧总量明显减少,1979—1990年,全球臭氧总量大致下降3%。南极附近臭氧量减少尤为严重,臭氧量大约低于全球平均值

30%~40%，出现了"南极臭氧洞"。自 1985 年发现"臭氧洞"以来，到 1987 年它变得既宽又深，1988 年虽然有所缓解，但 1989 年后至 20 世纪 90 年代的前几年里，每年春季南半球都会出现很强的"臭氧洞"，1994—1996 年南极臭氧洞在不断扩大。

臭氧层被破坏，太阳紫外线中以往极少能到达地面的短波紫外线就会增加，使皮肤病和白内障患者增加。据统计，臭氧层减少 1% 时有害的波长为 280~320 nm 的紫外线增加 2%，其结果是皮肤病的发病率将提高 2%~4%。臭氧层被破坏除了影响人类健康外，对生物也会产生影响。紫外线增强，会引起虾、蟹幼体及贝类大量死亡，还会削弱光合作用，妨碍农作物及树木的正常生长。虽然植物已发展了对抗 UV-B 高水平的保护机制，但实验研究表明，它们对波长为 280~320 nm 的紫外线增加的应变能力差异巨大。迄今为止，已对 200 多种不同的植物进行了波长为 280~320 nm 的紫外线敏感性实验，发现 2/3 产生了反应。敏感的物种如棉花、豌豆、大豆、甜瓜和卷心菜，都表现为生长缓慢，有些花粉不能萌发。UV-B 还能损伤植物激素和叶绿素，从而使光合作用强度降低。

2014 年 9 月 10 日，世界气象组织与联合国环境规划署发布报告说，地球臭氧层有望在未来几十年内得到恢复。两个组织当天发布的《2014 年臭氧层消耗科学评估报告》摘要版指出，国际社会于 1987 年达成的《关于消耗臭氧层物质的蒙特利尔议定书》（简称《蒙特利尔议定书》）（该公约于 1989 年 1 月 1 日生效）为减少消耗臭氧层物质的排放作出了巨大贡献。基于该议定书及相关协定开展的行动成功降低了曾用于冰箱、喷雾器、绝缘泡沫塑料和灭火器等产品的氟氯化碳和哈龙等气体在大气中的丰度。

报告指出，如果能够全面遵循《蒙特利尔议定书》，中纬度地区和北极上空的臭氧层有望在 21 世纪中叶以前恢复到 1980 年的基准水平（臭氧层出现严重消耗之前的水平），南极部分地区有望在晚些时候恢复到这一水平。

---

30 年来我国淘汰消耗臭氧层物质约 50.4 万吨

从生态环境部获悉：中国履行《蒙特利尔议定书》30 年成效显著，累计淘汰消耗臭氧层物质（ODS）约 50.4 万吨，在保护臭氧层的同时为减缓气候变化带来了巨大惠益。

1989 年，国际社会缔结《蒙特利尔议定书》。在各缔约方和国际社会的共同努力下，议定书成功淘汰了超过 99% 的 ODS，实现了巨大的环境和健康效益。1991 年，我国政府加入《蒙特利尔议定书》，切实履行了其规定的各项国际义务，兑现了履约承诺，先后实现了全氯氟烃、哈龙、四氯化碳、甲基氯仿和甲基溴五大类 ODS 受控用途的全面淘汰。目前，我国正在淘汰最后一类 ODS 含氢氯氟烃。

生态环境部根据《蒙特利尔议定书》履约机制，从我国国情和相关产业实际出发，一方面坚决履行国际公约义务，维护负责任大国形象；另一方面努力推进相关产业转型升级，继续保持优势行业在国际竞争中的优势地位。

通过创立行业整体淘汰机制、强化政策与标准引导、加强替代品研发与应用,我国多措并举开展履约淘汰活动。30 年来累计利用《蒙特利尔议定书》多边基金赠款 14.63 亿美元,成功执行了 32 个行业整体淘汰计划,实施淘汰项目 400 多个,关闭涉 ODS 生产线 100 多条,支持上千家企业完成替代技术改造,有效减少了 ODS 的生产和使用,并推动我国相关行业发展和推广应用具有自主知识产权的替代技术。

研究报告显示,过去 30 年我国在淘汰 ODS 过程中累计避免约 230 亿吨二氧化碳当量温室气体排放,相当于 2021 年我国碳排放总量的 2 倍多,减排成果显著。

(来源:央广网,2022.12.07)

1.3.3 酸雨

酸雨指大气中的硫氧化物与氮氧化物经过一系列复杂的化学反应后,产生酸性化合物的降雨,一般酸雨的 pH 小于 5.6。欧洲和北美洲东部是世界上最早发生酸雨的地区,但如今亚太地区由于经济的迅速增长和能源消耗量的迅速增加,酸雨问题也十分严重,特别是中国已成为硫氧化物、氮氧化物等酸性物质的排放大国。酸雨污染可以发生在其排放地 500～2 000 km 范围内,因此会造成越境污染,如今酸雨已经成为一个主要的全球环境问题。目前,全球形成了三大酸雨区,其中之一就是我国的长江以南地区。这一地区覆盖了四川、重庆、贵州、广东、广西、湖北、江西、浙江和江苏等省市,面积达 200 多万平方千米。世界上另外两个酸雨区是以德国、法国、英国等国为中心,波及大半个欧洲的欧洲酸雨区,以及包括美国和加拿大在内的北美酸雨区。这两个酸雨区的总面积约 1 000 万平方千米,降水的 pH 甚至降到 4.5 以下,降水的酸化程度之剧烈、危害面积之广远远超出了人们的想象。

2019 年成为我国自 1992 年有观测记录以来酸雨污染最轻的一年

中国气象局发布《大气环境气象公报(2019 年)》显示,2019 年全国大气污染气象条件偏差,但大气环境持续改善,全国平均霾日数、霾天气过程影响面积均较 2018 年减少,其中京津冀等区域霾日数和细颗粒物($PM_{2.5}$)浓度持续下降,2019 年也成为自 1992 年有观测记录以来酸雨污染状况最轻的一年。

长期以来,我国 SO_2 排放量的增减变化是影响酸雨污染变化趋势的主控因子,2010 年以来氮氧化物排放量的逐年下降对酸雨污染的改善也有较明显贡献。不同的社会经济发展阶段,酸雨的形成类型亦有着一定差异,如工业化阶段酸雨多以硫酸型为主,城市化阶段的酸雨逐渐向硝酸型发展。比如近年来,随着京津冀区域控制工业燃煤、供暖煤改电或燃气等节能减排政策的大力推行,SO_2 排放量下降显著;同时,汽车保有量增加,导致近年来氮氧化物对酸雨形成的贡献超过了 SO_2,该区域酸雨污染从 20 世纪 90 年代的"硫酸型"逐步向"硝酸型"转变。

近年来我国通过加大节能减排力度,严格控制电力、钢铁等行业的硫排放量,城市实行煤改气或电,减少 SO_2 排放,主要城市控制汽车保有量,逐步减少氮氧化物排放等,有效地减轻了酸雨污染。

(来源:中国气象报社,2020.04.29)

1.3.4　水资源危机

水是一种宝贵的自然资源,它是生命的源泉,是社会经济发展的命脉,是可以更新的自然资源,能通过自身的循环过程不断地复原。随着全球经济的迅速发展,人类对全球淡水资源的需求在不断增长,也给陆地水域与海洋施加了越来越大的环境压力。淡水短缺与水资源破坏已成为国际社会当前关注的重大环境问题。

地球表面虽然 2/3 被水覆盖,但 97% 以上为无法饮用的海水,只有约 2.5% 是淡水,其中超过 68% 储存在冰和冰川中。目前,世界许多国家淡水资源不足,出现用水危机,其主要原因是淡水资源消耗量大、水质污染严重和地下水超采普遍。20 世纪以来,全世界农业用水增长了 7 倍,工业用水增长了 20 倍。许多国家取水和耗水都在迅速增长:1980—2000 年,美国每年用水比往年增长约 50%,日本 1990 年全国总需水量为 1.146×10^{11} m³/年,比 1975 年增长约 30%。目前,全世界每年约有 4.2×10^{11} m³ 的污水排入江河湖海,污染了 5.5×10^{12} m³ 的淡水,约占全球径流总量的 14% 以上。估计今后 25~30 年内,全世界污水量将增加 14 倍。由于用水量剧增和水质污染严重,水资源的开发逐渐由地上转为地下,造成了地下水位下降和海水倒灌等严重后果。目前世界上 100 多个国家和地区缺水,其中 28 个被列为严重缺水的国家和地区,预计再过 20~30 年,严重缺水的国家和地区将达到 46~52 个,缺水人口将达到 28 亿~33 亿人。

缺水主要分为两种状况:资源型缺水和水质型缺水。资源型缺水是指水资源分布不均或可利用水资源总量不足而导致的缺水。许多国家和地区缺水严重,例如北非、中东、南撒哈拉地区和海湾地区是年降雨长期平均变化最大的区域,其变化幅度超过 40%,美国西南部、墨西哥西北部、非洲西南部、巴西最东端以及智利部分地区也是如此。我国华北和西北处于干旱或半干旱气候区,季节性缺水很严重。

水质型缺水是指水体受到污染,致使水质恶化、可利用的水资源量减少而导致的缺水。水体污染破坏了有限的水资源,水污染有三个主要来源:生活污水、工业废水和含有农业污染物的地面径流。此外,固体废弃物渗漏和大气污染物沉降也造成对水体的交叉污染。水体污染大大减少了淡水的可供量,加剧了淡水资源的短缺。

全球海洋塑料污染

塑料制品由于价格低廉、经久耐用、轻盈便捷等特点,自 20 世纪以来就被人们广泛使用。自塑料制品发明以来,人类大约生产了 83 亿吨塑料制品,其中仅有 9% 的废弃塑料制品得到了循环使用。尽管部分塑料废弃物作为可循环垃圾被回收利用,但是由于管理不善以及意识不足等,塑料污染问题仍然遍及全球各地,海洋也未能幸免。

全球的各大海洋几乎都存在塑料污染问题,在海洋垃圾当中约有60%~90%都是塑料垃圾。美国的《科学》杂志中最新研究发现,每年有大约800万吨大块的塑料垃圾以及150万吨的微塑料(直径小于或等于5毫米的塑料颗粒)垃圾流向海洋。初级微塑料主要源于陆地上的生产生活,大约98%源于陆地,仅有2%源于海上的活动。海洋中的次级微塑料污染问题大部分源于塑料垃圾的处理不当,包括塑料瓶、塑料吸管、塑料购物袋,以及海洋中的渔船、运输船舶、油井等倾倒的塑料垃圾和丢失或者遗弃的废旧渔网等。

全球海洋塑料污染问题带来的危害是巨大的。由于全球海洋的连通性,海洋塑料垃圾随着洋流而在全球范围内流动,导致了全球海洋生态的污染问题。因为塑料不能自然降解,塑料污染一旦形成后,在很长一段时间内都会对其所在之地的生态造成危害。漂浮在海面上的塑料垃圾还可能造成船只以及海洋生物的缠绕,被海洋生物误食吞咽下去的海洋塑料无法消化,对海洋生物来说是致命的,成为海洋生物的"新型杀手"。另外,大量存在的海洋微塑料,也越来越多地聚集到海洋生物的体内,影响其健康发展,并且最终可能会通过食物链进入人体。除此之外,有研究表明,海洋塑料污染问题也会破坏海洋植物的生存,而这些海洋植物为地球提供了大约10%的氧气,因此海洋塑料污染问题甚至可能导致地球上的生命"窒息"而死。

(来源:孙凯,国家治理,2021)

1.3.5 有毒有害化学品污染

现在全球已合成化学物质2 000万种,每年新登记注册投放市场的约1 000种,我国能合成的化学品317万种。这些化学品在推动社会进步、提高生产力、消灭虫害、减少疾病、方便人民生活方面发挥了巨大的作用,但是在生产、运输、使用、废弃过程中难免会进入环境而引起污染。

有毒有害化学品是指进入环境后通过环境蓄积、生物蓄积、生物转化或化学反应等方式损害健康和环境,或者通过接触对人体产生严重危害和具有潜在危险的化学品。由于全球有毒化学品的种类和数量不断增加以及国家之间贸易的扩大,大多数有毒化学品对环境和人体的危害还不完全清楚。它们在环境中的迁移也难以控制,对人类环境构成了严重威胁。有毒化学品的泄漏和运输所造成的事故的特点是突发性强、污染速度快、范围大、持续时间长,特别是一些恶性事故,会造成严重的人身伤亡和财产损失,所产生的有害废物对人类环境会构成长期潜在危害。有毒化学品已成为一个重要的全球环境问题,引起世界各国的重视。

生产、运输和贮存中有毒化学品的污染特征是长期性和连续性,如生产聚氯乙烯时用氯乙烯作为原料。研究表明,在生产聚氯乙烯的过程中有 6% 的氯乙烯逸散损失而进入环境。氯乙烯可引起肝肿大、溶骨症,有致癌和致畸作用。聚氯乙烯工厂周围大气中的氯乙烯可使居民慢性中毒,氯乙烯的潜伏期平均为 19 年。

还有一类有害化学品是近 20 年科学界研究比较多的环境激素类化学品(又称环境荷尔蒙)。现在美国、日本以及欧洲的一些国家已筛选出约 70 种化学品污染物属于环境激素类物质,如多氯联苯、二噁英类、苯并呋喃类、滴滴涕、六六六、三丁基锡、三苯基锡、双酚 A、壬基酚、酞酸酯类等。这些常见激素类污染物通过环境介质和食物链进入人体和动物体内,干扰雄性激素的分泌,有生殖毒性和遗传毒性,会干扰人和动物的生殖功能,影响其后代的生存繁衍。英国发现生长在受污染水域中的大部分雄性鱼会变成两性鱼和雌性鱼,并且能产卵。鸟类吃了含杀虫剂的食物,产卵减少,且蛋壳变薄、难以孵化出小鸟,使许多珍稀鸟类濒临灭绝。日本、美国以及欧洲的一些国家调查发现,1938—1991 年成年男子精子数量平均减少 50%,其活力下降,有约 20% 的夫妇由于男子的原因不能生育,而且也发现由于污染致使畸胎、怪胎比例呈上升趋势。

松花江水污染事件

2005 年 11 月 13 日,中石油吉林石化公司双苯厂胺苯车间发生爆炸事故,事故造成了巨大人员伤亡,其中 6 人死亡,近 70 人受伤,上百吨硝基苯等有毒化学物随消防用水排入松花江,造成重大水体污染,哈尔滨市因此历史性地宣布全市停水 4 天,沿江数百万群众的生产生活受到严重威胁。同时,江水顺势危及邻国俄罗斯,造成了恶劣的国际影响。松花江水污染事件因其发生的特殊性、问题的严重性、产生的巨大影响,而成为中国与世界环境污染史上的一个重要事件;也由于其引发了中国环境保护的一系列重大变化而被载入中国和世界环境保护史册。

(来源:曾贤刚等,环境经济,2010)

1.3.6 生物多样性减少

生物多样性是指植物、动物和微生物的种类多样性及它们的遗传变异与它们所生存环境的总和。从宏观到微观认识生物多样性,有三个层次。①生态系统多样性:评价一个生物群落的丰富性和复杂性,包括生态位的数量、营养级和获取能量、维持食物网和系统内物质循环的生态过程;②物种多样性:描述单一群落内部不同生物体的种类数;③遗传多样性:衡量某一物种内相同基因的不同表型的多变性。

生物多样性具有很高的价值。首先,生物多样性为人类提供食物的来源,作为人类基本食物的农作物、家禽和家畜等均源于野生祖型。野生物种是培育新品种不可缺少的原材料,特别是随着近代遗传工程的兴起和发展,物种的保存有着更深远的意义。其次,各种各样的野生物种还为人类提供大量的药材及工业原料。许多野生动植物还是珍贵的药材,为治疗疑难病症提供了可能。如止痛药吗啡、可卡因、治痢疾的奎宁分别来自罂粟、可可树、金鸡纳树等。随着医学研究的深入,越来越多的物种被发现可作药用。自然界的动植物能提供人类所需的皮毛、皮革、纤维、油料、香料、胶脂等各种原料。再次,野生物种还为现代科技的发展作出了特殊的贡献。仿生学的发展离不开丰富而奇异的生物世界,许多发明创造的灵感就来自生物。科学家从鸟兽、昆虫等的活动中,悟出许多有益于人类的东西,并仿造出相应的产品,服务于人类生活。此外,生物多样性还是维持生态系统平衡的必要条件。

地球上物种灭绝速度加快

在人类出现以前,物种的灭绝与物种形成一样,是一个自然的过程,两者之间处于一种相对的平衡状态。有人估计,物种自然灭绝的速度大约为每 100 年仅有 90 个物种灭绝。人类出现以后,尤其是近百年来,随着人口的增长和人类活动的加剧,物种灭绝的速度大大加快了。以哺乳动物为例:在 17 世纪时,每 5 年有一种动物灭绝,到 20 世纪则平均每 2 年就有一种动物灭绝。就鸟类而言,在更新世早期,平均每 83.3 年有一个物种绝灭,而现代每 2.6 年就有一个鸟类物种从地球上消亡。印度洋、大西洋中的一些岛屿上生活的特产鸟类灭绝的速度加快,1601—1699 年为 8 种,1700—1799 年为 21 种,1800—1899 年为 69 种,1900—1978 年为 63 种。目前,生物多样性正以前所未有的高速度在丧失。据科学家估计,目前物种丧失的速度比人类干预以前的自然灭绝速度要快1 000 倍。以鸟类为例,在世界上 9 000 多种鸟类中,1978 年以前仅有 290 种鸟类不同程度地受到灭绝的威胁,而现在这个数字则上升到 1 000 多种,大约占鸟类总数的11%。据联合国环境规划署估计,在未来的 20~30 年之中,地球总生物多样性的 25%将处于灭绝的危险之中。1990—2020 年,因砍伐森林而损失的物种,可能要占世界物种总数的 5%~25%,即每年将损失 15 000~50 000 个物种,或每天损失 40~140 个物种。大量的物种从地球上消失已引起了国际社会的广泛关注,如何采取有效措施,以拯救这些逐渐走向灭亡的物种已经成为一个重要的研究内容。

(来源:耿国彪,绿色中国,2020)

1.4 环境污染与健康

环境污染会给生态系统造成直接的破坏和影响,也会给生态系统和人类社会造成间接的危害,某些情况下这些间接危害甚至比直接危害更大,也更难以消除。环境污染最直接、最容易被人感知的后果是使人类环境质量下降,影响人类的身体健康、生活质量和生产活动。

1.4.1 生态环境与人体健康

1.4.1.1 生态系统与人体健康

生态环境是指由生物群落及非生物因素组成的各种生态系统所构成的整体。人体与周围环境中的物质进行着正常的交换,以维持正常的生理、生化、代谢功能,进行正常的生长、发育、繁衍后代等活动。人类开发自然资源,从生态环境中获取物质和能量来进行生产、生活活动,最后又以消费形式将废物归还环境。这样就构建了一个庞大、复杂、功能多样、因素众多,且具有高度协调和适应能力的人类生态环境。

人类的生产、生活活动(如过度砍伐森林、破坏植被、乱捕滥杀野生动物、排放废弃物、使用农药化肥等)导致生物种群减少,影响繁衍,给生态系统结构和功能造成极大威胁。生态环境遭到破坏的同时,其产生的温室效应、环境公害事件以及由此引起的癌症、畸形等问题,也对人类的生产、生活产生了很大的影响。

健康的生态系统是人类生存和发展的物质基础,也是人类健康的基础,只有保护和维持生态系统结构和功能的可持续性,修复生态系统的创伤,重建已被破坏的地球生命支持系统,才能使人类的健康得到保证。

1.4.1.2 环境与人体健康的关系

(1)新陈代谢与生态平衡

300万年前,自从地球上出现人类以后,人类的生存与自然环境就有十分密切的关系。人在整个生命活动过程中,通过呼吸、饮水、进食、排泄等各种方式与其周围环境进行着多种形式的物质和能量交换。人类具有别的生物所没有的社会属性,为了获得良好的生存条件,人类不断地改造和利用自然,从环境中选择摄取自身所需的元素和物质维持生命活动。在漫长的生物进化过程中,人类对环境条件越来越适应,表现为人类机体中的物质组成及其含量与地壳中元素丰度之间有明显的相关关系,人体与各环境参数之间逐渐建立并保持着动态平衡的关系。如果一种因素由于自然作用或人类活动的结果而发生变化,则将会在人体或生物体中出现相应的生态效应。一旦缺少了所需的某种环境因素,人与生物将无法生存。因此,一个正常、稳定的环境里,理应是自然界中各个环境因素与人群、生物种群之间,基本保持着一种相对的动态平衡关系。事实上,各种自然和人为的环境因素的平衡状态并非静止不变的,而总是处于不断的运动和变化之中,如果某种变化超过一定强度,就可能会破坏固有的平衡状态。在一般情况下,自然界中某些环境因素的变化,不足以引起自然环境的异常,凭借自然界的自净能力和人类对环境的自我调节,在一定时期内可以重新建立起新的相对平衡状态。只有当某些环境因素的改变导致原有的生态系统发生了不可逆转的变化,仅仅依靠自然自净能力已无法使环境系统再恢复或达到新的生态平衡,而且在一定的人群或生物种群中产生了相应的生态效应时,才算是出现了环境破坏和污染问题。

（2）微量元素

人类是物质世界的组成部分，物质的基本单位是化学元素。因此，可以认为人体是由化学元素组成的。迄今为止，在人体内发现了 60 多种元素，但并不是所有的元素都是人体必需的。人体 99.9% 以上的重量是由碳、氢、氧、氮、磷、硫、氯、钠、钾、钙和镁等 11 种元素组成的，称为常量元素。还有不到 0.1% 是由硅、铁、氟、锌、碘、铜、钼、锰、镍、钴、铬、硒、锡和钒等元素组成的。由于这些元素在人体内的含量很微小，故称为微量元素。

自然环境中的微量元素一部分经过植物和动物的吸收和富集，然后经由食物链进入人体，另一部分则由水、空气直接进入人体。人体根据生理需要，吸收一定量的必需微量元素，而将多余的通过生理调节排出体外。被排泄到环境中的微量元素，随着时间与空间的变迁，又经过大气、土壤、水体、食物链重新进入人体。

人类是自然环境长期发展与进化的产物，化学元素是人与自然环境之间联系的基本物质。环境、微量元素以及人体之间存在着十分密切的关系。为了维持人体的正常生理需要，人们必须从生活环境中摄取并排出适量的微量元素。若人类的正常环境受到污染或破坏，环境中的微量元素就会出现过多或过少的异常情况，于是人体内微量元素的含量比例随之失调，结果机体的功能平衡也遭到破坏，从而导致各种危及人体健康的有害后果。

（3）适应性和致病过程

随着现代科学技术的迅速发展和经济活动的大规模开展，地壳中潜在的物质和能量得到了进一步的开发利用。与此同时向大自然排放的污染物质也随之激增，强烈地改变着地壳表面的原始组成，使环境物质存在的状态和数量都产生了显著的变化，大大超出了自然界本身的自净能力和人类生命活动所能调节的适应范围，使一些地区的环境质量明显下降，从而给人类健康带来了隐患和威胁。

人类在长期发展过程中，对环境的变化形成了极其复杂的适应功能，以保持机体与环境的相对平衡。只要环境条件的改变不引起人体生理机能的剧烈变化，就不会造成人体与环境条件的平衡失调，否则将发生疾病或死亡。人体适应环境的能力是有限度的，由于自然的或人为的原因破坏或污染了环境条件，环境的改变超越了人类正常的生理调节范围，可引起人体某些生理功能与结构发生反应和变化，使人罹患某些疾病或影响寿命。变化了的环境条件能否引起环境与人体之间的平衡失调，取决于许多条件。一方面取决于环境因素性质、变化的强度与持续作用的时间。据测定，古代人和现代人体内化学元素的含量，必需元素变化不大，而非必需元素前者比后者低得多。另一方面，取决于人体的各方面状况（如性别、年龄、营养、健康、体质、遗传性等）和接触方式。

在一般情况下，并不是只要有环境条件的异常变化，就会对所有人群带来相同程度的有害影响。由于人群敏感性的不同，对环境因素作用的反应性也有差别。大多数人虽体内有污染物负荷，但不出现明显的生理变化，只有少部分人出现亚临床变化、发病或死亡。

所谓高危险人群就是指一人群在接触到有毒物质或致癌物质时,个体的生物学性质使其毒性反应的出现较一般人群快而强。正常人与高危险人群在污染物浓度不断增加的情况下,对毒性作用的反应速度和程度有所差别,如图 1-1 所示。

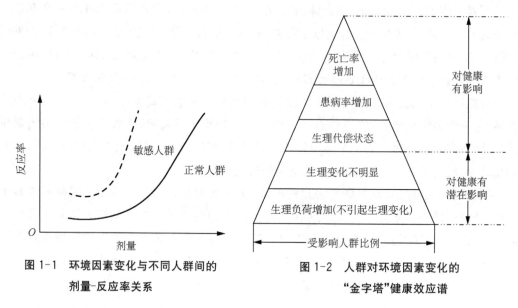

图 1-1 环境因素变化与不同人群间的 剂量-反应率关系　　图 1-2 人群对环境因素变化的 "金字塔"健康效应谱

对一般人来讲,环境因素的变化对机体影响的程度与接触剂量以及个体的敏感性有关,在环境条件不变时,受影响人群的反应程度呈"金字塔"形分布,如图 1-2 所示。当污染物的剂量不超过阈值时,常呈现生理性超负荷状态,人体可以调节适应;如果作用剂量超过阈值,先出现生理性反应异常,人体将进入病理性代偿状态;如果个休代偿能力较强,仍可保持"正常"稳定,处于疾病临床前期状态,这时阻断接触有害因素作用,人体便可恢复健康。如果有害因素继续作用或剂量不断增加或机体代偿能力削弱,超越了机体的代偿能力范围,组织、器官发生障碍,机体将出现该环境因素所引起的特有临床症状或使一般疾病的发病率增加或寿命缩短,严重时即可造成急性死亡。

环境污染对人体作用规律呈现"剂量-时间-反应"的线性关系。为了方便描述,我们采用剂量率——单位时间内进入机体的剂量来表示。根据实验研究,化学、物理性因素对机体的作用呈以下三种反应形式。

① 生命必需的物质。它们都存在于自然环境中,是人类生存必需的。这些物质对人体的作用特点呈近似抛物线。当剂量率在一定范围内时,机体不会出现生理功能波动的峰值。只有剂量率低于或者超过一定范围时,机体反应才显示异常现象。

② 大多数污染物的剂量率与反应的关系呈"S"形。污染物按较低剂量率输入机体时,呈现的反应强度不明显,随着剂量率的不断增加,反应趋于明显,达到一定剂量率后,反应也到极限强度。

③ 致癌物质和放射性物质的剂量-反应关系呈直线。对于这种有害因素,可采用一般

的、可接受的容许危险水平来评价,如肿瘤发生率在 1/100 000 以下为可接受的水平。

在研究环境与人群健康的关系时,应及早发现环境因素的异常改变对人群所引起的任何超负荷状态和出现异常生理变化的起点,以便及时采取环境保护措施,这是十分重要的。

1.4.2　环境污染对人体健康的影响

环境污染物通过空气、水、食物等介质侵入人体,会直接或间接影响人体健康。如,引起感官和生理功能的不适,产生亚临床和病理的变化,出现临床体征或存在潜在遗传效应,发生急性中毒、慢性中毒或死亡。

（1）大气污染

由于大气中的烟尘、二氧化硫、碳氢化合物、臭氧、氮氧化物等污染浓度高,加上地形、气候等因素的影响,在 20 世纪 30—70 年代,世界上发生过多次大气污染事件,造成当地居民急性中毒,甚至死亡数千人。长期生活在大气污染地区会使居民呼吸系统疾病(慢性鼻炎、慢性咽炎等)的发病率提高。

大气污染对健康的影响,取决于大气中有害物质的种类、性质、浓度和持续时间,也取决于个体的敏感性。例如,飘尘对人体的危害作用就取决于飘尘的粒径、硬度、溶解度和化学成分以及吸附在尘粒表面的各种有害气体和微生物等。有害气体在化学性质、毒性和水溶性等方面的差异,也会造成危害程度的差异。另外,呼吸道各部分结构的不同,对毒物的阻留和吸收也不尽相同。大气污染物主要通过呼吸道进入人体内,不经过肝脏的解毒作用,直接由血液运输到全身,所以,对人体健康的危害很大。

（2）水污染

未经处理或处理不当的工业废水或生活污水排入水体,数量超过水体的自净能力,就会造成水体污染,直接或间接危害人体的健康。水污染对健康的影响主要表现在引起急性中毒或慢性中毒,致癌、致畸、致突变作用,发生以水为媒介的传染病,间接影响水的卫生状况等方面。

（3）土壤污染

土壤是人类环境的主要因素之一,也是生态系统物质交换和物质循环的中心环节。它是各种废物的天然收容和净化处理场所,污染物进入土壤并积累到一定程度,影响或超过了土壤的自净能力,从而在卫生学上和流行病学上产生了有害的影响。

被病原体污染了的土壤能传播伤寒、副伤寒、痢疾、病毒性肝炎等传染病。这些传染病的病原体随病人和带菌者的粪便以及病人的衣物、器皿的洗涤污水污染土壤。通过雨水的冲刷和渗透,病原体又被带入地面或地下水,进而引起这些疾病的流行。因土壤污染而传播的寄生虫病有蛔虫病和钩虫病等,人与土壤直接接触,或生吃被污染的蔬菜、瓜果,就容易感染这些寄生虫病。由于蛔虫卵一定要在土壤中发育成熟,钩虫卵一定要在土壤中孵出钩蚴才有感染性,所以土壤对传播寄生虫病有特殊的作用。

有些人畜共患的传染病或与动物有关的疾病,也可以通过土壤传染给人。例如,患钩端螺旋体病的牛、羊、猪、马等可通过粪尿中的病原体污染土壤。病原体可在土壤中存活几个星期,通过黏膜、伤口或被浸软的皮肤侵入人体,使人患病。炭疽杆菌芽孢在土壤中能存活几年甚至几十年。破伤风梭菌、产气荚膜梭菌、肉毒梭菌等病原体也能形成芽孢,长期在土壤中生存。人们受伤后,伤口受泥土污染,很容易感染破伤风或气性坏疽病。此外,被有机废物污染的土壤是蚊蝇滋生和鼠类繁殖的场所,而蚊蝇、鼠类又是许多传染病的媒介。

土壤被有毒化学物质污染后,对人体的影响大多是间接的,主要是通过农作物、地面水或地下水对人体产生影响。任意堆放的含毒废渣以及被农药等有毒化学物质污染的土壤,通过雨水冲刷、携带和下渗会污染水源,人、畜通过饮用水和食物可引起中毒。

(4)物理性污染

物理性污染是由光、噪声、电磁辐射等物理因素引起的环境污染。光污染的危害主要表现在引起视力下降、诱发疾病、影响心理健康等方面,长时间在白色光亮污染环境下学习和工作的人,其白内障发病率高达45%。噪声能通过引起心率改变和血压增高导致心脏病发病率增加,还能使儿童智力发育缓慢,使胎儿畸形。电磁辐射是必须控制的主要污染物,有研究显示:电磁辐射能显著增加白血病患病率;长期使用手机将增加患脑瘤的概率;孕妇每周在电脑环境下工作20 h以上,流产率提高2倍。

(5)生物性污染

生物性污染主要是由有害生物及其毒素、寄生虫及其虫卵和昆虫等引起的。肉、鱼、蛋、奶等动物性食品易被致病菌污染,导致食用者发生细菌性食物中毒和人畜共患的传染病。粮食、蔬菜、瓜果等植物性食物易被农药等化学物质及霉菌等污染,导致食用者发生农药中毒或霉菌素中毒等。

1.4.3 环境污染的健康危害特点

环境因素按其对人群健康作用的性质,可分为物理、化学、生物因素三种。按其来源又可综合分为自然和人为两类:前者在环境中的分布适量时,对人群健康是必需的;后者多数是环境污染物,对人类生存是不必要或者危险的。人体对环境变化的反应虽然不是最敏感的,但是其健康状况反映着体内生物系统与体外环境系统相互作用的结果。环境质量的相对稳定对于生命系统的维持是必需的。目前,由于人类活动造成的资源破坏和环境污染,环境质量下降比以前更剧烈。

环境污染与人群健康的关系极为复杂。随着医学的进步,环境的生物性污染导致的急、慢性传染病的防治均取得显著成效。但是近半个世纪以来,由于工农业生产规模扩大而出现的环境破坏和污染以及人类的生产、生活方式的改变,已使疾病谱的构成发生了很大的变化,病因不明的心血管疾病和癌症等已成为主要的死亡原因。因此,近年来人们本能地把这些现象归结为环境污染问题。环境污染致病特点归纳起来大致有以下几方面。

（1）污染物质种类多，作用多样，影响范围大

人类环境中的污染物来源广、种类多、数量大。它们各有不同的生物学效应，对机体的危害是多种多样的。它们对人群的影响既可以是个别物质的单一危害，又能以多种物质相互结合共同作用于人体。多种污染的联合作用可以增强它们的毒害效果，有时也可能减弱危害作用。环境污染物造成的危害波及的范围可因污染源位置、大小及环境介质而不同，可影响到更多的居民，某些大污染源则可影响更大的范围，甚至可以超越国界，波及邻国。

（2）涉及人群广，接触时间长，影响高危险人群

生活环境受到污染，涉及的人群可以是一个居民区、一个城市，甚至整个人类。尤其是老、弱、病、残、幼，甚至胎儿，他们是抵抗力最弱、最容易被有害因子伤害的人群，称为敏感人群。有些人群接触某些有害因子的机会比其他人群多，强度也大，因此，摄入量比普通人群要高得多，这种人群称为高危险人群，也可以把敏感人群划入高危险人群范围。

（3）污染物质浓度低，作用时间长，危害易被忽视

污染物进入环境后，受到大气、水体稀释，一般浓度较低，但接触者多数长时间不断暴露于污染环境中，甚至终生接触。人类对环境中低浓度污染物的反应不是最敏感的，揭示健康效应的指标也不易明确。因此，低浓度、慢性的污染危害容易被忽视。人们在污染的环境中生活和工作时间是很长的，微量污染物经过长年累月的积累，剂量不断增大，它的毒害作用也随之逐步显露，天长日久可酿成极为严重的后果。对某些环境污染物质更不能低估，人们已发现煤烟和某些化工行业排放物中含有的大量芳烃类化合物与城镇肺癌死亡率升高有关。某些化学物质可致癌，引起孕妇流产、不孕或畸胎等。

（4）多种途径进入人体，污染物相互转化，诸因素综合作用

从大气、水、土壤、食物等多种复杂的环境因素中接受的污染物质，可通过呼吸道、胃肠道、皮肤等不同途径进入人体。环境中有害因子种类很多，它们常常同时综合作用于人体。因此，在研究环境与人群健康的关系时，不仅要考虑单一污染物的作用，还应考虑多种污染物的联合作用以及污染物和环境因素的联合作用，它们可呈现相加作用、协同作用或拮抗。由于环境污染物的组成很复杂，产生的生物学作用也是多样的，既可能有局部刺激作用，也可能有全身性危害；既可呈现特异作用，又可能为非特异作用。

（5）得病容易、去病难，危害时间长

环境污染对人群的危害程度与污染物的理化性质、浓度大小、污染方式、侵入人体途径以及受害者本人的生理状态等各种因素有关。与环境污染造成的急性中毒事件相比，较为普遍的还是慢性中毒。长期暴露于某种低浓度污染物环境中的人群，需要一定的时间，体内污染物的蓄积达到致病水平，才能显示出不同的生物效应。因此，慢性中毒的潜伏期长，病情进展不易察觉，一旦出现临床病症时，往往缺乏有效的救治方法。更为严重的如干扰基因，则显示危害现象的时间更长，要在子孙后代身上才能反映出来。

1.4.4　环境污染对人体健康的影响因素

（1）污染物的理化性质

当环境受到某些化学物质污染后，虽然浓度很低或污染量很小，但如果污染物的毒性较大，仍可对人体造成一定的危害。例如氰化物属于毒性较大的物质，其如果污染了水源，即使含量很低，也会产生明显的危害作用，因为其引起中毒的剂量很低。大部分有机化学物质在生物体内可被分解成为简单的化合物而重新排放到环境中，但也有一些在生物体内可转化成新的有毒物质而增加毒性，例如汞在环境中经过生物转化而形成甲基汞。有些毒物如汞、砷、铅、铬、有机氯等污染水体后，虽然其浓度并不是很高，但这些物质在水生生物中可通过食物链逐级富集。例如汞在各级生物的富集，最后在大鱼体内的汞的浓度，可较海水中汞的浓度高出数千倍甚至万倍，食用后可对人体产生较大的危害。其他如毒物在环境中的稳定性以及在人体内有无蓄积等，都取决于毒物本身的理化性质等。

（2）剂量和反应的关系

环境污染物能否对人体产生影响以及其危害的程度，与污染物进入人体的剂量有关。非必需元素、有毒元素或生物体内目前尚未检出的一些元素由于环境污染而进入体内的量，如达到一定程度即可引起异常反应，甚至进一步发展可产生疾病。对于这类元素主要研究其最高容许限量（环境中的最高容许浓度、人体的最高容许负荷量等）并制定相应的标准。对于人体必需的元素，其剂量和反应的关系则较为复杂，当环境中这种必需元素的含量过少，不能满足人体的生理需要时，会造成机体的某些功能发生障碍，形成一定的病理改变。而环境中这类元素的含量过多，也会引起不同程度的病理变化。例如氟在饮用水和环境中含量小于 0.5 mg/L 时龋齿发病率增高；0.5～1.0 mg/L 时龋齿和斑釉齿发病率最低，无氟骨症；大于 1.0 mg/L 时斑釉齿发病率增高；大于 4.0 mg/L 时氟骨症发病率增高。因此，对这些元素不但要研究确定环境中最高容许浓度，而且还应研究和确定最低供给量。

（3）作用时间

由于许多污染物具有蓄积性，只有在体内蓄积达到中毒阈值时才会产生危害。因此，蓄积性毒物对机体的作用时间长时，则其在体内的蓄积量增加。污染物在体内的蓄积量与摄入量、作用时间及污染物本身的半衰期等三个因素有着密切的关系。

（4）综合影响

环境污染物的污染往往并非单一的，而是经常与其他物理、化学因素同时作用于人体。因此，必须考虑这些因素的联合作用和综合影响。另外，几种有害化学物质同时存在，可以产生毒物的协同作用，促进中毒的发展。

（5）个体感受性

机体的健康状况，性别、年龄、生理状态、遗传因素等差别，可以影响环境污染物对机体的作用，由于个体感受性的不同，人体的反应也各有差异。所以，当某种毒物污染环境而作用于人群时，并非所有的人都能出现同样的反应，而是出现一种"金字塔"形的分布。

这主要由于个体对有害因素的感受性有所不同。预防医学的重要任务,便是及早发现亚临床状态和保护敏感的人群。

环境污染对人体健康的影响是多方面的,而且也是错综复杂的。通过对人群健康的调查和统计,分析并找出可能影响环境的污染物和污染源,找出影响人群健康的原因,并探索污染物剂量与毒性反应的关系,通过长期观察和积累资料,可以为制定环境中污染物最高浓度的标准提供依据,并为防治环境污染对人体的危害提出科学的对策和措施。

研究环境污染对人体健康的影响是一件非常复杂的事情,需要先进行一系列细致的调查研究,才能作出分析评价。结论是否恰当准确,与调查工作有着密切的关系。目前,对流行病学方法的研究与应用,已远远超过了过去单纯着重于对传染病的研究范围,并已渗透到各个领域。在研究环境污染对人体健康的影响时,也需要应用流行病学的有关调查方法,这些方法已成为医学地理学的重要内容之一。世界上著名的一些公害事件,例如英国伦敦烟雾事件、日本水俣病、日本四日市哮喘、美国洛杉矶光化学烟雾事件等,都是通过一系列的实验研究和流行病学调查而确定的。医学地理学的任务是通过调查研究和阐明大气、水、土壤等环境中的理化致病因素与人体健康、疾病、死亡之间的关系,为消除病因、保护人群健康提供科学依据。

1.5 环境健康风险应对

1.5.1 发达国家环境保护发展历程

(1)限制阶段

环境污染早在 19 世纪就已发生,如英国泰晤士河的污染、日本足尾铜矿的污染事件等。20 世纪 50 年代前,相继发生了比利时马斯河谷烟雾,美国洛杉矶光化学烟雾、多诺拉烟雾,英国伦敦烟雾,日本水俣病、米糠油污染、四日哮喘病和富山痛痛病事件,即所谓"八大公害事件"。由于当时尚未搞清这些公害事件产生的原因和机理,所以一般只是采取限制措施。如英国伦敦发生烟雾事件以后,制定了法律,限制燃料使用量和污染物排放时间。

(2)"三废"治理阶段

20 世纪 50 年代末至 60 年代初,发达国家环境污染问题日益突出,1962 年美国生物学家蕾切尔·卡逊所著《寂静的春天》一书,用大量翔实的事实描述了有机氯农药对人类和生物界造成的影响,促使发达国家相继成立了环境保护专门机构。但因当时的环境问题还只是被看作工业污染问题,所以环境保护工作主要是治理污染源、减少排污量。因此,在法律措施上,颁布了一系列环境保护的法规和标准,加强了法制。在经济措施上,采取给工厂企业补助资金,帮助工业企业建设净化设施的措施;并通过征收排污费或实行"谁污染、谁治理"的原则,解决环境污染的治理费用问题。在这个阶段,发达国家投入了大量的资金,尽管环境污染有所控制,环境质量有所改善,但其所采取的"末端治理"措施,从根本上来说是被动的,因而收效并不显著。

(3)综合防治阶段

1972年6月5日在瑞典首都斯德哥尔摩召开联合国"人类环境会议",提出了"只有一个地球"的口号,并通过了《人类环境宣言》,提出将每年的6月5日定为"世界环境日"。这次会议成为人类环境保护工作的历史转折点,它加深了人们对环境问题的认识,扩大了环境问题的范围。宣言指出,环境问题不仅仅是环境污染问题,还应该包括生态破坏问题。另外,它冲破了以环境论环境的狭隘观点,把环境与人口、资源与发展联系在一起,从整体上来解决环境问题。环境污染的治理也从"末端治理"向"全过程控制"和"综合治理"发展。1973年1月,联合国大会决定成立联合国环境规划署,负责处理联合国在环境方面的日常事务工作。

(4)可持续发展阶段

20世纪80年代以来,人们开始重新审视传统思维和价值观念,认识到人类再也不能为所欲为地成为大自然的主人,人类必须与大自然和谐相处,成为大自然的朋友。

1987年,挪威首相布伦特兰夫人在《我们共同的未来》中提出了可持续发展的思想。1992年6月在巴西里约热内卢召开了人类第二次环境大会,会议第一次把经济发展与环境保护结合起来认识,提出了可持续发展战略,标志着环境保护事业在全世界范围发生了历史性转变。

进入21世纪以后,可持续发展的思想进一步深化。2002年8月在南非约翰内斯堡召开的可持续发展世界首脑会议,提出了经济增长、社会进步和环境保护是可持续发展的三大支柱,经济增长和社会进步必须同环境保护、生态平衡相协调。2012年6月在巴西里约热内卢召开了联合国可持续发展大会,会议发起可持续发展目标讨论,提出绿色经济是实现可持续发展的重要手段。至此,各国已达成共识:人类社会要生存下去,必须彻底改变靠无限制地消耗自然资源的同时又破坏生态环境而维持发展的传统生产方式,人类必须走经济效益、社会效益和环境效益融洽和谐的可持续发展道路。

1.5.2 中国生态环境与健康的发展

2013年9月29日,根据《国家环境与健康行动计划》(2007—2015),为界定我国公民环境与健康素养基本内容,普及现阶段公民应具备的环境与健康基本理念、知识和技能,促进社会共同推进国家环境与健康工作,原环境保护部委托中国环境科学学会,组织有关专家编制了《中国公民环境与健康素养(试行)》。

2020年3月18日,为贯彻《中华人民共和国环境保护法》,加强生态环境风险管理,推动保障公众健康理念融入生态环境管理,指导和规范生态环境健康风险评估工作,生态环境部制定了《生态环境健康风险评估技术指南 总纲》(HJ 1111—2020)。该标准规定了生态环境健康风险评估的一般性原则、程序、内容、方法和技术要求。

2020 年 7 月 23 日,根据《健康中国行动(2019—2030 年)》,为引导公民正确认识人与自然的关系,普及现阶段公民应具备的生态环境与健康基本理念、知识、行为和技能,动员公众力量保护生态环境、维护身体健康,共建健康中国和美丽中国,生态环境部对《中国公民环境与健康素养(试行)》进行了修订,组织编制了《中国公民生态环境与健康素养》。

考虑历史延续和现实工作用语的变化,该次修订将"环境与健康素养"修改为"生态环境与健康素养",指公民认识到生态环境的价值及其对健康的影响,了解生态环境保护与健康风险防范的必要知识,践行绿色健康生活方式,并具备一定的保护生态环境、维护自身健康的行动能力。新版本分为基本理念、基本知识、基本行为和技能三个部分,为帮助公众理解,针对每个知识条目编制了释义。与 2013 年版相比,基本理念部分强调正确认知、科学理解环境与健康的关系,突出了预防理念和责任意识;基本知识部分涵盖了空气、水、土壤、海洋、生物多样性、气候变化、辐射、噪声多个方面,新增了对海洋、生物多样性、气候变化的关注;基本行为和技能部分扩充了绿色健康生活方式和行为有关内容,强化了对环境与健康相关信息获取、甄别、理解、运用及应急、监督、维权等技能。

《中国公民生态环境与健康素养》的发布,为系统普及相关理念、知识、行为和技能,引导公民正确认识人与自然的关系,树立环境与健康息息相关的理念,动员公众力量保护生态环境、维护身体健康提供了指引,也是各级生态环境部门、专业机构、社会机构、大众媒体等向公众进行宣传教育、科普传播的重要依据。

思考题

1. 简述环境的定义与环境因素的分类。
2. 什么是环境污染物?有哪些来源?主要特征是什么?
3. 全球主要环境问题有哪些?对我们人类有什么影响?
4. 简述生态环境与人类健康关系,环境污染对健康的危害。
5. 简述环境污染产生健康危害的特点及影响因素。
6. 举例说明国内外应对环境健康风险的主要举措。

参考文献

[1] 刘新会,牛军峰,史江红,等.环境与健康[M].北京:北京师范大学出版社,2009.
[2] 徐炎华.环境保护概论[M].北京:中国水利水电出版社,2009.
[3] 刘芃岩.环境保护概论[M].北京:化学工业出版社,2018.
[4] 贾振邦.环境与健康[M].北京:北京大学出版社,2008.
[5] 刘春光,莫训强.环境与健康[M].北京:化学工业出版社,2014.
[6] 孙淑波.环境保护概论[M].北京:北京理工大学出版社,2013.
[7] 程胜高,但德忠.环境与健康[M].北京:中国环境科学出版社,2006.
[8] 张佳欣,付丽丽.地球温度 12 万年来最高降温行动刻不容缓[N].科技日报,2021-08-

11(004).

[9] 贡水.高温热浪袭击全球[J].资源与人居环境,2015(03):24-26.

[10] 孙凯.全球海洋塑料污染问题及治理对策[J].国家治理,2021(15):44-48.

[11] 曾贤刚,吴雅玲.中国环保四年巨变:从松花江水污染事件说起[J].环境经济,2010(Z1):73-78.

[12] 耿国彪.物种的演变与消失[J].绿色中国,2020(4):4.

[13] 只艳,徐伟攀,於方,等.《生态环境健康风险评估技术指南总纲》(HJ 1111—2020)解读[J].环境监控与预警,2021,13(05):71-74.

[14] 萧野.引导公众正确认知环境风险、守护健康 生态环境部发布《中国公民生态环境与健康素养》[J].环境与生活,2020(8):106-107.

第 **2** 章 大气污染与健康防护

空气对于任何生物而言都是必不可少的宝贵物质,正因为有了地球表面空气的保护,生物才得以在地球上稳定生存。一个成年人每天呼吸 2 万多次,吸入空气 20 kg 左右,比一天摄入的食物和水分多 10 倍多,一旦没有了空气就会死亡,可见空气对人类十分重要。

洁净空气的成分比较简单,主要是 78% 氮气、21% 氧气、0.93% 氩气等稀有气体,还含有少量二氧化碳、水蒸气和一些微量气体。当大气中的某些气体成分或者颗粒物异常增多,或者出现新的气体成分时,就有可能形成大气污染。

人类自出现以来一直生活在这种空气环境中,但近年来随着人类社会经济的不断发展、工业建设的不断推进,空气的质量却发生了变化,随之而来的大气污染问题也成为一个不可忽视的环境问题,对人类和生物的健康造成极大的影响。

2.1 大气污染的定义

根据《中国大百科全书》(第三版网络版)环境科学部分的定义:人类活动或自然过程使得某些有害物质(称为污染物)进入大气、达到一定浓度并维持足够长时间、对人类生活生产等造成危害的事件。按照国际标准化组织(ISO)对大气污染作出的定义:指某些物质进入大气中,这些物质在足够的时间内达到了一定的浓度,导致危害人体健康或者环境,并且该物质通常为人类活动引起,也不排除自然过程产生。一般来说,自然环境本身就具有自净作用,会使自然过程造成的大气污染经过一段时间后消除。但自从工业革命以后,由于化石燃料的大量开采和燃烧,以及无数新型化学合成物的生产,人类排放到自然大气中的有害物质越来越多,其浓度过高,自然环境无法自净,导致大气质量恶化,人类和动植物的生存受到严重威胁。大气环境污染不仅危害人类健康,而且已引起全球气候变暖等问题,严重地损坏了整个地球生态系统。

2.2　中国大气污染现状

自工业革命以来,世界上许多国家的工业化过程都导致出现了不同程度的大气污染过程,欧美许多国家都经历了数十年的大气污染治理历程。中国在 21 世纪同样遭遇了严重的空气污染事件,经济持续增长、高速发展的同时也给环境带来了巨大的压力,各大地区频频发生大范围的污染天气,工厂、企业超标向大气中排放污染物,严重影响人们的健康和生活。例如 2011 年 2 月 24 日上海金山一化工厂发生生产事故,造成大量氯甲苯排放到空气中,臭味甚至波及浙江嘉兴市区,很多居民出现身体不适甚至呕吐现象,对感官刺激较强;2011 年前后,中国众多城市开始不时遭受严重的雾霾侵袭。大气污染问题越来越引起人们的广泛关注,找到有效的治理方法迫在眉睫。我国充分借鉴国际经验,并结合自身的国情特点,建立并完善了大气污染治理体系,创新了许多管理机制,进行了有效的大气污染防治工作,使得中国在 2013—2017 年的 5 年间奠定了改善空气质量的基础,并在同期以及其后的时间里,实现了空气质量持续且显著的改善。

目前我国大气污染治理面临的形势主要有以下几个方面。

(1) 非常规大气污染物增加

近年来,大气污染物的种类越发多样化,许多大气污染物属于非常规污染物,如重金属、挥发性有机污染物、细颗粒物等。建筑施工、汽车尾气排放和工业生产等是它们的主要来源。

(2) 大气污染类型发生变化

我国机动车保有量正在不断增长,大气污染也随之更加严重。我国大气污染类型为以二氧化硫、氮氧化物和烟(粉)尘为主要污染物的复合型大气污染,近年来又增加了光化学污染以及区域性雾霾天气。以二氧化硫为例,从统计数据来看,工业排放仍然是大气中二氧化硫的主要污染源。

(3) 大气污染区域分布不均

从大气污染分布情况来看,越是经济发达的地区,大气污染情况越严重。就我国大气污染现状而言,珠三角、长三角和京津冀三大经济发达的区域大气污染情况相较于其他区域更为严重。三大主要区域内,城市化的日益推进使得许多企业向农村或者郊区迁移,对农村以及郊区的空气质量也会造成重要的影响。

虽然我国在大气污染治理上取得了巨大的成就,但大气污染仍然是困扰许多城市的主要环境问题,未来仍然需要持续对空气质量改善工作进行关注和投入。一些长效的空气质量管理机制,如城市空气质量限期达标机制还应当在城市中更加系统地落实。此外,大气污染防治工作还可以带来巨大的协同应对气候变化的效益。自 2013 年中国推动大气污染防治行动计划的落实,已经取得了显著的协同减碳的效果。随着我国"碳达峰""碳中和"目标和愿景的提出,低碳发展已经成为中国长期绿色发展的主旋律。未来大气污染防治工作应该更加关注与低碳发展目标的协同效益。

2.3　大气污染物

大气污染物是指由于人类活动或自然过程排入大气并对人和环境产生有害影响的物质。大气污染物对人体、工农业与环境都存在严重的危害。当污染物浓度较低时,会对人体产生慢性毒害作用;而当外界环境突变或大量有害气体泄漏时,则会引起人群的急性中毒。如果大气污染物长时间作用于机体,会造成遗传物质突变、诱发肿瘤等严重危害,甚至威胁生命。

按照大气污染物的存在状态,可将其分为气溶胶状态污染物和气态污染物。

2.3.1　气溶胶状态污染物

气溶胶状态污染物指由悬浮于气态介质中的固体或液体粒子所组成的空气分散系统,其粒径约为 $0.01\sim100\ \mu m$。分散在大气中粒子的统称为总悬浮颗粒物(TSP),其粒径大小绝大多数在 $100\ \mu m$ 以下,其中多数在 $10\ \mu m$ 以下。按照颗粒物在重力作用下的沉降特性,将其分为降尘和飘尘。①降尘:空气动力学当量直径大于 $10\ \mu m$ 的颗粒物能较快地沉降到地面上,称其为降尘;②飘尘:空气动力学当量直径小于等于 $10\ \mu m$ 的颗粒物可长期飘浮在空气中,称其为飘尘或可吸入颗粒物。飘尘粒径小,能被直接通过呼吸道进入肺部,在肺泡里积累,从而对人体造成危害;它又能作为污染物的载体被带到很远的地方,导致污染范围扩大;它还能作为大气中化学反应的场所。因此飘尘是气溶胶污染物中的重点研究对象。

在飘尘中,PM_{10} 是空气动力学当量直径小于等于 $10\ \mu m$ 的可吸入空气悬浮颗粒物,$PM_{2.5}$ 是指空气动力学当量直径小于等于 $2.5\ \mu m$ 的可吸入空气悬浮颗粒物。

气溶胶状态污染物按来源和物理性质又可分为粉尘、烟、飞灰、黑烟和雾。

2.3.2　气态污染物

气态污染物是指在常温、常压下以气态分子状态存在的污染物,大部分为无机气体。常见的有五大类:以二氧化硫为主的含硫化合物、以一氧化氮和二氧化氮为主的含氮化合物、碳氧化合物、碳氢化合物以及卤素化合物等。

按照污染物和污染源的关系,气态污染物可分为一次污染物和二次污染物。一次污染物是指直接从污染源排放到大气的污染物质,进入大气后其化学性质没有发生变化。例如常见的有二氧化硫、一氧化碳、一氧化氮等。一次污染物中一部分物质在进入大气后与大气中的成分,或者几种一次污染物之间发生化学反应,形成与原污染物的物理、化学性质完全不同的新污染物,则称二次污染物,其毒性比一次污染物要强。据研究表明,一次污染物向二次污染物转化与环境条件、季节条件有很大的关系,例如一次污染物 SO_2 在夏季较冬季更易转化为二次污染物 H_2SO_4。常见的二次污染物有硫酸盐、硝酸盐、臭氧、过氧乙酰硝酸酯(PAN)以及活性自由基等。表 2-1 所示为常见的一次污染物和二次污染物。

表 2-1   大气中主要污染物

类别	一次污染物	二次污染物
含硫化合物	SO_2，H_2S	SO_3，H_2SO_4，MSO_4
含氮化合物	NO，NH_3	NO_2，HNO_3，MNO_3
碳氧化物	CO，CO_2	无
碳氢(氧)化合物	$C_1-C_5H_n$ 化合物	醛,酮,过氧乙酰硝酸酯
含卤素化合物	HF，HCl	无
颗粒物	重金属元素,多环芳烃	H_2SO_4，SO_4^{2-}，NO_3^-

2.4　大气污染物的主要来源及迁移转化

2.4.1　大气污染物的主要来源

大气污染可分为天然和人为两大类。天然污染源主要是森林火灾、火山爆发、地震、森林植物释放等,火山喷发会导致 H_2S、CO_2、CO、HF、SO_2 及火山灰等颗粒物的大量排放,森林火灾会释放出 CO、CO_2、SO_2、NO_2、HC 等大气污染物,森林植物释放和海浪飞沫颗粒物主要为萜烯类碳氢化合物。海浪飞沫颗粒物的成分主要为硫酸盐与亚硫酸盐。上述情况会导致一些非自然大气组分如硫氧化物、氮氧化物等进入大气,或使一些组分的含量大大超过自然大气中该组分的含量,从而造成大气污染。一般来说,这些自然过程中产生的污染物依靠大气环境的自净作用,经过一段时间后即得以消除。

人为污染源主要是由人类在生产生活过程中所排放的有毒有害气体造成的,这也是造成大气污染的主要原因,包括燃料燃烧、工业生产、交通运输、农业生产等。

（1）燃料燃烧

燃料燃烧是人为因素引起大气污染的重要来源。煤炭主要成分是碳,并含氢、氧、氮、硫及金属化合物,燃料燃烧时会产生大量烟尘,同时,在燃烧过程中还会形成 CO、CO_2、SO_2、NO_x 和一些有机化合物等。火力发电厂、钢铁厂、炼焦厂等工矿企业的燃料燃烧,各种工业窑炉以及各种民用炉灶、取暖锅炉的燃料燃烧均向大气中排入大量污染物。我国能源以化石燃料——煤为主,主要大气污染物是颗粒物、硫氧化物、氮氧化物等。

（2）工业生产

工业生产是城市或工业区大气的重要污染源,通过工业生产过程排放到大气中的污染物种类多且数量大。不同类型的工业企业,在原材料及产品的运输、粉碎以及由各种原料制成产品的过程中,都会有大量的污染物排入大气中,并且由于工艺、流程、原材料等方面的不同,所排放污染物的种类、数量、组成、性质也有很大差异。例如,石油化工企业排放二氧化硫、硫化氢、二氧化碳、氮氧化物,有色金属冶炼工业排放氮氧化物以及含重金属元素的烟尘;磷肥厂排出氟化物,酸碱盐化企业排出二氧化硫、氮氧化物、氯化氢及各种酸性气体,钢铁企业在炼铁、炼钢、炼焦过程中排出粉尘、硫氧化物、氰化物、一氧化碳、硫化氢、酚、苯类、烃类等。

（3）交通运输

随着经济和技术的飞速发展,全球各地的交通运输越来越便捷,机动车数量也越来越多,1950 年全球机动车保有量为 7 000 万辆,1996 年便增长到 7.1 亿辆,今天已超过 14 亿辆。但各种机动车辆、飞机、轮船等均将燃烧燃料产生的有害废物直接排放到大气中,对城市环境造成很大的影响。交通工具主要以燃油为燃料,因此污染物通常为挥发性有机化合物、一氧化氮、氮氧化物、含铅污染物、颗粒物等。特别是城市汽车,不仅数量大而且集中,排放的污染物能直接袭击人体呼吸器官,导致人体健康受到损害。

（4）农业生产

农业生产过程对大气的污染主要来自农药和化肥的使用。田间施用农药,固然对提高农业产量起到了重大作用,但也给环境带来了不利影响。一部分农药在施用时会以粉尘等颗粒物的形式散逸到大气中,或者附着在作物表面以挥发的形式进入大气,然后被悬浮颗粒物吸附并随气流向各地输送,造成大气农药污染。氮肥在施用后,可直接从土壤表面挥发成气体进入大气,氮氧化物在反硝化作用下形成氮气和氧化亚氮释放到环境中,氧化亚氮不易溶于水,可传输到平流层,并与臭氧相互作用使臭氧层遭到破坏。

过量施用农药容易造成面源性大气污染,严重影响人们的生活健康,农药具有生物和化学活性,能与环境中的某些其他物质或物体发生相互作用,或在特定的环境中散布,对生物造成危害。对人体健康的危害主要表现在以下两个方面。

① 急性中毒。短时间内通过呼吸道等吸入大量农药有毒化合物。中毒机理主要是通过抑制血液和组织中胆碱酯酶的活性,引起乙酰胆碱在体内大量积聚而出现一系列神经中毒症状,如肌肉震颤、瞳孔缩小、心率减慢、痉挛、血压升高和语言失常等,重者死亡。

② 慢性中毒。长期食用农药残留超标的农副产品,长期工作生活在低浓度农药环境中的工作人员,都可能引起慢性中毒。农药慢性中毒会危害人体的神经系统和肝、肾等器官。大量进食残留超标蔬菜或吸收农药气体,还可危及神经中枢,甚至导致痉挛而死。

采取哪些措施可以减轻这种危害呢?

① 减少农药使用量。推广生物防治方法:用生物防治法杀虫来代替施用大量农药,目前广泛应用的生物防治方法有以天敌治虫、信息素诱捕等;实施物理防治措施:根据病虫的某些生物学特性,辅以较简单的器械或措施,直接将病虫消除。

② 选用对大气污染轻的农药剂型。为了防止农药从土壤和植物表面通过蒸发进入大气,在农药中可以加入抗蒸发剂,可使大气中的农药量减少 1/2 以上。

③ 保持施药与居民区的安全距离。

④ 其他减轻措施。注意天气变化,切忌在暴雨前施药,避免在大风时施药,避免在高温时施用挥发性强的农药,应了解本地的主导风向,尽可能在居民区上风向种植农药使用量少的农作物。

2.4.2 大气污染物的迁移转化

2.4.2.1 大气污染物的迁移

大气污染物的迁移是指由于空气的运动使由污染源排放出来的污染物传输和分散的过程。大气圈中空气的运动主要是由于温度差异引起的。一般情况下,迁移过程可使得污染物浓度降低。影响污染物在大气中迁移的主要因素有污染源、空气的机械运动、气象条件以及地形地势等。

（1）污染源

污染源的种类和参数是影响大气污染的重要因素,它决定了进入大气污染物的种类、数量以及所涉及的范围。不同的污染源排放出的污染物特性也不同。

（2）空气机械运动

主要指风和湍流。风是大气的水平运动,不同时间的风速风向不同,风一般在将污染物从污染源向下风向输送的同时还起着扩散稀释污染物的作用。污染物在大气中的浓度与风速成反比。湍流是大气的不规则运动,风速时大时小,具有阵性的特点,在主导风向上会出现上下左右不规则的阵性搅动。

（3）气象条件

污染物从污染源排出后,在大气中的迁移扩散要经过气象因子的作用,在此过程当中,气象条件将决定大气对于污染物的稀释扩散速率和迁移转化途径。大气污染气象学就是研究在气象因子作用下,污染物在大气中输送和扩散稀释规律的科学。例如,一般情况下,气温分布规律是随着高度的增加,气温递减,空气上层冷下层暖,因此大气在垂直方向不稳定,对流作用使得污染物在垂直方向上扩散稀释。但有时在近地的低层大气,会出现气温随高度的增加而增加的逆温情况,逆温层的出现不利于大气污染物在垂直方向上扩散,因而容易形成大气污染。大气降水和降雪能冲洗大气中的污染物,一般气体污染物是通过分子扩散被雨雪溶解的,而大气中颗粒污染物则是在雨雪降落过程中通过碰撞被捕获,因此降雨降雪的冲刷作用能使大气中污染物的浓度显著减小。

（4）地形地势

不同地区的地形地势有所不同,不但会影响气流的运动,同时也直接影响当地的气象条件,因此会对大气污染物的扩散造成影响。在城市地区,由于人的活动和工业生产,使得城市温度比周围郊区温度高,即城市热岛效应,如图2-1所示,城区低层空气温度高,于是城市地区热空气上升,并在高空向四周辐散,四周郊区的冷空气补充进城区,一些郊区工厂所排放的污染物则会被带进市区导致污染物浓度升高。

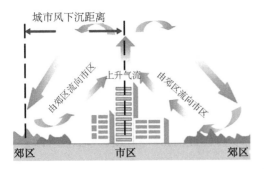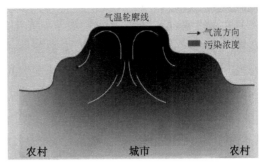

图 2-1　城市热岛环流

在山区,地形起伏造成日辐射强度和辐射冷却不均而引起的热力环流,称为山谷风。白天山坡暖,山谷冷,山坡暖空气上升,下层风不断补充上来,称为谷风。夜晚山谷暖,山坡冷,山坡上的冷空气流向谷底,谷底暖空气上升,称为山风。

2.4.2.2　大气污染物的转化

迁移过程只是使污染物在大气中的空间分布发生变化,而它们的化学成分不变。污染物的转化是污染物在大气中经过化学反应,如光解、氧化、还原、酸碱中和以及聚合等反应,或者转化成无毒化合物而消除污染,或者转化成为毒性更大的二次污染物而加重污染。

（1）氮氧化物的转化

造成大气污染的氮氧化物主要指 NO 和 NO_2。从排放源排放出来的 NO 可以被氧化成 NO_2、N_2O_5 等,这些化合物溶于水后可形成 HNO_2 和 HNO_3,这是形成酸雨的原因之一。此外,氮氧化物和其他污染物在阳光的照射下可发生光化学反应产生一系列二次污染物,即光化学烟雾。

（2）含硫化合物的转化

大气中含硫化合物主要是通过人类活动和非人类活动产生,因此其来源可以分为人为源和自然源,主要包括 H_2S、SO_2、SO_3、H_2SO_4 等。大气中含硫化合物经过一系列化学转化之后,最终生成硫酸或硫酸盐,之后被大气中颗粒物所吸附,然后干沉降或随雨水湿沉降到地球表面。

（3）碳氢化合物的转化

大气中碳氢化合物大多数源于汽车尾气、化工厂等,这些物质可以和空气中的其他物质发生一系列的化学变化。有些化合物可以和氧原子、羟基自由基、臭氧等发生氧化反应,生成新自由基、酸、醇等。有些则可以在阳光照射下进行光解或生成自由基。有些挥发性有机化合物可以和氮氧化物反应,生成亚硝酸酯或硝酸酯。碳氢化合物在大气中的转化涉及许多其他物质,变化十分复杂。

（4）光化学烟雾

光化学烟雾由汽车、工厂等污染源排入大气的碳氢化合物（HC）和氮氧化物（NO_x）等一次污染物及其生成的臭氧(O_3)、醛、酮、酸、过氧乙酰硝酸酯(PAN)等二次污染物参与光化学反应生成,是一种烟雾污染现象。光化学烟雾的形成必须具备一定的条件,如前体污染物、气象条件、地理条件等。污染物条件:光化学烟雾的形成必须要有NO_x、碳氢化合物等污染物存在;气象条件:光化学烟雾发生的气象条件是太阳辐射强度大、风速低、大气扩散条件差且存在逆温现象等;地理条件:光化学烟雾的多发地大多数是处在比较封闭的地理环境中,这样就造成了NO_x、碳氢化合物等污染物不能很快地扩散稀释,容易产生光化学烟雾。光化学烟雾是一个链反应,其中关键性的过程可以简单地分成三步:①NO_2的光解导致O_3的生成;②碳氢化合物被氧化生成了具有活性的自由基,如$HO\cdot$、$HO_2\cdot$、$RO_2\cdot$等。在光化学反应中,自由基反应占很重要的地位,自由基的引发反应主要是由NO_2和醛光解引起的;③通过以上途径生成的自由基将NO氧化成NO_2。在该反应过程中生成一些二次污染物,如O_3、醛、PAN、H_2O_2等。

洛杉矶光化学烟雾事件

洛杉矶位于美国西南海岸,西面临海,三面环山,是个气候温暖、风景宜人的地方。但从20世纪40年代初开始,每年从夏季至早秋,只要是晴朗的日子,城市上空就会出现一种弥漫天空的浅蓝色烟雾,使整座城市上空变得浑浊不清。1943年以后,烟雾更加肆虐,以致远离城市100公里以外的海拔2 000米高山上的大片松林也因此枯死,柑橘减产。仅1950—1951年,美国因大气污染造成的损失就达15亿美元。1955年,因呼吸系统衰竭死亡的65岁以上老人达400多人;1970年,约有75%以上的市民患上了红眼病。这就是最早出现的新型大气污染事件——光化学烟雾污染事件。

光化学烟雾是如何危害人体的呢?光化学烟雾成分复杂,主要污染成分为臭氧(约占85%)、过氧乙酰硝酸酯(约占10%)、醛类等,这些物质对人体都可造成一定损害。臭氧对人体的危害主要表现为刺激和破坏深部呼吸道黏膜和组织,对眼睛也有刺激,其作用与二氧化氮类似。在低浓度长时间作用下,会引起慢性呼吸道疾病及其他疾病。大气中臭氧浓度为0.1~0.5 ppm时引起鼻和喉头黏膜不适和对眼睛的刺激。在0.2~0.8 ppm浓度下接触2小时后会引起气管刺激症状,1 ppm以上浓度则会引起头疼、肺深部气道变窄,出现肺气肿,长时间接触会出现一系列中枢神经损害或引起肺水肿。此外,还能阻碍血液输氧的功能,造成组织缺氧现象,并出现视力迟钝、甲状腺功能受损、骨骼早期钙化等。根据近年研究,它还有引起染色体畸变的作用。过氧乙酰硝酸酯,特别是过氧苯酰酸酯、醛类、硝酸和硫酸等,都会强烈刺激眼睛,使人眼睛红肿、流泪,呼吸系统症状表现为咽喉疼、喘息、咳嗽、呼吸困难,还能引起头痛、胸闷、疲劳感、皮肤潮红、心功能障碍和肺功能衰竭等一系列症状。

(来源:洛杉矶华人资讯网,2012.12.23)

2.5　大气污染物的健康危害

2.5.1　硫氧化物

2.5.1.1　来源

大气中硫氧化物主要有二氧化硫(SO_2)和三氧化硫(SO_3)。二氧化硫是目前数量较大、影响面较广的一种气态污染物。SO_2 的来源分为自然源和人为源,自然源来自火山爆发和还原硫化物(H_2S)的氧化;人为源主要是化石燃料(如煤等)的燃烧,其次是有色金属的冶炼、石油加工和工业硫酸的制备等。其实 SO_2 对人类造成的危害早在 20 世纪 50 年代就开始了。1952 年发生的伦敦烟雾公害事件仅仅 4 天时间就导致了 4 000 人死亡,就连许多牲畜也难逃劫难,其中危害最严重的物质为 SO_2,其在大气中经过化学转化而产生的硫酸型气溶胶毒性要比 SO_2 高 10 倍。1952 年 11 月和 12 月初伦敦出现异常的低温,居民为了取暖,在家中大量烧煤,煤烟便从烟囱排放出来。如果煤烟在大气中扩散,就不会聚集而产生浓雾。但是当时伦敦的上空气温升高,导致空气无法上升,煤烟和废气不断从市民家中和工厂中排出来,聚集在伦敦空气里的污染物越来越多。当时空气里水蒸气含量很高,在寒冷的空气中,水蒸气被冷却到了露点,大量煤烟为它们提供了凝结核,于是浓厚的烟雾就出现了。每一天,伦敦排放到大气中的污染物有 1 000 t 烟尘、2 000 t 二氧化碳、140 t 氯化氢(盐酸的主要成分)、14 t 氟化物,以及最可怕的——370 t 二氧化硫,这些二氧化硫随后转化成近 800 t 硫酸。

2.5.1.2　对人体健康的危害

(1) 对呼吸系统的危害

一般情况下,SO_2 进入呼吸道后,因其易溶于水,大部分被阻滞在上呼吸道,在湿润的黏膜上生成具有腐蚀性的亚硫酸、硫酸和硫酸盐,使刺激作用增强。上呼吸道的平滑肌内因有末梢神经感受器,遇刺激就会产生窄缩反应,使气管和支气管的管腔缩小,气道阻力增加。上呼吸道对 SO_2 的这种阻留作用,在一定程度上可减轻 SO_2 对肺部产生的刺激作用。但这样会导致局部分泌物增加,严重时可造成局部炎症或腐蚀性组织坏死,是慢性阻塞性肺疾病(COPD)的主要病因之一。当 SO_2 浓度为 10~15 ppm 时,呼吸道纤毛运动和黏膜的分泌功能均受到抑制;浓度达 20 ppm 时,引起咳嗽并刺激眼睛;浓度为 100 ppm 时,支气管和肺部将出现明显的刺激症状,使肺组织受损;浓度达 400 ppm 时会出现溃疡和肺水肿直至窒息死亡。

SO_2 在空气中还可能与飘尘等产生联合作用,SO_2 附着在飘尘上一起被吸入,飘尘气溶胶微粒可把 SO_2 带到肺部,使毒性增加 3~4 倍。若飘尘表面吸附金属微粒,在其催化作用下,SO_2 氧化为硫酸雾,其刺激作用比 SO_2 增强约 10 倍。长期生活在大气污染的环境中,由于 SO_2 和飘尘的联合作用,肺泡壁纤维将增生,如果增生范围波及广泛,形成肺纤维性变,发展下去可使纤维断裂形成肺气肿。

（2）降低人体免疫力

SO_2 可被吸收进入血液,它能破坏酶的活力,从而明显地影响碳水化合物及蛋白质的代谢,对肝脏有一定损害。动物实验证明,SO_2 慢性中毒后,机体的免疫力受到明显抑制。

（3）促癌作用

SO_2 可以增强致癌物苯并（a）芘的致癌作用。动物试验证明,在 SO_2 和苯并（a）芘的联合作用下,动物肺癌的发病率高于单个因子的发病率,在短期内即可诱发肺部扁平细胞癌。因此,SO_2 具有促癌作用。

（4）其他作用

SO_2 被肺泡吸收后,被血液运送到全身各地,危害是多方面的。如 SO_2 能和血液中的维生素 B_1 结合,破坏正常情况下体内维生素 B_1 与维生素 C 的结合,使体内维生素 C 的平衡失调,从而影响新陈代谢和生长发育。

2.5.2 氮氧化物

2.5.2.1 来源

大气中的 NO_x 主要包括 N_2O、NO、N_2O_3、NO_2、N_2O_5,统称为氮氧化物。N_2O_5 和 N_2O_3 在大气条件下容易分解成 NO 和 NO_2。NO 和 NO_2 也是造成大气严重污染的主要污染物。大气中 NO_x 的来源分为自然源和人为源。自然源主要来自生物圈中氨氧化、生物质燃烧、土壤的排出物、闪电的形成物等。而人为源主要为燃料燃烧、工厂排放和交通运输等。由燃料燃烧产生的约占 90% 以上,如电厂锅炉、各种工业炉窑,机动车及其他内燃机中燃料高温燃烧时、参与燃烧的空气中的 N_2 和氧生成 NO_2,燃料中含氮有机物氧化也会生成 NO_2,工业生产排放出的 NO_x 主要源于一些化工生产过程,如硝酸生产、硝化过程,金属和非金属表面的硝酸处理过程,催化剂制造及金属高温焊接,含氮化合物在化工过程中由于吸收不完全和设备的泄漏,都可能产生一定量的 NO_2。交通运输中大部分 NO_x 来自汽车尾气。汽车尾气中还含有其他各种有害污染物质,具有刺激性效应,会对呼吸、免疫、生殖系统造成不良影响,甚至导致癌症。NO_x 在光照下还会与空气中的碳氢化合物发生光化学反应,造成光化学烟雾。此外,NO_x 还会消耗臭氧,破坏臭氧层,遇水形成酸雨等。

2.5.2.2 对人体健康的危害

（1）对呼吸系统的危害

NO_x 对眼睛和上呼吸道黏膜刺激较轻,主要侵入呼吸道深部的细支气管及肺泡。氮氧化物难溶于水的性质,使其能够深入呼吸道内部,当 NO_x 进入肺泡后,因肺泡的表面湿度增加,反应加快,在肺泡内约可阻留 80%,一部分转化为 N_2O_4,N_2O_4 与 NO_2 均能与呼吸道黏膜产生水分作用,逐渐在肺泡表面溶解并形成硝酸、亚硝酸等物质,对肺组织造成严重的腐蚀和刺激,引起肺水肿。长期吸入低浓度 NO_x 可引起肺泡表面活性物质的过氧化,损害细支气管的纤毛上皮细胞和肺泡细胞,破坏肺泡组织的胶原纤维,并发生肺气肿样症状。

(2) 对心血管系统的危害

NO_x 在进入人体以后,将会与体液物质产生反应,从而生成亚硝酸盐,而亚硝酸盐会随着血液游走,并与血红蛋白结合产生高铁血红蛋白,降低血液的氧运输能力,造成人体局部组织缺氧,进而影响神经系统,临床表现为神经衰弱综合征。另外,NO_x 还会对心脏等人体造血系统造成极为严重的危害性影响。

(3) 对免疫系统的危害

NO_x 是一类生物活性较高的气体氧化剂,可加剧人体内的氧化反应和过氧化反应,进而降低对人体免疫系统极为重要的维生素 C、维生素 E、过氧化氢酶等重要的抗氧化剂及特异性抗氧化酶的含量,增加人体中的氧化脂质等氧化产物的含量。NO_x 还会导致人体的脱氧核糖核酸(DNA)、蛋白质、酶及生物膜等氧化物及过氧化物受到损伤,进一步降低人体的抗氧化能力,两相结合下大幅度降低人体的免疫系统功能,引发免疫系统疾病。

需要注意的是,环境中的氮氧化物中毒一般属于慢性中毒,具有一段时间的潜伏期,并不会马上表现出对人体的影响,但在潜伏期过后,人体会突然发病并恶化,这时候就需要紧急抢救,否则会危及生命。

氮氧化物危害案例

1995 年 1 月 19 日上海某铜棒厂发生一起急性氮氧化物中毒事件。该厂酸洗车间共有 9 只酸洗槽,每只酸洗槽容积约 3.5 m^3。上午 9 时操作工王某看见有两只桶把手损坏,致使桶内物散落在槽内,便带另两只桶进入槽内,用铁锹将散落的废渣装入桶内,共入槽 4 次,每次约 30 s,间隔约 15 min,并在离槽约 1.5 m 处吸烟,在下槽时只戴普通纱布口罩。上午 10 时自感胸闷停止工作,下午 5 时胸闷加剧,出现呼吸困难,送市职业病防治所,诊断为急性轻度氮氧化物中毒。因该厂正在筹建中,操作规章制度尚未建立与完善,作业工人在未佩戴防毒面具的情况下,将含有氮氧化物气体的废渣装入桶内,造成氮氧化物的吸入,并在工作场所吸烟,增加了氮氧化物的吸入量,引起急性轻度氮氧化物中毒。

(来源:上海市疾病预防控制中心,2002.08.19)

2.5.3 颗粒物

2.5.3.1 来源

大气颗粒物来源分为自然源和人为源,自然源主要包括土壤、岩石碎屑、火山喷发物、林火灰烬和海盐微粒等。人为源主要来自化石燃料燃烧、露天采矿、建筑工地和耕种作业等。在我国的环境空气质量标准中,悬浮在空气中,空气动力学直径小于 $10~\mu m$ 的颗粒物称为可吸入颗粒物(PM_{10}),空气动力学直径小于 $2.5~\mu m$ 的颗粒物称为细颗粒物($PM_{2.5}$)。

$PM_{2.5}$ 来源分为一次来源和二次来源,一次来源又分为自然源和人为源,其中自然源有火山爆发、森林大火、扬尘、海盐、植物花粉等,人为源分为流动源和固定源,流动源通常为交通工具在运行过程中向大气排放的尾气,固定源为各种工业过程、供热、烹调过程中燃煤与燃气或燃油排放的烟尘。二次来源(二次颗粒物)则是大气中某些污染组分之间,或这些组分与大气成分之间发生反应而产生的颗粒物,分为二次无机细颗粒和二次有机细颗粒。复旦大学公共卫生学院研究表明,当 $PM_{2.5}$ 增长 $10~\mu g/m^3$ 时,就会增加 0.85% 的死亡率。《危险的呼吸——$PM_{2.5}$ 的健康危害和经济损失评估研究》指出,$PM_{2.5}$ 对人类具有致命性的危害。鉴于 $PM_{2.5}$ 重大的环境和健康影响,2012 年 2 月 29 日我国将 $PM_{2.5}$ 指标(年平均:$35~\mu g/m^3$,24 h 平均:$75~\mu g/m^3$)纳入新修订的《环境空气质量标准》(GB 3095—2012)。

2.5.3.2 对人体健康的危害

$PM_{2.5}$ 粒径小,富含有毒、有害物质且在大气中的停留时间长、输送距离远,因而对人体健康和大气环境质量的影响更大。

(1)对呼吸系统的影响

$PM_{2.5}$ 通过损伤呼吸道黏膜上皮细胞,部分沉积在肺泡内或肺间质内,激活肺内的免疫细胞,引起气道炎性反应,造成呼吸系统疾病。从轻微的上呼吸道刺激、儿童的急性呼吸道感染、成人的慢性支气管炎,到慢性肺纤维化、慢性阻塞性肺疾病,甚至肺癌都有可能发生。研究表明,$PM_{2.5}$ 的空气浓度每增加 $4.5~\mu g/m^3$,则使第一秒用力呼气量与用力肺活量的比值(FEV1FVC%)下降 0.4%。因此,还会造成呼吸道疾病恶化,如哮喘的发作、呼吸衰竭。

(2)对心血管系统的影响

呼吸道的急性和慢性炎症对于急性心血管病是公认的危险因素。而 $PM_{2.5}$ 引起肺部炎症反应后,有一部分就穿过呼吸膜进入循环系统,影响心血管系统。一项调查研究表明,长期吸入细颗粒物可导致心脏病,在美国每年约有 6 万人因此而过早死亡。

(3)对血液系统的影响

长期的 $PM_{2.5}$ 吸入,使得血液中血小板数量显著上升,缩短部分凝血活酶时间

（APTT）及凝血酶原时间（PT），更容易促使血栓形成，最终引起缺血性疾病。

（4）对免疫系统的影响

$PM_{2.5}$ 被吞噬细胞吞噬后，进入淋巴系统，部分被清除，部分被新的吞噬细胞吞噬。有研究通过门诊病历分析得出，吸入的 $PM_{2.5}$ 水平与抗-dsDNA 和细胞管型呈正相关。在自身免疫性疾病患者中，细颗粒物可能影响疾病活动，特别是系统性红斑狼疮。

颗粒物危害人体健康

2013 年 1 月，全国多省市相继发生了不同程度的重度大气污染并伴随极低能见度的雾霾事件，以北京为核心的京津冀地区污染程度尤为突出：2013 年 1 月北京雾霾事件中 $PM_{2.5}$ 单日小时最高浓度超过 1 000 $\mu g/m^3$，霾日数累计长达 25 日。

北京 2013 年 1 月雾霾事件期间，大气污染物 $PM_{2.5}$ 日均浓度高达 194.30 $\mu g/m^3$，是《环境空气质量标准》（GB 3095—2012）二级标准（24 h 均值标准为 75 $\mu g/m^3$）的 2.6 倍，超过 WHO 推荐值（24 h 均值标准为 25 $\mu g/m^3$）6.8 倍。2013—2014 年间 $PM_{2.5}$ 日均浓度的峰值 568.57 $\mu g/m^3$ 也出现在 2013 年 1 月。近年来，在中国政府的高度重视和强有力领导下，北京细颗粒物（$PM_{2.5}$）的年均浓度已经从 2013 年的 89.5 $\mu g/m^3$ 下降到 2019 年的 42 $\mu g/m^3$，下降幅度超过 50%，成效瞩目。

除了雾霾，其他污染物附着在颗粒物上也会对人体造成不小的危害，世界上很多国家都发生过类似的事件，1948 年 10 月 26—31 日，美国宾夕法尼亚州多诺拉小镇工厂排放的含有二氧化硫等有毒有害物质的气体及金属微粒在气候反常的情况下聚集在山谷中积存不散，这些毒害物质附在悬浮颗粒物上，严重污染了大气。人们在短时间内大量吸入这些有害的气体，引起各种症状，全城 14 000 人中有 6 000 人眼痛、喉咙痛、头痛胸闷、呕吐、腹泻，20 多人死亡。

（来源：联合国新闻，2019.04.16）

2.5.4　一氧化碳

2.5.4.1　来源

一氧化碳是大气污染中较为常见的气态污染物，其来源分为自然源和人为源。自然源中的火山爆发、森林火灾、地震等都可能造成局部地区一氧化碳浓度增高。人为源则更为广泛，凡是含碳的燃料不完全燃烧都会产生一氧化碳，主要来源有以下四种。

（1）工业生产

一般含碳燃烧或化石燃料的不完全燃烧等状态均会不同程度地产生一氧化碳。例如，炼钢、炼铁、炼焦、炼油、煤气/水煤气加工等相关的工业生产，内燃机的废气等，均会相应地排出一氧化碳。

（2）汽车尾气

汽车尾气是城市一氧化碳的主要来源，特别是大面积堵车的时候，由于车辆均处于怠速，汽车燃烧室内油浓度过高导致燃烧不完全，从而排放出大量的 CO。而车辆在高速行驶的情况下，一氧化碳排放量相对较少。

（3）矿井开采

井下火灾、煤的缓慢氧化、爆破作业、瓦斯与煤尘爆炸等都会排放一氧化碳，因此井下作业通常会配备具有检测一氧化碳预警功能的探测器，以保障相关人员的生命安全。

（4）日常生活

①人工供暖：一些村镇使用原煤、柴草、沼气等用于家庭供暖、烹饪时，在不完全燃烧情况下，可能引发一氧化碳浓度过高情况。②家庭炉灶：煤气发生站，家用煤气、炉灶等，也涉及 CO 排放。③吸烟：在室内吸烟主要涉及焦油和一氧化碳的排放。若在室内吸烟的同时，没有良好的通风，则会形成不良的呼吸环境。④其他燃烧：木炭燃烧、固体废弃物焚烧、烟花爆竹的燃放等，均会涉及一氧化碳的排放。

2.5.4.2　对人体健康的危害

（1）造成组织缺氧

一氧化碳经呼吸道吸入后，通过肺泡进入血液循环，立即与血红蛋白结合，形成碳氧血红蛋白（COHb），使血红蛋白（Hb）失去携带 O_2 的能力。一氧化碳与血红蛋白的亲和力是氧与血红蛋白的亲和力的大约 300 倍，而 COHb 又比氧合血红蛋白的解离慢约 3 600 倍，而且 COHb 的存在还抑制氧合血红蛋白的解离，阻抑氧的释放和传递，造成机体急性缺氧血症。高浓度的一氧化碳还能与细胞色素氧化酶中的二价铁相结合，直接抑制细胞内呼吸，中毒者出现脉弱、呼吸变慢，甚至衰竭致死。组织缺氧程度与血液中 COHb 占 Hb 的百分比有关系，而血液中 COHb 百分比与空气中一氧化碳浓度和接触时间有密切关系。

（2）对心血管系统的影响

一氧化碳中毒时，体内代谢旺盛的器官如大脑和心脏最易遭受损害。脑内小血管迅速麻痹、扩张。脑内三磷酸腺苷（ATP）在无氧情况下迅速耗尽，钠泵运转失常，钠离子蓄积于细胞内而诱发脑细胞水肿。缺氧使血管内皮细胞发生肿胀而造成脑部循环障碍。脑血液循环障碍可致脑血栓形成、脑皮质的缺血性坏死以及广泛脱髓鞘病变，致使部分患者发生迟发性脑病。近年来，动物实验和大量流行病学调查证明，长期生活在低浓度一氧化碳环境中，会促使心血管病人病情恶化，使血液中的类脂质和胆固醇在血管里沉积。

（3）对神经系统的影响

中枢神经系统对缺氧最敏感，在缺氧情况下，脑血管先发生痉挛，而后扩张，以至通透性增加，严重时发生脑水肿，继而发生脑血管病变，造成大脑一定部位局限性软化和坏死。

慢性一氧化碳中毒病人在神经系统症状中会出现头痛、头晕、记忆力降低等神经衰弱综合征。

一氧化碳对人体健康造成危害

2018 年 11 月 3 日,济南市某浴室发生了一起四人一氧化碳中毒的事件,一人死亡,三人经抢救才挽回生命。一氧化碳中毒对人体健康危害很大,在冬天取暖时尽量采用暖气供暖或空调取暖,如在室内使用炭火等取暖,煤炭要烧尽,并经常开窗通风换气,一旦出现身体不适要立即前往医院救治。历史上著名的洛杉矶烟雾事件其实也是一氧化碳污染的典型案例。

(来源:广东省应急管理厅,2019.06.17)

2.5.5　挥发性有机化合物

2.5.5.1　来源

挥发性有机化合物(VOCs)的种类非常多,一般为碳原子数少于 12 的有机化合物,包括脂肪烃、芳香烃、卤代烃等烃类化合物,以及醇、酮、酯、醚、醛、酚、氟利昂、萜烯类、有机胺等有机化合物。挥发性有机化合物(VOCs)的来源十分广泛,自然来源的 VOCs 主要包括动植物排放,森林和矿物自燃,火山喷发等生物地球化学过程。这类来源的 VOCs 对环境危害相对较小。对环境造成很大危害的 VOCs 主要源于人类活动。根据使用主体、行业类别等不同范畴,VOCs 的人为排放可以分为不同的来源:①化工生产;②VOCs 的储藏和运输;③VOCs 的使用;④燃料燃烧;⑤矿物冶炼;⑥工业产品加工;⑦垃圾填埋;⑧垃圾焚烧;⑨香烟烟雾等。事实上,大部分 VOCs 是没有毒的,或者毒性很低,但其中少部分不但有毒,而且还可以致癌。目前 VOCs 毒性物质的排放,仅次于大气颗粒物,被视为第二大类大气污染物。

2.5.5.2　对人体健康的危害

(1) 对人体生殖系统的影响

VOCs 常温下以蒸汽的形式存在于空气中,易被皮肤、黏膜等吸收,对人体产生危害。VOCs 中的一些物质有致癌、致畸、致突变性,这些物质干扰人体内分泌系统,具有遗传毒性,易引起"雌性化"的严重后果,对环境安全和人类生存繁衍构成威胁。

(2) 对人体各系统产生影响

空气中 VOCs 浓度过高时很容易引起急性中毒,轻者会出现头痛、头晕、咳嗽、恶心、呕吐,或呈酩醉状;重者会出现肝中毒甚至很快昏迷,有的还可能危及生命。长期居住在 VOCs 污染的室内,可引起慢性中毒,损害肝脏和神经系统,引起全身无力、嗜睡、皮肤瘙痒等,有的还可能引起内分泌失调,影响性功能。

(3) 其他影响

VOCs容易在太阳光作用下发生光化学反应,产生光化学烟雾,从而对人体造成危害。

隐藏在儿童身边的VOCs

生态环境部印发《重点行业挥发性有机物综合治理方案》的通知:目前VOCs污染排放对大气环境影响突出。VOCs是形成细颗粒物($PM_{2.5}$)和臭氧(O_3)的重要前体物,对气候变化也有影响。近年来,我国$PM_{2.5}$污染控制取得积极进展,尤其是京津冀及周边地区、长三角地区等改善明显,但$PM_{2.5}$浓度仍处于高位,超标现象依然普遍,是打赢蓝天保卫战改善环境空气质量的重点因子。京津冀及周边地区源解析结果表明,当前阶段有机物(OM)是$PM_{2.5}$的最主要组分,占比达20%~40%,其中,二次有机物占OM比例为30%~50%,主要来自VOCs转化生成。相对于颗粒物、二氧化硫、氮氧化物污染控制,VOCs管理基础薄弱,已成为大气环境管理短板。石化、化工、工业涂装、包装印刷、油品储运等行业(以下简称重点行业)是我国VOCs重点排放源。为打赢蓝天保卫战、进一步改善环境空气质量,迫切需要全面加强重点行业VOCs综合治理。

(来源:生态环境部,2019.06.26)

2.5.6 臭氧

2.5.6.1 来源

臭氧(O_3)在大气不同高度上都有一定量的分布,对于大气温度场和大气环流具有十分重要的作用。其中平流层O_3具有阻挡紫外线的作用,而对流层中适量的O_3有利于清洁大气,但由于O_3的强氧化性,近地面O_3浓度过高会对人体的呼吸及免疫系统等造成危害,同时也会影响植物生长,降低农作物产量。近年来,随着我国机动车持有量的急剧增加,各种O_3前提物(NO_x、VOCs等)在大气中浓度升高,在光照的条件下发生光化学反应生成O_3,造成近地面O_3浓度不断升高。

我国O_3污染多出现于"春末—盛夏—秋初"期间,空间上O_3污染主要集中在京津冀及周边、汾渭平原和苏皖鲁豫交界地区,其次是长三角和珠三角地区,近年来成渝和长江中游地区O_3污染也逐渐凸显。

2.5.6.2 对人体健康的影响

(1) 对呼吸系统的影响

当大气中O_3浓度为$0.1\ mg/m^3$时,可引起鼻和喉头黏膜的刺激;O_3浓度在0.1~

$0.2 \, \text{mg/m}^3$ 时,会引起哮喘发作,导致上呼吸道疾病恶化,同时刺激眼睛,使视觉敏感度和视力降低。

(2)对心肺功能的影响

当大气中 O_3 浓度在 $2 \, \text{mg/m}^3$ 以上时,可引起头痛、胸痛、思维能力下降、记忆力衰退,严重时可导致肺气肿和肺水肿。

(3)其他影响

O_3 可诱发淋巴细胞染色体畸变,损害酶的活性和溶血反应;影响甲状腺功能和体内细胞的新陈代谢,加速衰老,促使骨骼早期钙化等。O_3 还能破坏人体皮肤中的纤维素,致使皮肤起皱,出现黑斑。

监测数据显示,O_3 污染一般在凌晨较低,上午开始攀升,到中午达到较高水平,并持续至傍晚,夜间浓度逐渐降低。不同于 $PM_{2.5}$ 的预防,佩戴一般的防护口罩对 O_3 预防无效。公众尤其是儿童、老人等体弱和敏感人群,在午后两三点 O_3 污染最严重的时候应尽量避免户外活动。室外臭氧浓度高时,应减少室内通风换气次数。

臭氧污染防治攻坚战

要打好 O_3 污染防治攻坚战,就得进一步加大对涉 VOCs 环境违法违规行为的打击力度。2020 年 7 月四川省生态环境厅执法人员利用雷达走航探测时,发现绵阳一区域 O_3 浓度出现异常高值。在对当地某一公司施工现场检查时发现,该企业厂房车间内 2 个搅拌罐正在搅拌水性防锈漆原料,为加快车间检测板涂料干燥过程,公司员工在明知违反公司生产管理规定的情况下,敞开生产车间的窗户和大门进行通风,导致生产过程中产生的挥发性有机废气(VOCs)无组织排放严重,厂区异味明显。生态环境厅立即对该企业的违法行为立案调查,依据《中华人民共和国大气污染防治法》规定,鉴于该公司 2 年内已经有过一次生态环境违法行为,且公司员工属于明知故犯,对该公司进行相应的经济处罚。

(来源:四川省生态环境厅,2020.7)

2.5.7 有毒微量有机污染物

2.5.7.1 来源

有毒微量有机污染物指大气中含量少、有毒有害的污染物,进入环境后使环境的正常组成发生直接或间接有害于生物生长、发育和繁殖的变化。常见的主要有多环芳烃(PAH)、多氯联苯(PCB)、二噁英等。大气中的微量有机污染物主要源于人类活动过程,如垃圾焚烧、焦炭生产、烧煤等。

2.5.7.2 对人体健康的危害

（1）致癌性

二噁英和苯并(a)芘[B(a)P]都是较早发现的致癌物质。其中二噁英可引起软组织肉瘤、淋巴网状细胞瘤，还能引起呼吸系统肿瘤；B(a)P 进入人体，经过一系列反应后与细胞大分子(DNA、RNA、蛋白质等)共价结合，构成癌变的物质基础。一旦遇到促癌因素即可发生癌变。

（2）对免疫系统的影响

二噁英可以同时抑制体液免疫和细胞免疫。对二噁英最为敏感的是杀伤性 T 淋巴细胞，在 $0.04~\mu g/kg$ 体重的剂量下可引起持续抑制反应。二噁英可长期抑制辅助性 T 细胞功能，对骨髓、胸腺、肝脏、肺脏中的淋巴干细胞等都有毒性作用。二噁英还可直接抑制 B 细胞，使初次、再次免疫应答的反应性降低，使抗体(IgE、IgG)产量下降。

（3）对生殖系统的影响

二噁英急性中毒对生殖系统有不良影响。对男性，二噁英可使雄性激素水平下降，精子数目减少，致睾丸、附睾畸形，降低性功能。某报道表示，即使是 30 年前接触过二噁英的人，精子数仍然会下降 50%；对女性，二噁英可使流产率上升，受孕率降低，子宫重量减轻，引发子宫内膜异位症甚至不孕。

（4）对内分泌系统的影响

存在于大气中的微量污染物，进入人体后在人体内产生类似内分泌激素的作用，拮抗人体内正常分泌的内分泌激素，破坏人体内分泌激素的合成和代谢过程，从而破坏内分泌激素受体的合成和代谢过程。

战争后遗症——美国越战"橙剂"事件

在越南战争期间，越军充分发挥了热带丛林的作战优势，跟美军打游击战，神出鬼没，沉重地打击了美国军队。于是越战期间美国发明了一种高效落叶剂，因其容器的标志条纹为橙色，故名"橙剂"。"橙剂"是一种强力落叶剂，主要成分即为二噁英，其毒性巨大，进入人体后需要 14 年的时间才能全部排出。这些"橙剂"不仅使树叶脱落、稻田等农作物绝收，而且改变了当地人的生育和基因，使当地出现了大量的缺胳膊少腿或浑身溃烂的畸形儿，还有很多智力低下儿童，造成各种神经系统疾病等大暴发。即使到了现在，依旧有大量的越南人深受其害。"橙剂"事件也导致了美国历史上最大规模的战争环境健康影响调查，让人类开始认识二噁英的危害性，加快了世界各国对其进行研究与防治。1979 年，一个代表 240 万名越战老兵的团体状告生产落叶剂的美国公司，于 1984 年获得生产过"橙剂"的 7 家美国化工企业 1.8 亿美元的赔偿。战争停止了，但"橙剂"给越南南部地区所造成的危害至今没有结束，战争的悲剧还在继续。

（来源：央视新闻，2021.08.28）

2.5.8　有毒化学品

2.5.8.1　来源

大气中的有毒化学品如氯气、氨气、氟化物等的主要来源为化工厂、金属加工厂、化肥厂等工厂排放。

2.5.8.2　对人体健康的危害

（1）对组织器官的影响

氯气主要由呼吸道侵入体内，在呼吸道黏膜表面与水分反应生成盐酸和次氯酸，但很少有机会再进一步生成氯化氢和新生态氯。盐酸使局部黏膜充血、水肿，气管柱状上皮细胞发生变性、坏死，并使毛细血管通透性增加，次氯酸容易透过细胞膜直接与细胞质蛋白质反应，从而引起组织炎性水肿、充血，甚至坏死。吸入极高浓度的氯气还可以引起迷走神经反射性心搏骤停，或喉头痉挛而发生"电击样"死亡。

氟极易通过各种组织的细胞壁与原生质结合，破坏原生质的结构和功能，使蛋白质、DNA合成受阻，使多种组织器官出现病理性改变。

（2）对钙、磷正常代谢的影响

适量的氟能促进骨骼和牙齿的钙化，过量的氟则会与血液中的钙结合成难溶的氟化钙，沉积在骨组织中，导致血钙降低，破坏钙、磷的正常代谢。氟化钙的大量沉积还会使溶骨作用增强，骨质因脱钙而疏松，抑制代谢中某些酶的作用，引起氟骨症。

氯气中毒导致人体健康危害

2019年8月2日19时许，北京一家游泳馆里发生了一起疑似氯气泄漏事件，致多人呼吸道不适，出现头晕、呕吐症状。这起突发事件原因是场馆工作人员操作失误导致氯气泄漏，氯气挥发后超过了空气正常浓度，在场人员因吸入氯气过多造成了呼吸道损伤。现行国标中对泳池余氯含量的规定为 0.3～0.5 mg/L。然而从近年来各地卫生监管部门对泳池的抽样调查结果来看，这一规定的落实情况不容乐观。泳池余氯超标或因泄漏吸入过多氯气，会对人体呼吸系统造成伤害，并对皮肤细胞及细胞间质造成伤害，易引起皮肤干燥、皲裂、丘疹、粉刺、老化，或有手掌角化、指甲变薄等改变，且氯气易与水中有机物反应，生成三氯甲烷等致癌物，会严重危及人们的身体健康。而儿童作为夏季泳池常客，由于身体发育尚不完全，自我免疫能力较弱，更容易受到伤害。

（来源：北京头条，2021.02.22）

2.5.9　难闻气味

2.5.9.1　来源

难闻气味是指引起多数人不愉快感觉的气味,是典型的公害之一,其危害已引起人们的重视。随着人们生活水平的不断提高,对优美舒适的环境要求也日益迫切,臭气治理的任务必将越来越重。难闻气味主要源于污水处理厂、垃圾填埋场、化工厂、石油精炼厂、食品加工厂以及油漆制造、塑料生产、制砖等行业企业。能产生臭气的物质很多,主要包含以下三类:

① 含硫酸性物质,主要为硫化氢、硫醇和硫醚;

② 含氮碱性化合物,主要为氨、三甲胺、尿素、烟碱;

③ 以不饱和脂肪酸及其氧化物和烃类为代表的中性化合物。

这些物质大多对人体有害。

2.5.9.2　对人体健康的危害

（1）对呼吸系统的影响

人如果突然闻到恶臭,会产生反射性的吸气抑制,呼吸次数减少,深度变浅,甚至可完全停止。高浓度的恶臭还可使接触者发生肺水肿甚至窒息死亡。

（2）对消化系统的影响

经常接触到难闻气味,会使人厌食、恶心,甚至呕吐,进而导致消化功能减退。

（3）对内分泌系统的影响

严重的恶臭会对人体的内分泌系统造成影响,使内分泌系统紊乱,降低代谢活动强度。

（4）对嗅觉的影响

长期反复受到难闻气味的刺激,甚至会引起嗅觉疲劳,导致嗅觉失灵。

（5）对心情的影响

长期闻到难闻气味会使人产生焦虑、抑郁等情绪,造成头晕、失眠等。

> **恶臭气体导致人体不适**
>
> 近年来,我国环境污染治理虽然取得积极进展,但形势依然严峻,特别是难闻异味扰民的问题越来越突出。在某些化工产业集中的地区,甚至90%的环境投诉都来自恶臭问题。国际上也早有先例,例如在日本川崎市,1961年8—9月就曾连续发生三次恶臭公害事件,都是由一家工厂夜间排放一种含硫醇的废油引起的。恶臭扩散到距排放源20多公里的地方,近处有人当场被熏倒;远处有人在熟睡中被熏醒;还有人恶心、呕吐、眼睛疼痛等。可见恶臭气味导致的污染事件对人体健康的影响不容小觑。
>
> （来源:搜狐新闻,2019.02.14）

2.6　大气污染对人体健康的影响

人体吸入受污染的空气后,可以导致呼吸系统、心血管及神经系统发病,在污染物浓度较高的地区,甚至造成老人、孩子患病致死。更普遍的情况是人们长期受低浓度大气污染的危害,会患慢性疾病,造成体质下降,产生精神不振等症状。大气污染的危害有很多,不同的大气污染物对人体及自然环境造成的危害也不同。总的来说,大气污染会产生严重的危害和影响,不但会给人们的生活造成不便,还会危害动物和植物的生长。如果大气污染情况十分严重,还会对建筑物产生一定的危害。

2.6.1　大气污染物进入人体的途径

大气污染物主要通过呼吸道进入人体,小部分污染物也可以降落至食物、水体或土壤,通过饮食,经过消化道进入体内,儿童还可以由消化道摄入大气污染物。有的污染物可通过直接接触黏膜、皮肤进入机体,脂溶性的物质更易经过完整的皮肤而进入体内。

呼吸道以喉头环状软骨为界,分为上、下呼吸道。上呼吸道(鼻腔至咽喉)对吸入空气具有加温、湿润和过滤的功能。鼻腔分泌物中含有溶菌酶,能溶解多种革兰阳性细菌及某些革兰阴性细菌,具有非特异性的免疫作用。由于呼吸道各部分的结构不同,对外源性化学物的阻留和吸收也不相同。一般来说,进入的部位愈深,扩散的面积愈大,停留时间愈长,机体的吸收量就愈大。肺泡表面积很大,与空气接触的肺泡膜总表面积达 50 m^2 以上,大约为人体表面积的 25 倍。肺泡壁很薄,只有 $1\sim4$ μm 厚,表面为含碳酸的液体所湿润,肺泡又有丰富的微血管,血液供应极为充足,外源性化学物质可以被肺泡迅速吸收,且不经过肝脏的代谢转化即被运送到全身发挥作用,因此,经呼吸道吸收的物质对机体的危害往往较大。

2.6.2　大气污染对人体健康的直接危害

大气污染对人体健康造成的直接危害一般为急性中毒、慢性中毒和致癌作用。

2.6.2.1　急性中毒

多发生在某些特殊条件下,如发生特殊事故使大量有毒有害气体逸出、外界气象条件突变等,导致大气污染物的浓度在短期内急剧增高,使周围人群吸入大量污染物所造成的危害。急性中毒(acute intoxication)是指毒物短时间内经皮肤、黏膜、呼吸道、消化道等途径进入人体,使机体受损并发生器官功能障碍。急性中毒起病急骤,症状严重,病情变化迅速,不及时治疗常危及生命,必须尽快作出诊断与急救处理。

急性中毒伴有下列表现时提示病情危重:①深昏迷;②休克或血压不稳定;③高热或体温不升;④呼吸衰竭;⑤心力衰竭或严重心律失常;⑥惊厥持续状态;⑦肾功能衰竭;⑧弥漫性血管内凝血(DIC);⑨血钠高于 150 mmol/L 或低于 120 mmol/L。对于一些患者,应常规监测肝、肾等各脏器功能,为病情判断和支持处理提供依据。

2.6.2.2 慢性中毒

人体长时间与低浓度污染物反复接触的情况下,污染物会对人体产生毒害作用,从而导致慢性疾病患病率升高。大气污染对人体造成的慢性危害是一种复合作用,表现在多个方面。大气污染低浓度对人体的早期危害常常并不完全以疾病的形式表现出来,而多数是表现疾病前期效应。表现为机体免疫功能的降低、血液及循环系统的改变以及诱发人体疾病。

① 影响呼吸系统功能:可造成不同程度的肺功能下降,最终形成慢性阻塞性肺部疾病(COPD)。

② 降低机体免疫力。

③ 引起变态反应:研究表明,大气污染可加剧哮喘患者的症状。空气颗粒物可加剧变应性鼻炎的症状。NO_2 可增加患花粉症的危险度。

④ 心血管疾病:研究表明,大气污染特别是颗粒物污染可能导致血栓的形成,与心血管疾病的死亡率和发病率增加有关。

2.6.2.3 致癌作用

诱发人体生成肿瘤的作用称为致癌作用,分为引发阶段和促长阶段。能诱发肿瘤的因素,统称为致癌因素。由于长期接触环境中的致癌因素而引起的肿瘤,又称为环境瘤。大气污染也是致癌的危险因素之一。从性质上分,致癌物又可以分成物理性致癌物、化学性致癌物和生物性致癌物。大气中的多环芳烃吸附在可吸入颗粒物中,尤其是 $PM_{2.5}$ 颗粒中,吸入人体后造成极大的健康危害,其中具有代表性的致癌物是苯并(a)芘,能够引起皮肤癌、肺癌和胃癌等。此外,多环芳烃能够与其他大气污染物进一步反应,形成致癌致突变作用更强的物质,对人体健康造成威胁。

2.6.3 大气污染对人体健康的间接危害

2.6.3.1 影响小气候和太阳辐射

大量的污染物尤其是烟尘以及颗粒性污染物排放到大气,会吸收太阳辐射,干扰人类生存空间中的热平衡,从而影响环境中作物的正常生长。污染物集中在某些地区时,还有可能引起当地气候发生一定的变化,如酸雨等。

2.6.3.2 温室效应

大气中的大气污染物质二氧化碳、甲烷、氮氧化物等,能吸收来自太阳的短波紫外线辐射,同时吸收地球发出的长波红外线辐射。空气中这些大气污染物质含量的增多,会使得地球表面的入射能量与逸散能量之间的平衡遭到破坏,导致地球表面温度上升,引起全球气候变暖,即"温室效应",进而引起海水膨胀,海平面上升。气候变暖可导致一些经昆虫传播或介水传播的疾病流行范围扩大、流行强度加大,也可导致与暑热相关的疾病发病率和死亡率增加。

2.6.3.3　臭氧层破坏

在距离地表大约 10～15 千米上空平流层中的臭氧层,能有效地吸收太阳紫外线的辐射,起到保护地球表面生物免受破坏性紫外线照射的作用。但大气中被称为"氟利昂"的一些含溴和氯的人造化学大气污染物以及工业生产和生活活动中排放的二氧化碳、氮氧化物等大气污染物,扩散到臭氧层中时,能强烈地破坏臭氧分子。特别是"氟利昂"受到太阳紫外线的照射,能分解为非常活泼的溴原子和氯原子,每个溴原子或氯原子能破坏大约 10 万个臭氧分子。由于臭氧层的破坏,太阳紫外线直射地球表面,损坏人体皮肤细胞中的遗传物质,导致皮肤癌;还能引起光化角膜炎、白内障等眼病;还可抑制人类和动物的免疫能力,从而导致一些免疫性疾病发病率升高。太阳紫外线还对农作物和自然生态系统造成直接和间接的影响,对海洋浮游植物和浮游动物也有直接损害作用。

现在全球已有很多地方上空的臭氧层遭到了不同程度的破坏,其中以南极洲上空的臭氧层损耗最为严重。目前南极洲上空臭氧空洞已达 2 500 多万平方千米,并且还在以每年一个美国陆地面积的速度迅速扩大。此外,在中纬度地区,臭氧层损耗已超过 10%,在西伯利亚地区已达到 35%,在北大西洋、北美上空也可能出现创纪录的臭氧层空洞,英国北部地区上空的臭氧层已损耗到了正常水平的 60%。由此而引起的皮肤癌等疾病发病率近年来大幅度上升,如在英国,皮肤癌成为继肺癌之后的第二大癌症,每年皮肤癌患者数量增加 4 万人,大约有 2 千人死亡。

2.6.3.4　酸雨

酸雨是指 pH 低于 5.6 的降水,主要原因是二氧化硫等超标排放。二氧化碳、二氧化硫和氮氧化物等酸性气态污染物,在大气中与水蒸气发生化学反应生成各种酸性物质,使得降水的 pH 降低。我国的酸雨污染现状正呈蔓延之势,已经成为世界第三大重酸雨区,受其危害的国土面积达 30%。酸雨产生的危害大致有以下四点。

(1) 危害土壤和植物

我国南方土壤本来多呈酸性,再经酸雨冲刷,加速了酸化过程;土壤中含有大量铝的氢氧化物,土壤酸化后,可加速土壤中含铝的原生和次生矿物风化而释放大量铝离子,植物长期和过量地吸收铝,会中毒甚至死亡;酸雨还会加速土壤矿物质营养元素的流失,改变土壤结构,导致土壤贫瘠化,影响植物正常发育。

(2) 危害土壤微生物

酸雨可使土壤微生物种群变化,细菌个体变小,生长繁殖速度降低,如分解有机物质及其蛋白质的主要微生物类群芽孢杆菌、极毛杆菌和有关真菌数量降低,影响营养元素的良性循环,造成农业减产。

（3）危害人类的健康

酸雨对人类最严重的影响就是呼吸方面,二氧化硫和二氧化氮会引起例如哮喘、干咳、头痛以及眼睛、鼻子、喉咙的过敏。酸雨间接的影响就是它会溶解水中的有毒金属,被水果、蔬菜和动物的组织吸收后,人食用后,健康会受到严重影响。

（4）腐蚀建筑物、机械和市政设施

酸雨能使非金属建筑材料（混凝土、砂浆和灰砂砖）表面硬化水泥溶解,建筑材料变脏、变黑,影响城市市容质量和城市景观,人们称之为"黑壳"效应。同时出现空洞和裂缝,导致强度降低,从而损坏建筑物,造成建筑物的使用寿命下降,可能引发安全危险。

我国酸雨主要分布地区是长江以南的四川盆地、贵州、湖南、湖北、江西,以及沿海的福建、广东等。在华北,很少观测到酸雨沉降,其原因可能是北方的降水量少、空气湿度低、土壤酸度低等。

美国多诺拉烟雾酸雨事件

多诺拉是美国宾夕法尼亚州匹兹堡市南边30公里处的一个工业小城镇,位处一个马蹄形河湾内侧,两侧山丘把小镇夹在山谷中,其中大多是硫酸厂、钢铁厂和炼锌厂,和相邻的韦布斯特镇形成了一个河谷工业地带。长期以来,这些工厂一直将烟喷到大气中去,风也通常将污染物混入相当厚的大气层,毒气继而随风飘走。但是因为逆温现象的存在,像二氧化硫、二氧化氮这样的有毒气体只能一直徘徊在该地上空,因为静止的空气无法把它们带走。上层温度最高的时候,这些污染气层离地面只有300米,这就意味着人们基本上在用那些淡黄色的腥臭气体做"面膜"。1948年,小镇发生了同马斯谷酸雨事件一样的污染事件,造成的后果比马斯谷酸雨更严重。10月27—31日5天之内,小镇有近一半人数（7 000）发病,死亡的有20人。65岁以上的老人大多情况危急,因为他们本身多患有心脏病和呼吸系统疾病,严重的出现了血管扩张出血、水肿等症状。31日,天空飘起了酸雨,使得事件变得更加不可收拾。

（来源:央视网,2013.02.18）

2.7 大气污染防治及环境质量标准

2.7.1 大气污染防控措施

2.7.1.1 宏观控制

发挥政府作用,合理工业布局,完善相关法律法规。优化工业产业结构布局,合理利用城市大气空间。利用统筹规划思想对城市工业产业结构布局作调整,达到合理布局或优化的目的。工业生产产生的有害物质是大气污染重要的来源,优化工业产业结构布局能够有效地开发城市大气环境空间,减少对城市上空环境的过度使用。根据城市地形、人口密度、自然环境条件等对污染源及其分布、排放量、发展趋势等进行深入分析,掌握大气中具体悬浮颗粒物来源,然后以此为依据重新划分城市大气环境功能区,在此基础上对城市工业产业结构布局进行调整。在划分过程中,要全面考量城市主导风向和地理位置,尽量将重污染企业安排在主导下风向且离居民区较远地区,充分利用风向稀释大气中的污染物质。我国近 20 年来相继制定(或修订)并公布了一系列法律,如《中华人民共和国环境保护法》《中华人民共和国大气污染防治法》《中华人民共和国森林保护法》《中华人民共和国草原法》以及各种环境保护方面的条例、规定和标准等。除此之外,从国务院到各省、市、地、县以及各工业企业,都建立了相应的环境保护管理机构及环境监测中心、站、室,为环境法的实施和严格环境管理提供了组织保证。

2.7.1.2　技术革新

进行企业工艺改造,实施清洁生产,提高能源利用率。发展清洁、绿色的能源,优化能源结构。当期,我国能源结构以煤炭为主,其燃放过程中释放出二氧化硫、氮氧化物、一氧化碳等有害气体,以及其他悬浮颗粒,这些都是主要的大气污染物质。因此应发展太阳能、天然气、地热、风能等清洁、绿色能源,优化能源结构,尽量降低煤炭能源使用量。此外,还可以推广使用洗选煤,加大对低煤炭能源消耗的锅炉研发,如循环流化锅炉,尽量降低煤炭资源使用,减少大气污染物质排放。改进发动机燃烧设计,发展清洁燃料车。机动车尾气排放的二氧化硫、碳氢化合物、二氧化碳等有害气体是重要的大气污染物质。对此,应严格监管机动车,控制机动车污染物质排放量。要想从根本上减少机动车尾气排放,应进一步改进机车发动机的燃烧设计,提高燃烧质量,严格控制交通污染。

2.7.1.3　宣传教育

大力宣传绿色理念,植树造林,推广绿色出行,实现大众媒体监督,完善检举制度。城市绿化是有效防治大气污染的重要手段,应加大绿化造林力度,做好城市绿化建设。植物通过光合作用能够吸收二氧化碳等有害气体,释放氧气,达到净化空气、调节大气环境成分的效果,被誉为天然的"过滤器"。在城市周围地区种植树林,能有效防治沙尘暴,减少气流挟带的大颗粒灰尘、吸附飘尘,从而达到净化空气的作用。在城市内部构建城市园林,依据交通运输网建设绿化带,栽种能吸收有害气体和吸附飘尘的植物,净化空气的同时美化城市面貌。也可以发动群众积极参与植树造林。

强化人们的环境保护意识。首先,加大对民众开展环境政策法规宣传与教育的力度,增强人们的环境保护意识,尤其是石化、化工、电力、建材等行业的企业负责人,使其严格按照相关政策实施大气污染防治措施,增加绿色能源使用,依法保护环境。其次,将环境保护内容纳入基础素质教育体系中,对中小学生科普环境保护知识。表彰大气污染治理个人或团体的先进典型,奖励成绩突出个人或团体,利用激励手段推进防治工作,形成良好的环境保护氛围。

2.7.2 大气环境质量控制标准

为了改善我国大气污染现状,除了对现有污染源进行整治以外,还应该制定一系列的法律、法规来对大气质量进行监控和管理,包括制订和贯彻执行环境保护方针政策,通过立法手段建立健全环境保护法规,大气环境质量控制标准是执行《中华人民共和国环境保护法》和《中华人民共和国大气污染防治法》、实施大气环境质量管理及防治大气污染的依据和手段。

2.7.2.1 大气环境质量控制标准的分类及概述

大气环境质量控制标准按照其用途可分为大气环境质量标准、大气污染物排放标准、大气污染控制技术标准及大气污染警报标准等。按其范围可分为国家标准、地方标准和行业标准,其中行业标准最为严格。此外,我国还实行了大、中城市空气污染指数报告制度。

(1)大气环境质量标准

大气环境质量标准是为保护人群健康和生存环境、促进生态良性循环所制定的在一定时间和空间内大气中污染物质的最高允许含量的标准,是大气环境质量管理的目标值,也是制定大气污染物排放标准、进行大气污染防治的基本依据。

(2)大气污染排放标准

大气污染物排放标准是为了控制污染物的排放量,使空气质量达到环境质量标准,对排入大气中的污染物数量或浓度所规定的限制标准,是控制大气污染物的排放量和进行净化装置设计的依据,同时也是环境管理部门的执法依据。

(3)大气污染控制技术标准

大气污染控制技术标准是大气污染物排放标准的一种辅助规定。它根据大气污染物排放标准的要求,结合生产工艺特点、燃料和使用标准、净化装置选用标准、排气筒高度标准及卫生防护距离标准等,保证达到污染物排放标准,目的是让生产、设计和管理人员容易掌握和执行。

(4)大气污染警报标准

大气污染警报标准是大气污染不致恶化或根据大气污染发展趋势,预防发生污染事故而规定的污染物含量的极限值。一旦达到这一极限值就会发出警报,以便采取必要的措施。警报标准的制定主要建立在对人体健康的影响和生物承受限度的综合研究基础之上。

2.7.2.2 大气环境质量标准

（1）制定原则

保障人体健康和保护生态环境是首要考虑的大气质量目标。各国大气污染质量标准的共同点是：一方面，大气质量标准中任何污染物浓度不能低于该污染物的背景浓度，因此标准值必须高于背景浓度；另一方面，任何国家的大气质量标准均应低于对人类健康产生危害的浓度，我国的大气质量标准完全遵循了这一基本原则。目前各国判断空气质量时，多依据世界卫生组织（WHO）1963 年提出的空气质量四级水平。第一级：在处于或低于所规定的浓度和接触时间内，观察不到直接或间接的反应（包括反射性或保护性反应）；第二级：在达到或高于所规定的浓度和接触时间内，对人的感觉器官有刺激，对植物有损害或对环境产生其他有害作用；第三级：在达到或高于所规定的浓度和接触时间内，可以使人的生理功能发生障碍或衰退，引起慢性病和寿命缩短；第四级：在达到或高于所规定的浓度和接触时间内，敏感的人发生急性中毒或死亡。

（2）我国大气环境质量标准

我国大气环境质量标准首次发布于 1982 年。1996 年第一次修订，2000 年第二次修订，2012 年进行了第三次修订，实施《环境空气质量标准》（GB 3095—2012）。该标准根据我国国情，实行了分级、分区管理的原则。我国大气质量标准分为三级。一级标准：为保护自然生态和人群健康，在长期接触情况下，不发生任何危害影响的空气质量要求；二级标准：为保护人群健康和城乡动植物，在长期和短期接触情况下，不发生伤害的空气质量要求；三级标准：为保护人群不发生急、慢性中毒和城市一般动植物正常生长的空气质量要求。我国大气质量保护区分为三类。一类保护区：为国家规定的自然保护区、风景游览区、名胜古迹和疗养地等；二类保护区：为城市规划中确定的居民区、商业交通居民区、名胜古迹和广大农村等；三类保护区：为大气污染程度比较重的城镇和城市中的工业区及交通枢纽、干线等。

2.7.2.3 大气污染物排放标准

（1）制定原则

大气污染物排放标准的制定应满足六项基本原则。①合法与支撑原则：标准中规定的各项要求应符合国家各项法律、法规的要求，支撑环境影响评价、排污许可、总量控制、环境保护税、监督执法等生态环境管理制度的实施；②绿色与引领原则：标准应充分考虑国民经济社会发展规划和生态环境保护规划、产业发展战略规划等，引领绿色、低碳、循环发展；③风险防控性原则：制定标准时，应识别和筛选行业特征污染物，对于具备条件的特征污染物明确排放限制，不具备条件的明确环境管理要求；④客观公正性原则：标准制订应客观真实反映排放源生产工艺、污染防治技术水平及污染物排放状况等；⑤体系协调性原则:污染物项目和排放限值应与监测分析方法标准相适用、配套,满足环境监督管理对标准的要求,做到标准体系严密、协调;⑥合理可行性原则:标准应进行环境效益与经济成本分析,确保标准技术可达、经济可行。

（2）大气污染物排放标准

《大气污染物综合排放标准》(GB 16297—1996)规定了33种大气污染物的排放限值,同时规定了标准执行中的各种要求。该标准规定,任何一个排气筒必须同时遵守最高允许排放浓度(任何1 h浓度平均值)和最高允许排放速率(任何1 h排放污染物的质量)两项指标,超过其中任何一项均为超标排放。

2.7.2.4 环境空气质量指数

空气质量指数(Air Quality Index,AQI)是定量描述空气质量状况的无量纲指数。数值越大、级别和类别越高、表征颜色越深,说明空气污染状况越严重,对人体的健康危害也就越大。针对单项污染物还规定了空气质量分指数。其主要指标包含二氧化氮、臭氧、一氧化碳、细颗粒物、可吸入颗粒物以及二氧化硫。

空气质量分指数级别及对应的污染物项目浓度限值见表2-2。

表2-2 空气质量分指数及对应的污染物项目浓度限值

空气质量分指数(IAQI)	污染物项目浓度限值									
	二氧化硫(SO_2)24 h平均($\mu g/m^3$)	二氧化硫(SO_2)1 h平均($\mu g/m^3$)[①]	二氧化氮(NO_2)24 h平均($\mu g/m^3$)	二氧化氮(NO_2)1 h平均($\mu g/m^3$)[①]	颗粒物(粒径≤10 μm)24 h平均($\mu g/m^3$)	一氧化碳(CO)24 h平均(mg/m^3)	一氧化碳(CO)1 h平均(mg/m^3)[①]	臭氧(O_3)1 h平均($\mu g/m^3$)	臭氧(O_3)8 h滑动平均($\mu g/m^3$)	颗粒物(粒径≤2.5 μm)24 h平均($\mu g/m^3$)
0	0	0	0	0	0	0	0	0	0	0
50	50	150	40	100	50	2	5	160	100	35
100	150	500	80	200	150	4	10	200	160	75
150	475	650	180	700	250	14	35	300	215	115
200	800	800	280	1 200	350	24	60	400	265	150
300	1 600	②	565	2 340	420	36	90	800	800	250
400	2 100	②	750	3 090	500	48	120	1 000	③	350
500	2 620	②	940	3 840	600	60	150	1 200	③	500

注:① 二氧化硫、二氧化氮和一氧化碳的1 h平均浓度限值仅用于实时报,在日报中需使用相应污染物的24 h平均浓度限值。

② 二氧化硫1 h平均浓度值高于800 $\mu g/m^3$ 的,不再进行其空气质量分指数计算,二氧化硫空气质量分指数按24 h平均浓度计算的分指数报告。

③ 臭氧(O_3)8 h平均浓度值高于800 $\mu g/m^3$ 的,不再进行其空气质量分指数计算,臭氧(O_3)空气质量分指数按1 h平均浓度计算得分指数报告。

预测未来持续3天出现严重污染时启动空气质量预警,是预警响应最高级别。当环境空气质量指数达到300以上并持续3天以上时,启动红色预警。实时监测周围大气环境AQI,有利于作出及时、正确的决策,从而减少大气污染给人们生产生活带来的危害。空气质量指数级别根据表2-3的规定进行划分。

表 2-3 空气质量指数及相关信息

空气质量指数	空气质量指数级别	指数类别	表示颜色	健康影响情况	建议采取的措施
0~50	一级	优	绿色	空气质量令人满意,基本无空气污染	各类人群可正常活动
51~100	二级	良	黄色	空气质量可接受,但某些污染物可能对极少数异常敏感人群健康有较弱影响	极少数异常敏感人群应减少户外运动
101~150	三级	轻度污染	橙色	易感人群症状有轻度加剧,健康人群出现刺激症状	儿童、老年人及心脏病、呼吸系统疾病患者减少长时间、高强度户外锻炼
151~200	四级	中度污染	红色	进一步加剧易感人群症状,可能对健康人群心脏、呼吸系统有影响	儿童、老年人及心脏病、呼吸系统疾病患者避免长时间、高强度户外锻炼,一般人群适量减少户外运动
201~300	五级	重度污染	紫色	心脏病和呼吸系统疾病患者症状显著加剧,运动耐受力降低,健康人群普遍出现症状	儿童、老年人和心脏病、呼吸系统疾病患者应留在室内,停止户外运动,一般人群减少户外运动
>300	六级	严重污染	褐红色	健康人群运动耐受力降低,有明显强烈症状,提前出现某些疾病	儿童、老年人和病人应当留在室内,避免体力消耗,一般人群应避免户外运动

2.8 个人防护

近年来户外极端天气愈演愈烈,人们的生存环境面临严峻挑战,提前进行个人防护,保护自己显得尤为重要。空气污染下,两类人群面临着更高的健康风险:首先是先天或后天体质易感的群体,如存在既有疾病或健康状况不佳,出现对空气污染暴露的反应加重的情况。其次,空气污染暴露水平更高的人群也更容易受到伤害。存在既有疾病(例如心肺疾病)的人、儿童和孕妇、老年人、户外工作者通常具有更高的健康风险。

需要注意的是,孕妇、儿童和老人以及患有心血管、脑血管或呼吸系统疾病的患者应尽量减少短期(数小时至数周)的空气污染暴露。而减少长期(数周至数年)空气污染的暴露对每一个人来说都很重要。以下是针对环境空气污染时应该采取的正确对策。

(1)空气污染严重时,应尽量待在室内

待在室内对避免空气污染可能有一定的益处,但其效果在很大程度上取决于室内空气质量。空气污染物有可能从室外进入室内,而室内本身还有许多潜在空气污染来源,如烹饪、吸烟、二手烟和烧香等,同时室内通风类型、建筑特点等因素也影响室内空气质量。

(2)积极运动

一般而言,即使某地空气质量欠佳,也应提倡经常进行身体活动。在可能的情况下,人们应调整运动的时间和地点来减少空气污染暴露。正在服用药物的患者应听从医生的建议。根据预防的原则,应向因健康或职业原因处于特定风险的人群告知身体活动或户外工作的最佳时间和地点。在严重空气污染时,应减少中等强度的身体活动或户外工作。

（3）正确选择和使用口罩

过滤式口罩主要由过滤材料制成,是最常见的空气微粒净化口罩。口罩应覆盖口鼻部位,紧密贴合面部,以过滤 $PM_{2.5}$ 颗粒以及烟雾和灰尘。根据职业防护的相关建议和规定,确保口罩的有效性需要以下五个条件:①正确佩戴;②确保合适;③在暴露期间应一直佩戴;④及时更换;⑤确认口罩是否可过滤95%的空气微粒。

正确选择和使用口罩,可减少污染物的吸入。然而,有呼吸系统疾病等既有疾病的人须谨慎,因为佩戴口罩可能会加剧已有疾病。

思考题

1. 什么是大气污染物,如何区分一次污染物和二次污染物?

2. 大气中常见的污染物有哪些? 它们分别会对人体产生什么样的危害?

3. 农业生产过程中会产生哪些大气污染物,我们如何预防其危害?

4. 我国大气环境污染标准的制定原则是什么? 我国主要大气污染物的质量标准是多少? AQI 和 IAQI 分别代表什么? 二者之间有什么联系?

5. 举例说明光化学烟雾事件的形成机制及其主要危害。

6. 对于大气中的诸多污染物,我们在日常生活中应采取什么措施来进行个人防护?

参考文献

[1] 张媛飞.国家森林城市建设对大气污染的影响[D].上海:上海财经大学,2020.

[2] 王新宇.大气污染物的种类、来源与治理[J].清洗世界,2021,37(3):46-47+49.

[3] 李国亮.氮氧化物对环境的危害及污染控制技术[J].山西化工,2019,39(5):123-124+135.

[4] 王粟,王木.硫氧化物对环境的污染及其防治[J].黑龙江教育学院学报,1994,4(4):91-92.

[5] 陈博,李迎春,石进朝.公园林带对 $PM_{2.5}$ 含碳组分和水溶性离子浓度的影响[J].江苏农业科学,2019,47(24):262-267.

[6] 张理博,孙鹏,罗淑年.大气细颗粒物 $PM_{2.5}$ 的危害及其治理政策的研究[J].环境科学与管理,2020,45(4):102-105.

[7] 张寅平.室内空气安全和健康:问题、思考和建议[J].安全,2020,41(9):1-10+89.

[8] 欧阳辉.室内环境空气污染现状及防治策略探讨[J].节能与环保,2020,4(Z1):36-37.

[9] 岳小春,杨乾展.室内空气环境污染及环境保护[J].资源节约与环保,2021,4(01):98-99.

[10] 张仁兴.空气中有害物质对人体健康的危害及防护措施[J].中国井矿盐,2012,43

(6):37-38.

[11] 姜华,常宏咪.我国臭氧污染形势分析及成因初探[J].环境科学研究,2021,34(7):
1576-1582.

[12] 解洪兴,郭星星.中国空气质量改善与国际案例的比较分析[J].世界环境,2021(3):
25-31.

[13] 谢东杰.大气污染治理形势存在问题和建议[J].中国战略新兴产业,2020(32):221.

[14] 赵振乾.我国大气污染治理现状分析[J].中国资源综合利用,2021,39(05):147-149.

[15] 郭强.光化学烟雾的形成机制[J].山东化工,2019,48(02):210-213.

[16] 张宝成,杨良保.光化学烟雾[J].化学教育,2004(6):1-3.

[17] 张振华.化学农药对蔬菜的污染及人体健康的危害[J].海峡预防医学杂志,2009,
15(6):59-60.

[18] 肖飞.氮氧化物的危害及其卫生检测方法研究[J].检验检疫学刊,2020,30(2):95-97.

[19] 黄虹,万雪莹,陈廷涛,等.$PM_{2.5}$ 的健康危害、毒理效应与作用机制的研究[J].地球
环境学报,2020,11(2):125-142.

[20] 吕广娜,李荣山.大气细颗粒物 $PM_{2.5}$ 对人体损害及致病机制的研究进展[J].中国医
药指南,2013,11(29):43.

[21] 陈晨,杜宗豪,孙庆华,等.北京二区县 2013 年 1 月雾霾事件人群呼吸系统疾病死亡
风险回顾性分析[J].环境与健康杂志,2015,32(12):1050-1054.

[22] 甘志芬.挥发性有机化合物的来源与治理技术研究进展[J].环境与发展,2017,29
(10):109-111.

[23] 闫慧,张维,侯墨,等.我国地级及以上城市臭氧污染来源及控制区划分[J].环境科
学,2020,41(12):5215-5224.

[24] 孟菁华,史学峰,向怡,等.大气中重金属污染现状及来源研究[J].环境科学与管理,
2017,42(8):51-53.

[25] 吴健.大气污染的综合防治措施探析[J].科技创新与应用,2015(18):157.

[26] 焦艳波.环境(室外)空气质量和健康[J].中华灾害救援医学,2019,7(3):129.

第**3**章

水污染与健康防护

3.1 水资源概述

3.1.1 水的分布

海洋、河流、湖泊、沼泽、积雪、冰川、地下水、空气水等构成了地球水圈。地球总水量约为 13.86 亿 km^3。淡水约占总水量的 2.5%，总量 3 500 万 km^3，且约 70% 的淡水都是山地、南极和北极地区的冰和永久积雪。地表水中大部分水为湖泊和湿地，约占全世界淡水资源的 0.3%，淡水湖和河流水量约 105 000 km^3，如果除去污染超标的水量，则无污染的优质水资源量更少，应对其合理开发利用，并加强保护。

3.1.2 水的循环

地球上每年约 101 万 km^3 水参与水圈循环，占总水量的 0.073%，水汽约 1.545 万 km^3，是其中最活跃的一部分。地球上存在的水循环主要为自然水循环，人类出现之后，人类活动不可避免地"干扰"着自然水循环，水循环的"自然-社会"二元特征逐渐明显。

在流域尺度或全球尺度上，自然水循环在二元水循环中居于主导地位，指地球上的水在太阳辐射和地球引力的作用下不断进行相态转化的循环过程。降水下渗成为地下水或者汇入地表径流，在太阳辐射的作用下，地表径流向上蒸发形成水蒸气，在此过程中遇冷或者遇到云层凝结再次形成降雨，由此进入下一个循环。社会水循环主导力量是人类活动：取水过程是人类将自然水循环中的水体引入社会水循环的开端，使自然水体创造出经济价值；用水和耗水过程是创造经济价值的最有效途径，也是社会水循环的核心环节；排水过程是将水返回自然水循环系统的途径。

如图 3-1 所示，自然界的水通过蒸发、下渗、产汇流和水汽输送周而复始，形成河流、湖泊并使得天然水体得以循环往复。通过水利工程可将降雨和河道径流蓄积或外调，和纯净的天然水体一并作为水源，成为影响城市二元水循环整体过程不可或缺的首要环节。

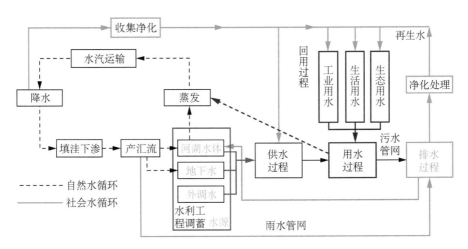

图 3-1　城市二元循环过程和路径示意

3.2　饮用水与人体健康

3.2.1　饮用水水源地概述

生活用水,相关部门、学校、医院、餐饮等的用水,水源主要来自河流、地下水、湖泊等。水源基本通过管网运输,供水量按照区域内人数总量选择具体的饮用水源地;通常分为分散式饮用水源地和集中式饮用水源地。

《饮用水水源保护区污染防治管理规定》第七条:饮用水地表水源保护区包括一定的水域和陆域,其范围应按照不同水域特点进行水质定量预测并考虑当地具体条件加以确定,保证在规划设计的水文条件和污染负荷下,供应规划水量时,保护区的水质能满足相应的标准。第八条:在饮用水地表水源取水口附近划定一定的水域和陆域作为饮用水地表水源一级保护区。一级保护区的水质标准不得低于国家规定的《地表水环境质量标准》Ⅱ类标准,并须符合国家规定的《生活饮用水卫生标准》的要求。第九条:在饮用水地表水源一级保护区外划定一定水域和陆域作为饮用水地表水源二级保护区。二级保护区的水质标准不得低于国家规定的《地表水环境质量标准》Ⅲ类标准,应保证一级保护区的水质能满足规定的标准。第十条:根据需要可在饮用水地表水源二级保护区外划定一定的水域及陆域作为饮用水地表水源准保护区。准保护区的水质标准应保证二级保护区的水质能满足规定的标准。

化工公司废水乱排导致饮用水砷超标

2006年9月8日15:00,岳阳市环境监测中心站在对岳阳县城饮用水源新墙河水质进行例行监测时,发现砷超标10倍左右。19:00,岳阳市环境监测中心站再次监测确认砷严重超标。经环保部门追踪调查,确定污染源来自桃林河,在对桃林河沿线26家企业排污口进行监测、排查后,确定污染源为附近的企业,其废水未经任何处理就直接排入桃林河。排放工业废水中砷浓度超过国家标准1 085倍,每月直接排放约49 000 t废水;另一家企业排放废水中砷浓度超过国家标准1 057倍,每月通过暗管偷排280 t废水,污染源附近的水田、废塘、废田的砷浓度均大大超过了国家标准允许浓度值。污染源切断后,受到严重污染的农田、水塘乃至河流的底泥均不断浸出砷污染物,由此可知,此次岳阳县新墙河饮用水砷污染事件是常态性排放造成的。

(来源:湖南省人民政府门户网站,2011)

3.2.2 饮用水水质危机

饮水不安全不仅仅是缺水问题,更严峻的是所面临的水源地污染问题。适合人类饮用的水只占地球总水量的0.025%,全世界每年会有4 000多亿吨污水排进淡水中。

饮用水水质下降原因包括几个方面。

（1）工业产生的污染

水体根本上的污染源是工业产生的废水,其特征是数量大、面积广、存在污染物质较多,少数毒性也偏大,处理起来十分困难。废水当中的有机质,在完成降解的阶段会消耗大数值的溶解氧,能轻易导致水体发黑变臭等问题,工业废水不处理就直接排放,或没有符合排放标准,易对水资源产生严重污染。

（2）生活污染

生活污水主要源于居住建筑和公共建筑,例如居民区、学校、公共厕所等污水的排放,生活污水中所含的污染物主要是有机物和病原微生物。病原微生物具有数量大、分布宽、生存时间比较长、繁殖率快、抗性容易发生且不易消失等特点,在水体中大量存在。而生活污水中的有机物在直接进入水体后,可以消耗水中的溶解氧,通过微生物的生化作用分解为简单的无机物质二氧化碳和水,在缺氧条件下,污染物会发生腐败分解,导致水质恶化。生活中最为常见的富营养化污染便是由于氮、磷等植物营养物质的含量过多造成的水质污染现象。

（3）管网水产生的污染

水在市政管道当中流过时,水中会产生一部分化学物质,逐渐变质成为污染源,使得市政水管内部会出现对应的化学改变,影响水质健康。变质水能够造成管道的腐蚀与结垢,使得微生物有了滋生的空间,导致异味产生。

（4）二次供水产生的污染

二次供水设备,如蓄水池、水箱用材管制不合理,让二次供水出现了二次污染现象。如果水在水箱当中停留的时间太长,且管制不善,非常容易造成供水污染。水箱若不加盖上锁,空气当中的杂物与灰尘易飘入水箱,若不定期实施消毒清洗,杂物就能变成细菌不断繁殖的温床,产生蚂蟥、红线虫等。

苏州河污染与治理

苏州河的污染始于 20 世纪初,纺织、面粉、粮油加工、机械化工等大批工业企业在苏州河沿岸聚集,众多产业工人沿岸而居,随之而来的是大量工业污水和生活污水直接排放到河里。1920 年,苏州河部分河段第一次出现黑臭现象,1996 年,苏州河上游的水质已为 V 类水,下游的水质远劣于 V 类水。1998—2002 年,苏州河环境综合整治一期工程截污整治重点污染支流,苏州河与黄浦江交汇处的"黄黑线"基本消失;2003—2005 年进行综合整治二期工程,全流域开展整治行动,成功实现苏州河水质稳定;2006—2011 年,苏州河环境综合整治三期工程进一步改善苏州河水系水质,实现了苏州河下游水质与黄浦江水质同步改善,苏州河支流水质与干流水质的同步改善;2018—2020 年,苏州河环境综合整治四期工程对苏州河沿岸约 20.2 平方千米的滨水区开展了环境面貌综合整治,确保了沿河空间整体品质的大幅提升。

（来源:联合时报,2021;新华网,2022）

3.2.3　饮用水中消毒副产物对人体健康的危害

饮用水中的细菌和病毒等微生物被证实是与霍乱和伤寒等介水疾病相关的致病物种,需要在饮用水处理过程中被去除。尽管包括混凝、沉淀和过滤在内的传统水处理工艺对致病菌有一定去除作用,但消毒工艺不仅可灭活水源水中的致病微生物,还可通过出厂水中的剩余消毒剂抑制供水管网微生物滋生,有效保障了生活饮用水的微生物安全。

在新冠疫情期间,生态环境部对医疗污水和城镇污水的监管工作进一步加强,印发了《关于做好新型冠状病毒感染的肺炎疫情医疗污水和城镇污水监管工作的通知》,要求切实加强对医疗污水消毒情况的监督检查,严禁未经消毒处理或处理未达标的医疗污水排放,并且要督促城镇污水处理厂切实加强消毒工作。消毒剂种类较多,但《医疗机构水污染物排放标准》（GB 18466—2005）中只有总余氯的限值指标（0.5 mg/L）,而《城镇污水处理厂污染物排放标准》（GB 18918—2002）中则没有消毒剂的相关控制指标。经消毒处理后的水样进入自然水体后易出现消毒剂残留。2020 年 1—3 月,生态环境部针对饮用水源地的监测中共检出余氯 147 次。消毒剂的检出,也预示着消毒副产物的存在。

消毒副产物（DBPs）是在消毒过程中由消毒剂与水中存在的天然有机物（NOM）、人为污染物及卤素离子等前体物质反应生成的一类次生污染物,其浓度水平一般在 ng·L^{-1} 至

$\mu \cdot L^{-1}$ 级别。其中,含氯消毒剂则会与水中本底存在的有机物反应生成含氯消毒副产物(CDBPs),CDBPs 包括卤甲烷、卤乙酸、无机卤氧酸盐、卤代乙腈、卤化氰、卤化硝基甲烷、卤代乙醛和其他 CDBPs。此外,DBPs 的毒性按卤素种类大致可如下排序:碘代DBPs>溴代 DBPs≫氯代 DBPs,且含氮消毒副产物(N-DBPs)的毒性高于含碳消毒副产物(C-DBPs)。含氯消毒饮用水的长期饮用和罹患膀胱癌、结肠癌以及孕妇流产之间存在一定联系。自 21 世纪初以来,饮用水中被识别的 DBPs 从 500 余种增至 700 余种,其中百余种 DBPs 的细胞毒性和遗传毒性得到了毒理学试验研究,数十种 DBPs 被纳入各国饮用水水质标准中。其中一些已被纳入饮用水水质标准的 DBPs(如 THMs)和一些未被纳入标准但已知具有较高毒性的 DBPs(如卤乙酰胺)皆包含 CX$_3$R 的分子结构,即在 α 碳位上有一个取代基和 1~3 个卤素原子,CX$_3$R 型 DBPs 由于具有毒性大、浓度高以及检出频繁的特点,成为一类具有代表性的 DBPs。

大部分 DBPs 和 CDBPs 有潜在的致癌、致畸、致突变的"三致"毒性,致癌性较强的是三卤甲烷、卤乙酸、溴酸盐,致畸和致突变性较强的是卤代乙腈和卤化硝基甲烷。

(1) 致癌性

三卤甲烷中常检测到的化合物有三氯甲烷、二氯一溴甲烷、一氯二溴甲烷、三溴甲烷。三氯甲烷早在 1976 年被美国癌症协会列为可疑致癌物,同时证实其对动物具有致癌作用。国际癌症研究机构(IARC)指出,三氯甲烷可通过非遗传毒性诱导动物产生肿瘤。二氯一溴甲烷在世界卫生组织国际癌症研究机构公布的致癌物清单中属于 2A 级(对试验动物致癌性证据充分)致癌物,对雄性和雌性小鼠的肝脏和肺脏具有致癌作用。四氯化碳则属于高蓄积性化合物,在哺乳动物的肝部可产生蓄积,导致大鼠肝纤维化,诱发肝癌。

卤乙酸已被证实对啮齿类动物有致癌、致畸变、致突变作用,有胚胎毒性,致癌危害远高于其他 DBPs 的总和。研究表明,卤乙酸的致癌风险占 DBPs 总致癌风险的 91.9% 以上。日常饮水是人体摄入卤乙酸的最主要途径,虽然卤乙酸在 CDBPs 中的含量占比仅为30%~39%,低于三卤甲烷,但卤乙酸对人体的危害程度较大。

亚氯酸盐能引起动物的溶血性贫血和变性血红蛋白血癌,引起胎儿小脑重量下降、神经行为作用迟缓或细胞数下降。氯酸盐是神经、心血管和呼吸道中毒与甲状腺损害贫血的诱因之一,其毒性会降低精子的数量和活力。溴酸盐由消毒剂氧化水中的溴离子生成,可造成水生生物(如大型溞、裸腹溞、斑马鱼等)生长速度变慢、运动受抑制或死亡率增加。也可诱发试验动物肾脏细胞肿瘤,且具有遗传毒性,被国际癌症研究机构定为 2B 级(对试验动物致癌性证据并不充分)潜在致癌物。

(2) 致畸致突变性

卤代乙腈有极强的致畸和致突变性,其细胞毒性远大于三卤甲烷和卤乙酸等常规CDBPs,分别约是三卤甲烷、卤乙酸的 150、100 倍。二氯乙腈已被确认具有致癌、致畸、致突变性。二氯乙腈可导致有机体诱变,引起培养的人体淋巴细胞内 DNA 链的断裂,诱发皮肤肿瘤。

卤化硝基甲烷具有强效的哺乳动物细胞毒素和基因毒素，可能对人类健康和环境造成危害，并且具有强烈的致突变性。溴代硝基甲烷的细胞毒性和遗传毒性比目前有限值标准的 DBPs 都强，被美国环境保护局列入优先控制 DBPs。

（3）新型 DBPs

其他含氯新型 DBPs 包括卤代苯酚、卤代酮、氯代呋喃酮等。卤代苯酚是饮用水中的新型芳香族 CDBPs，不易挥发，有较高的发育毒性、细胞毒性和生长抑制作用。卤代酮同样有致畸、致癌和致突变效应，有研究证实卤代酮对小白鼠有较强的致癌性和致畸性，对人类也有遗传毒性和致癌风险。氯代呋喃酮类 DBPs 是一种强致诱变化合物，常见的为 3-氯-4(二氯甲基)5-羟基-2(5H)-呋喃酮，其可引起哺乳动物细胞多种遗传损害，表现为引起基因突变、DNA 损伤、染色体畸变、姊妹染色单体交换。

3.2.4　饮用水中其他污染物对人体健康的危害

3.2.4.1　硝酸盐

近年来，由于人类不适当的生产活动，例如排放生活污水与含氮工业废水、过量施用化肥、固体废弃物的淋滤下渗，地下水硝酸盐含量提高，导致地下水中硝酸盐污染成为许多国家和地区地下水的主要污染问题，且污染程度仍呈上升趋势。我国约有 50% 地区的浅层地下水遭到一定程度的硝酸盐污染，其水质呈下降趋势。在我国华北平原的一些地区，地下水中硝酸盐的含量甚至高达 300 mg/L，而在欧洲一些国家的地下水，硝酸盐浓度达到 $40\sim50$ mg/L 是普遍现象。针对长期饮用高硝酸盐所产生的危害，世界许多国家都对地下水 NO_3-N 质量浓度制定了相关标准。比如，美国环境保护署（EPA）规定饮用水中 NO_3-N 含量不应超过 10 mg/L，世界卫生组织（WHO）规定饮用水中 NO_3-N 含量的限制值为 50 mg/L（相当于 NO_3-N 浓度 11.3 mg/L），我国对生活饮用水中 NO_3-N 的限制值为 20 mg/L。

地下水作为人们的直接饮用水源，直接影响着人们的身体健康；同时，由于地下水的自然净化周期长，一旦地下水遭受硝酸盐的污染，会造成极大的损失。硝酸盐本身对人体没有毒害，但其在人体中会被还原为亚硝酸盐，而亚硝酸盐对人体具有毒害作用。亚硝酸盐会将血红蛋白氧化成高铁血红蛋白，而高铁血红蛋白不具携带氧的能力，从而使人出现缺氧的症状，对年老和体弱人群、孕期时的妇女危害较大，尤其是对婴儿危害更大。婴儿高铁血红蛋白症的出现与饮用水中硝酸盐含量达到 $90\sim140$ mg/L 有关，当人体内高铁血红蛋白超过 70% 且没有得到治疗时即会窒息死亡。另外，动物消化道系统癌变的诱发与硝酸盐等因素也有关，硝酸盐对人体也有强致癌作用，并能导致畸形胎。

此外，受硝酸盐污染后的地下水也会以间接的方式危害人们的健康。当水体中的硝酸盐含量过高时，会诱发动物、鱼类等发生病变，影响农产品品质，造成重大的经济损失。治理地下水中的硝酸盐污染也非常困难，不仅所需的费用大，而且治理周期也长，如从

20 世纪 80 年代开始,在近 20 年的时间里,美国仅花费在土壤和地下水污染治理上的费用就达到 7 500 亿美元。

3.2.4.2 微囊藻毒素

在夏季富营养化的水体中,常常可见水面形成一层蓝绿色、有腥臭味的浮沫,称为"水华",其本质便是蓝藻。蓝藻是一种广泛分布于淡水、海水和陆生环境的光能自养型革兰氏阴性微生物,常大量繁殖,被蓝藻污染的水体易腐败,产生异味,影响人类取用,除此外,蓝藻中危害最严重、出现频率高、产量大的一类蓝藻还会释放毒素——微囊藻毒素(MCs),对生物健康造成威胁。微囊藻毒素主要是蓝藻微囊藻、鱼腥藻、颤藻和念珠藻等产生的次级代谢物。迄今已发现 90 多种 MCs 异构体,均具有肝毒性,其中毒性较强、产量较大的 MCs 是 MC-LR、MC-RR 和 MC-YR。所有 MCs 均属于胞内毒素,通常对数期合成明显增加,对数末期达到最大含量,藻细胞死亡解体时,胞内毒素就被释放出来,造成水质恶化并影响水体生物甚至人类健康安全。

> **太湖蓝藻爆发致自来水水源受影响**
>
> 2007 年夏季,江苏省无锡市城区自来水水质突发恶化,同时伴有难闻的异味,无法正常使用,市民纷纷抢购纯净水。各方监测数据显示:无锡市区域内的太湖水位出现 50 年以来最低水位,加上天气连续高温少雨,太湖水富营养化严重,诸多因素导致蓝藻提前爆发,影响了自来水水源地水质。水中含有的蓝藻死亡腐烂,快速消耗水中的溶解氧,导致水体缺氧性腐变,再加上太湖水位下降,导致取水口太湖底泥上泛,从而使水体产生异味。
>
> (来源:新华网,2007)

MCs 是一种单环七肽,结构相当稳定,不易沉淀,不易被沉淀物和悬浮颗粒物吸附,在水中的溶解度大于 1 g/L,具有水溶性和耐热性。常规条件下 MCs 很难被去除,然而,在阳光和光敏剂存在时,自然水体中的 MCs 可发生光催化以促进其降解。富营养化水体因其透明度低、浊度高,光降解作用很微小。

国内外相关研究一致表明,MCs 可破坏细胞内的蛋白磷酸化平衡,改变多种酶活性,引起肝脏病变,具有强烈促肝癌作用。接触和饮用受污染水体,食用受污染食物,口服受污染蓝藻类保健品,尤其是食用富集 MCs 的水生动物等,均可对人类健康带来威胁。如曾饮用澳大利亚新南威尔士 Malpas 水库之水导致高肝损伤率,我国厦门市同安地区、江苏海门市、东南沿海地区的高肝癌发病率,巴西 Carurau 肾透析事件等均与 MCs 污染相关。无论是纯的 MCs、浓缩物还是其稀释水样都能给人外周血淋巴细胞 DNA 带来不同程度的伤害,且剂量越大,损伤越重。有学者以巢湖 35 个专业渔民为对象,研究了慢性 MCs 暴露对其健康的影响。结果发现,渔民血清中均存在 MCs,且其在血清中的含量与主要肝功能指标呈正相关。此外,研究还发现,烹饪会加剧鲤鱼肌肉中的 MCs 对食用者的危害。

兰州市石化管道突发性泄漏导致自来水苯超标

2014 年 4 月 10 日,负责兰州城区供水的兰州成立雅水务集团在进行水质检测分析时,检出出厂水水样中苯含量为 78 $\mu g/L$,远超过国家 10 $\mu g/L$ 的限制标准。11 日,环保、卫生、疾控等部门对多处水源及水厂出水口进行取样复检,确认黄河兰州段水源没有污染,城关区、七里河区自来水苯含量符合国家标准,水厂和西固区、安宁区自来水苯含量超标。引起自流沟内水体苯超标的直接原因为周边地下含油污水的浸入,而含油污水的形成与附近企业原料动力厂原油蒸馏车间两次事故遗留问题有关:一是该车间渣油罐曾于 1987 年 12 月发生物理爆破事故,罐体破裂造成 90 m^3 渣油泄出,其中有 34 t 渣油跑料未能回收,渗入地下;二是该车间泵出口总管曾于 2002 年 4 月发生开裂着火,泄漏的渣油及救火过程中产生的大量消防污水渗入地下。这次自来水苯超标事件,最终确认受影响区域为西固区、安宁区(两区常住人口 64.67 万,占全市总人口的17.67%)。

(来源:兰州市安全生产监督管理局,中国应急管理,2014)

3.2.5　饮用水安全标准

《生活饮用水卫生标准》(GB 5749—2022)自实施之日起代替《生活饮用水卫生标准》(GB 5749—2006),该标准与 GB 5749—2006 相比主要变化如下:

水质指标由 GB 5749—2006 的 106 项调整至 97 项,包括常规指标 43 项和扩展指标 54 项。

(1) 增加了 4 项指标,包括高氯酸盐、乙草胺、2 - 甲基异莰醇、土臭素。

(2) 删除了 13 项指标,包括耐热大肠菌群、三氯乙醛、硫化物、氯化氰(以 CN^- 计)、六六六(总量)、对硫磷、甲基对硫磷、林丹、滴滴涕、甲醛、1,1,1 - 三氯乙烷、1,2 - 二氯苯、乙苯。

(3) 更改了 3 项指标的名称,包括耗氧量(COD_{Mn} 法,以 O_2 计)名称修改为高锰酸盐指数(以 O_2 计)、氨氮(以 N 计)名称修改为氨(以 N 计)、1,2 - 二氯乙烯名称修改为 1,2 - 二氯乙烯(总量)。

(4) 更改了 8 项指标的限值,包括硝酸盐(以 N 计)、浑浊度、高锰酸盐指数(以 O_2 计)、游离氯、硼、氯乙烯、三氯乙烯、乐果。

(5) 增加了总 β 放射性指标进行核素分析评价的具体要求及微囊藻毒素 - LR 指标的适用情况。

(6) 删除了小型集中式供水和分散式供水部分水质指标及限值的暂行规定。

水质参考指标由 GB5749—2006 的 28 项调整为 55 项。

（1）增加了 29 项指标,包括钒、六六六（总量）、对硫磷、甲基对硫磷、林丹、滴滴涕、敌百虫、甲基硫菌灵、稻瘟灵、氟乐灵、甲霜灵、西草净、乙酰甲胺磷、甲醛、三氯乙醛、氯化氰（以 CN⁻ 计）、亚硝基二甲胺、碘乙酸、1,1,1-三氯乙烷、乙苯、1,2-二氯苯、全氟辛酸、全氟辛烷磺酸、二甲基二硫醚、二甲基三硫醚、碘化物、硫化物、铀、镭-226。

（2）删除了 2 项指标,包括 2-甲基异莰醇、土臭素。

（3）更改了 3 项指标的名称,包括二溴乙烯名称修改为 1,2-二溴乙烷,亚硝酸盐名称修改为亚硝酸盐（以 N 计）,石棉（>10 μm）名称修改为石棉（纤维>10 μm）。

（4）更改了 1 项指标的限值,为石油类（总量）。

3.3 水污染

3.3.1 水污染的概念

根据《水污染防治法》的规定,所谓水污染,是指水体因某种物质的介入,而导致其化学、物理、生物或者放射性等方面特性的改变,从而影响水的有效利用,危害人体健康或者破坏生态环境,造成水质恶化的现象。

3.3.2 水污染与生命健康

（1）引起急性和慢性中毒

水体受有毒化学物质污染后,通过饮水或食物链便可能造成中毒,如甲基汞中毒、镉中毒、砷中毒、铬中毒、氰化物中毒、农药中毒、多氯联苯中毒等。铅、钡、氟等也可对人体造成危害。这些急性和慢性中毒是水污染对人体健康危害的主要方面。

日本水俣湾甲基汞污染

20 世纪 50 年代初,日本水俣湾一些家猫抽筋溺水死去,当地居民感染怪病,行为离奇。1956 年,医院确认一个小孩出现不能走路和说话,吞咽十分困难的症状,并在之后又有一些病人出现类似的症状,水俣病得到了正式确认。1963 年 2 月 20 日,熊本大学医学院水俣病研究小组从水俣氮肥厂乙酸乙醛反应管排出的汞渣和水俣湾的鱼、贝类中,分离并提取出氯化甲基汞（CH_3HgCl）结晶,并认定水俣病是患者食用了水俣湾中被海湾内的甲基汞污染的鱼类和贝类所致。

（来源:凤凰新闻,2020）

（2）致癌作用

某些有致癌作用的化学物质,如砷、铬、镍、铍、苯胺、苯并(a)芘和其他的多环芳烃、卤代烃污染水体后,可以在悬浮物、底泥和水生生物体内蓄积。长期饮用含有这类物质的水,或食用体内蓄积有这类物质的生物就可能诱发癌症。美国俄亥俄州饮用以地面水为自来水水源的居民患癌症的死亡率较饮用地下水为水源的自来水的高,这是因为地面水受污染较地下水重。但癌症发生与水因素间的关系,尚未完全阐明。

坞里村河水排污严重 村民患癌率增高

位于浙江省杭州市南阳镇坞里村的南阳化工园内有工业企业 30 多家,以印染、纺织、食品、医药、化工为主。由于缺少监管与控制,企业常年大量私排污水或废气。这些污染物中含有大量的硫化物、碳化物、重金属、苯等有毒有害物质,且累积多年,给当地的生态环境、居民健康带来了诸多危害。坞里村的河水变得乌黑,鱼虾绝迹,水井多已废弃。村里的恶性肿瘤发病率比浙江省平均发病率 0.192% 高出了十几倍。所患的癌症病种主要有:食管癌、肝癌、胃癌、肺癌、乳腺癌、胰腺癌、白血病等。

(来源:华声网,2019;曹烁玮,实践与探索,2010)

(3)发生以水为媒介的传染病

人畜粪便等生物性污染物污染水体,可能引起细菌性肠道传染病,如伤寒、副伤寒、痢疾、肠炎、霍乱、副霍乱等。肠道内常见病毒如脊髓灰质炎病毒、柯萨奇病毒、肠细胞病变人孤儿病毒、腺病毒、呼肠孤病毒、传染性肝炎病毒等,皆可通过水污染引起相应的传染病。某些寄生虫病如阿米巴痢疾、血吸虫病、贾第虫病等,以及由钩端螺旋体引起的钩端螺旋体病等,也可通过水传播。

(4)间接影响

水体污染后,常可引起水的感官性状恶化。如某些污染物在一般浓度下,对人的健康虽无直接危害,但可使水发生异臭、异味、异色、呈现泡沫和油膜等,妨碍水体的正常使用。铜、锌、镍等物质在一定浓度下能抑制微生物的生长和繁殖,从而影响水中有机物的分解和生物氧化,使水体的天然自净能力受到抑制,影响水体的卫生状况。

3.3.3　水体污染的来源

(1)工业废水

其水质和水量因生产品种、工艺和生产规模等的不同,差别很大。如钢厂每炼 1 t 钢排出约 200～250 t 废水,其中主要含有无机物;而造纸厂生产 1 t 纸约需 250～500 t 水,其中主要含有机物。此外,工业生产过程中产生的废水,除冷却水外,都含有生产原料、中间产品和终产品。对水体污染影响较大的工业废水主要来自冶金、化工、电镀、造纸、印染、制革等企业。

(2)生活污水

居民日常生活中产生的废水,主要包括粪尿和洗涤污水,水中含有机物及肠道病原菌、病毒和寄生虫卵等。粪便是生活污水中氮的主要来源。雨雪淋洗城市大气中的污染物和冲淋建筑物、地面、废渣、垃圾而形成的城市径流,也是生活污水的组成部分。来自医疗单位的污水,包括病人的生活污水和医疗废水,含有大量的病原体及各种医疗、诊断用的物质,是一类特殊的生活污水。

（3）农业污水

指农牧业生产排出的污水及雨水或灌溉水流过农田表面后或经农田渗漏排出的水。农业污水主要含有氮、磷、钾等化肥,各种农药、粪尿等有机物,人畜肠道病原体及一些难溶性固体和盐分等。

3.3.4 水体污染物对健康的影响

水体污染物是指造成水体水质、水中生物群落以及水体底泥质量恶化的各种有害物质（或能量）。其使水中的盐分、微量元素或放射性物质浓度超出临界值,使水体的物理、化学性质或生物群落组成发生变化。

水体污染物可分为物理性污染物、化学性污染物以及生物性污染物三类。

（1）物理性污染物

包括悬浮物、热污染和放射性污染。悬浮物质污染：悬浮物质是指水中含有的不溶性物质,包括固体物质和泡沫塑料等。它们是由生活污水、垃圾、采矿、采石、建筑、食品加工、造纸等产生的废物泄入水中或农田的水土流失所引起的。悬浮物质影响水体外观,妨碍水中植物的光合作用,减少氧气的溶入,对水生生物不利。热污染：来自各种工业过程的冷却水,若不采取措施,直接排入水体,可能引起水温升高、溶解氧含量降低、水中存在的某些有毒物质的毒性增加等现象,从而危及鱼类和水生生物的生长。放射性污染：由于核能工业的发展,放射性矿藏的开采,核试验和核电站的建立以及同位素在医学、工业、研究等领域的应用,使放射性废水、废物显著增加,造成一定的放射性污染。物理性污染会致人体遗传物质突变,诱发肿瘤和造成胎儿畸形。韶关、河源等市有些市民由于长期饮用含放射性、有害矿物质污染水,新生儿出现发育不全、智力低下、痴呆、畸形等。

日本核污水排放入海

受 2011 年发生的大地震及海啸影响,福岛第一核电站 1 至 3 号机组堆芯熔毁,大量放射性物质泄露,是迄今全球最严重核事故之一。核电站运营方东京电力公司称核废水储水罐已全部装满,且无更多空地用于大量建设储水罐。2023 年 8 月 24 日,日本罔顾国际社会和组织的质疑和反对,强行启动了核污水排海计划,正式开始将福岛第一核电站的核污水排放至太平洋。24 日核污染水排放量为 183 立方米,2023 年度预计排放约 3.12 万吨核污染水,未来核污染水排海将至少持续 30 年。

日方坚称,经过多核素处理系统（ALPS）处理的核污染水为"处理水",并认为"处理水"已达标可排。但是,该系统仅通过化学沉淀法和吸附的方法截留和分离污水中所含的放射性核素。东京电力公司数据显示,福岛第一核电站核污染水中仍包含 63 种放射性物质,例如氚、碳-14、锶-90、碘-129、锝-99、钴-60等。这些放射性核素尚无有效处理技术,且存在可能损害人类DNA,引发甲状腺癌、白血病等潜在风险。

此外,德国海洋科学研究所指出,福岛沿岸拥有世界上最强的洋流,从排放之日起57天内,放射性物质将扩散至太平洋大半区域,3年后太平洋另一端的美国和加拿大将遭到核污染影响,10年后蔓延至全球海域。积年累月排放的氚等核素总量将非常惊人,其对环境和生物的长期影响无从准确评估,不确定性是最大的风险之一。

(来源:央视新闻,2023;新华网,2023)

(2) 化学性污染物

包括有机和无机化合物,化学性污染会导致人体遗传物质突变,诱发肿瘤和造成胎儿畸形。被污染的水中如含有丙烯腈会导致人体遗传物质突变;水中如含有砷、镍、铬等无机物和亚硝胺等有机污染物,可诱发肿瘤;甲基汞等污染物可通过母体干扰正常胚胎发育过程,使胚胎发育异常而出现先天性畸形。化学污染物主要有以下几类:

① 酸污染。指酸性污染物使水体pH降低(小于6),主要污染源为酸雨以及工业生产、冶炼及采矿业排放的污水。

② 碱污染。污染物使水体pH升高(大于9),主要污染源为造纸、炼油和制革工业产生的废水。

③ 有毒害性的无机物污染。主要来源于工业生产产生的废水。有毒无机物一部分为含有氰化物、氰氢酸及氰酸盐等剧毒无机物。它们在水中存在微量就会导致水中生物死亡,严重危害渔业生产。另一部分有毒无机物为重金属。重金属一般指相对密度大于4 g/cm^{3}的金属,如金、银、铜、铅、锌、镍、钴、镉、铬、汞及类金属砷等数十种。从环境污染方面所说的毒性严重的重金属主要指汞、铅、镉、铬和砷五种。在水中,重金属的毒性范围一般为1~10 mg/L,汞和镉产生毒性的范围为0.001~0.010 mg/L。重金属污染除源于工业生产的废渣、废水和废气外,还源于生活垃圾、照明灯、废弃电池及汽车尾气排放等。

④ 可降解有机物污染。指生活污水和工业废水中的碳水化合物,包括蛋白质、脂肪及酚醇类等有机物质。其危害是有机物在降解过程中消耗大量氧,危害水生生物,并使水质恶化变浊变臭,恶化周围环境。

⑤ 不可降解有机物污染。主要有芳香胺、多环芳烃、有机农药等。其多数为人工合成,化学性质稳定,是很难分解的物质。其来源为焦化、染料、塑料、农药制造业的废水和农田排水。危害呈持久性,难以分解,并会导致水中生物发生突变、畸形和癌变。

⑥ 氮和磷污染。主要指氨氮、硝酸盐、亚硝酸盐、磷酸盐及含磷的化合物。当磷与氮的化合物达到0.02~0.03 mg/L时,水体呈现富营养化状态,引起藻类、水草和浮游生物大量繁殖,形成恶性循环使水质严重恶化。

⑦ 油类污染。主要是海洋采油和轮船航运事故造成的污染,会影响水质,破坏海滩环

境及危害海洋生物。

农药流入莱茵河,生态系统陷瘫痪

　　1986年11月1日深夜,位于瑞士巴塞尔市的一公司化学品仓库发生火灾,大火持续了4个多小时,装有约1 250吨剧毒农药的钢罐爆炸,含有大量损害人体的硫、氮、亚磷酸和氧化物的浓烟遮天蔽日,含有杀虫剂、除草剂、除菌剂、有机汞等共计1 246吨各种化学品的扑火用水冲入莱茵河,有毒物质形成70公里长的微红色飘带向下游流去。翌日,化工厂用塑料堵塞下水道。8天后,塞子在水的压力下脱落,几十吨有毒物质流入莱茵河再次造成污染。祸不单行,11月21日,德国巴登市一公司冷却系统故障,又使2 t农药流入莱茵河,使河水含毒量超标准200倍。这场意外火灾,致使约160公里范围内多数鱼类死亡,河流生态系统陷入瘫痪,莱茵河的生态受到了严重破坏。同时,约480平方公里范围内的井水受到污染不能饮用,下游瑞士、德国、法国、荷兰四国的沿河自来水厂全部关闭,由汽车向居民定量供水。由于莱茵河在德国境内长达865公里,是德国最重要的河流,因而德国遭受损失最大。事故使德国几十年为治理莱茵河投资的210亿美元付诸东流。

（来源:李松,学习时报,2021）

（3）生物性污染物

　　主要来源包括生活和医院污水、养殖和屠宰场的废水等。由磷、氮等污染物引起的水华和赤潮也属于生物性污染。

　　病原体是指可造成人或动植物感染疾病的微生物、寄生虫或其他媒介。具有致病性的微生物称为病原微生物,包括细菌、病毒、立克次氏体、真菌等,病原微生物能引起人的各种疾病。随着城市发展和人口增加,水资源的供应和污水处理及再生利用已成为迫切需要解决的问题,若污水处理不当而引起水源污染或污水重新利用欠妥,其中仍存活的病原微生物将对人群健康造成极大的危害。与化学污染物相比,污水中病原体具有以下特征:

　　① 病原体在水中的分布是离散的,而不是均质的;

　　② 病原体常成群结团,或吸附于水中的固体物质上,其水中的平均浓度不能用以预测感染剂量;

　　③ 病原体的致病能力取决于其侵袭性和活力,以及人的免疫力;

　　④ 一旦造成感染,病原体可在人体中繁殖,从而增加致病的可能;

　　⑤ 病原体的剂量-反应关系不呈累积性。

　　病原体在人类生存环境中的大气、水体、土壤、垃圾中都可生存,有时人体排出的粪尿也带有病原体。它们对动植物及人类的危害和对环境的污染相当严重。据以色列调查,污水灌溉区的伤寒、肝炎发病率比非污水灌溉区高 2 倍。另外,农田常用粪尿、污水灌溉或施用垃圾粪肥,可使植物带有病菌并引起植物发病,人吃了发病的植物也会生病。一般认为,人被感染传染病应具备三个条件:有病原体的存在、具有一定的病原体浓度、易感染体以被感染方式接触病原体。

病原体对人体有许多危害。例如,肠道病毒的传播主要有三种方式:人与人接触传染;经污染有粪便的水媒传播;经污染的食物传播,而食物的污染亦经常由污染的水所致。从感染人体粪便中排出的病毒可通过粪口途径传播,虽然感染的人不一定出现临床症状,但这种带病毒者可将病毒传播给他人。根据传播方式的不同,病原体经水传播的疾病,可以分为两类:

① 由于食入了经病原体污染的水而发生的,如沙门菌、志贺菌、致病性大肠埃希菌和弧菌所致的腹泻、痢疾、肠胃炎等;

② 人在劳动、游泳等过程中接触了被污染的水体,通过皮肤、黏膜感染疾病,如血吸虫病、钩端螺旋体病等。

表 3-1 列出了城市污水中常见的病原体种类及其对人体健康产生的危害。进入环境中的病原体可以在不同的条件下存活相当长的时间,取决于光照、温度、pH 等外部条件,病毒在污水、自来水、土壤等中可存活达数月之久。

表 3-1 城市污水中常见的病原体及其健康危害

病原体分类	名称	健康危害
细菌	志贺菌	痢疾、腹泻、呕吐、发热、关节炎
	沙门菌	结肠炎、痢疾、心内膜炎、心包炎、脑膜炎
	埃希氏菌	胃肠功能紊乱、腹泻、呕吐
	霍乱弧菌	腹泻、呕吐、死亡
	军团菌	军团病、肺炎、发热、死亡
	鼠疫耶尔森氏杆菌	痢疾、腹泻、呕吐、关节炎
病毒	脊髓灰质炎病毒	胃肠功能紊乱、急性肠胃炎、心肌炎、脑膜炎、脑炎及瘫痪性疾病、流行性皮疹病、呼吸道感染、气管炎和肺炎、流行性眼结膜炎,侵犯腮腺、肝脏、胰腺等器官
	埃可病毒	
	柯萨奇病毒	
	新型肠道病毒	
	甲肝病毒	
	腺病毒	肝脏功能障碍、肝炎
	轮状病毒	呼吸道疾病、眼部感染
	诺沃克因子	胃肠功能紊乱,腹泻、呕吐,肠胃炎
	呼肠孤病毒	肠型流感的致病因子、胃肠功能紊乱
	新型病毒	痢疾、腹泻、恶心、呕吐、发热
	冠状病毒	胃肠功能紊乱
		痢疾、腹泻、呼吸道感染、气管炎和肺炎
寄生虫	蓝氏贾第虫	长期慢性痢疾、腹泻
	隐孢子虫	痢疾、发热
	痢疾内变形虫	内变形虫病、阿米巴痢疾

续　表

病原体分类	名称	健康危害
寄生虫	蛔虫	蛔虫病
	钩虫	钩虫病
	蛲虫	蛲虫病
	血吸虫	血吸虫病
	绦虫	绦虫病

19 世纪以前,病原体通过水传播而引起的霍乱、伤寒、骨髓灰质炎、甲型病毒性肝炎等瘟疫的暴发,曾夺走了千百万人的生命,现今世界上某些地区仍然常有这类病原体污染水导致的流行病爆发。19 世纪中叶,英国伦敦先后 2 次霍乱大流行,死亡共 2 万多人。1955 年印度新德里自来水厂的水源被肝炎病毒污染,3 个月内共 2.9 万余人发病。1988 年在我国上海市流行的甲肝,就是人们大量食用被病原体污染的毛蚶引发的。河流等地表水病原体污染对人类健康构成了巨大的潜在威胁,地表水病原体污染及其控制日益得到人们的重视。

3.3.5　水质安全标准

3.3.5.1　水质检测指标

水质指标是指水样中除去水分子外所含杂质的种类和数量,它是描述水质状况的一系列标准,是判断水污染程度的具体衡量尺度。水质指标分为如下几类,表示生活饮用水、工农业用水以及各种受污染水中污染物质的最高容许浓度或限量阈值的具体限制和要求。

(1) 感官物理性指标,包括温度、色度、浑浊度、透明度等。

① 浑浊度和透明度。水中由于含有悬浮物及胶体状态的杂质而产生浑浊现象。水的浑浊程度可以用浑浊度来表示。水体中悬浮物质含量是水质的基本指标之一,表示水体中不溶解的悬浮和漂浮物质,包括无机物和有机物。

② 嗅味。嗅和味同色度一样也是感官性指标,可定性反映某种污染物的多寡。天然水是无臭无味的。当水体受到污染后会产生异样的气味。水的异臭源于还原性硫和氮的化合物、挥发性有机物和氯气等污染物质。不同盐分会给水带来不同的异味,如氯化钠带咸味,硫酸镁带苦味,硫酸钙略带甜味等。

(2) 化学性水质指标,包括 pH、硬度、碱度、各种离子、一般有机物质等。

① 碱度。碱度是指水中能与强酸发生中和反应的全部物质,即水接受质子的能力,包括各种强碱、弱碱和强碱弱酸盐、有机碱等。

② 溶解氧。指溶解在水中的分子态氧(O_2),简称 DO。大气压力下降、水温升高、含盐量增加,都会导致溶解氧含量减低。一般清洁的河流,DO 可接近其温度的饱和值,当有大量藻类繁殖时,溶解氧可能过饱和;当水体受到有机物质、无机还原物质污染时,会使溶

解氧含量降低,甚至趋于零,此时厌氧细菌繁殖活跃,水质恶化。溶解氧是表示水污染状态的重要指标之一。

(3) 生物学水质指标,一般包括细菌总数、总大肠菌数、各种病原细菌、病毒等。

① 细菌总数。水中细菌总数反映了水体受细菌污染的程度。细菌总数不能说明污染的来源,必须结合大肠菌群数来判断水体污染的来源和安全程度。

② 大肠埃希菌。水是传播肠道疾病的一种重要媒介,而大肠菌群被视为最基本的粪便传染指示菌群。大肠菌群的值可表明水样被粪便污染的程度,间接表明有肠道病菌(伤寒、痢疾、霍乱等)存在的可能性。

(4) 放射性指标,包括总 α 射线、总 β 射线、铀、镭、钍等。

(5) 综合性指标。

① 化学需氧量(COD),是指在一定条件下,用强氧化剂处理水样时所消耗氧化剂的量,以氧的毫克/升来表示。化学需氧量反映了水中受还原性物质污染的程度。

② 五日生化需氧量(BOD_5),是指在规定条件下,微生物分解存在水中的某些可氧化物质,特别是有机物所进行的生物化学过程中所消耗溶解氧的量。五日生化需氧量反映了水体中可被生物降解的有机物的含量。

③ 氨氮。水中的氨氮是指以游离氨 NH_3(也称非离子氨)和离子氨 NH_4^+ 形式存在的氮。对地面水,常要求测定非离子氨。两者的组成比决定于水的 pH 和温度,当 pH 偏高时,游离氨的比例较高;反之,则氨盐的比例较高。

④ 总氮。总氮是水中各种形态无机和有机氮的总量,包括 NO_3^-、NO_2^- 和 NH_4^+ 等无机氮和蛋白质、氨基酸和有机胺等有机氮,以每升水含氮毫克数计算,常被用来表示水体受营养物质污染的程度。

3.3.5.2　人体健康水质基准

水质基准(WQC)是水环境中的污染物或有害因素对人体健康、水生态系统与使用功能不产生有害效应的最大剂量或浓度。美国、加拿大及欧盟的发达国家和地区已形成了较为完善的水质基准技术体系。人体健康水质基准是指在摄入饮用水和水产品时,保护人群健康不受危害的相对应水体中的污染物浓度。我国于 2017 年发布了《人体健康水质基准制定技术指南》(HJ 837—2017)(简称《指南》),《指南》的发布为我国人体健康水质基准的制定提供了技术指导。美国环保局(USEPA)于 2000 年发布了《推导保护人体健康水质基准方法学(2000 年)》(简称"USEPA 2000 年方法"),由《指南》和 USEPA 2000 年方法中关于人体健康水质基准的推导方法可知,制定人体健康水质基准时将涉及污染物的毒性参数、生物累积系数(BAF)、人体暴露参数[体重(BW)、饮水量(DI)、水产品摄入量(FI)]和水环境参数[颗粒态有机碳(POC)、溶解性有机碳(DOC)浓度以及水生生物脂质分数($f1$)]。

人体健康水质基准计算过程见式(3-1)~式(3-4)。依据污染物毒理学效应的差异,分为致癌和非致癌效应人体健康水质基准,毒性数据(toxicity value,TV)选用相对应的非致癌效应的参考剂量（reference dose，RfD）、非线性致癌效应的起算点（point of departure，POD）和线性致癌效应的特定风险剂量（risk-specific dose，RSD），同时结合不确定因子和相关源贡献率进行推导。除毒性数据之外，其余参数如 BW、DI、FI 和 DOC、POC 的浓度及水生生物脂质分数等均需基于我国人群和水环境的相关数据计算。

$$WQC = \frac{TV \times BW}{DI + \sum_{i=2}^{4}(FI_i \times BAF_i)} \tag{3-1}$$

$$BAF_{(TL,i)} = [(BAF_1^{fd})_{TL,i} \times (f_1)_{TL,i} + 1] \times f_{fd} \tag{3-2}$$

$$BAF_1^{fd} = \left(\frac{BAF}{f_{fd}} - 1\right) \times \frac{1}{f_1} \tag{3-3}$$

$$f_{fd} = \frac{1}{1 + [POC] \times K_{OW} + [DOC] \times 0.08 \times K_{OW}} \tag{3-4}$$

式中，BW 为人体体重，kg；DI 为饮水量，L/d，当 DI 设为 0 L/d 时，为仅摄入水产品的基准值；FI_i 为第 i（取值为 2、3、4）营养级的水产品摄入量，kg/d，其中第 2 营养级一般为草食性的水生生物（如草鱼），第 3 营养级为杂食性的水生生物（如鲫鱼），第 4 营养级为肉食性的水生生物（如黑鱼）；BAF_i 为第 i 营养级的生物累积系数（bioaccumulation factor），L/kg；$BAF_{(TL,i)}$ 为污染物质在第 i 营养级生物中的 BAF，L/kg；BAF_1^{fd} 为基线 BAF，是基于自由溶解和脂质标准化的生物累积系数，L/kg；$(BAF_1^{fd})_{TL,i}$ 为污染物质在第 i 营养级的平均基线；BAF 为基于生物组织和水体中污染物浓度的生物累积系数，L/kg；$(f_1)_{TL,i}$ 为第 i 营养级中被消耗水生生物的脂肪分数，%；f_{fd} 为化学物质在水环境中的自由溶解态分数；$[POC]$ 为水体中颗粒性有机碳浓度，kg/L；$[DOC]$ 为水体中溶解性有机碳浓度，kg/L；K_{OW} 为化学物质的辛醇-水分配系数。

在制定我国人体健康水质基准时，普通人群暴露参数 BW、DI 和 FI 分别采用 61.9 kg、2.785 L/d 和 0.030 1 kg/d，水环境参数 DOC 和 POC 浓度分别采用 2.68 mg/L 和 0.73 mg/L，第 2～4 营养级淡水水生生物的脂质分数分别采用 2.47%、3.08%、3.16%。我国 12 种多环芳烃（polycyclic aromatic hydrocarbons，PAHs）的人体健康水质基准中，苯并[a]芘的人体健康水质基准值（4.53×10^{-4} μg/L）最小，其次为二苯并[a,h]蒽（DBA）（7.81×10^{-4} μg/L），蒽（Ant）的人体健康水质基准值（173 μg/L）最高，表明对于不同 PAHs 污染的地表水体，应选择相对应的人体健康水质基准来开展健康风险评估和环境管理工作。鉴于人群暴露参数（不同区域和年龄组）与致癌风险水平的差异对人体健康水质基准的较大影响，建议在水质基准的制定过程中对其予以充分考虑。

3.4 再生水与人体健康

3.4.1 再生水概述

再生水，也称中水，就是经过处理回用的污水，一般是指二级或二级处理以上的污水。

3.4.1.1　回用对象

城市再生污水主要作为农、林、渔业用水,城市杂用水,工业用水,环境用水以及补充水源水使用。其中,环境用水又分为娱乐性景观环境用水、观赏性景观环境用水和湿地环境用水三类。一般来说,回用于工农业的污水总是占绝大比例,但就居住区而言,重点应是环境用水、工业用水、水源用水及城市杂用水。环境用水主要是指观赏性景观用水,即人体非直接接触的景观环境用水。将居住区污水再生回用于工业区工业企业,一方面能利用河道作为管网,减少工程投资;另一方面能促进城区经济结构的快速调整。将区域内河用作蓄淡泄洪水源,避免水资源工程类缺水,并通过改造传统的自来水厂净化工艺,推进城市污水再生利用,将再生水作为城市第二水源。城市杂用水主要是指用于冲厕、道路清扫、消防、城市绿化、车辆冲洗、建筑施工的非饮用水。由于再生水用作生活杂用水,会与人体直接或间接接触,故其对水质的要求也较高。如果把再生水回用于家庭冲厕,就要安排中水道系统,因此已建成的居住区并不适用。但对于规划的居住区,可在新建小区一并敷设上、中、下水道,从而为中水回用创造条件。

3.4.1.2　现有安全标准

2002 年发布实施的《城市污水再生利用》系列标准,包含了分类、城市杂用水水质、景观环境用水水质、地下水回灌水质、工业用水水质、农田灌溉用水水质、绿地灌溉水质共七项。其中作为这一标准体系中的基础——《城市污水再生利用　分类》(GB/T 18919—2002)(以下简称《分类》标准)有其独特的重要性。《分类》标准在宏观上确定污水处理回用的主要用途,并对相应的水质标准的制定起指导作用。我国城市污水再生利用分类,可按用途分类,或按水质分类,也可兼按用途和水质分类。不同分类方法各有特点。《分类》标准拟用最简洁的分类尽可能覆盖回用水的用途,同时有利于回用水的综合利用,结合已有或待编的水质标准,参考现有我国城市污水再生利用的工程建设相关情况,确定《分类》标准按用途分为五类,具体内容见表 3-2。

表 3-2　城市污水再生利用类别

分类	范围	实例
农、林、牧、渔业用水	农田灌溉	种子与育种、粮食与饲料作物、经济作物
	造林育苗	种子、苗木、苗圃、观赏植物
	畜牧养殖	畜牧、家畜、家禽
	水产养殖	淡水养殖
城市杂用水	城市绿化	公共绿地、住宅小区绿化
	冲厕	厕所便器冲洗
	街道清扫	城市道路的冲洗及喷洒
	车辆冲洗	各种车辆冲洗
	建筑施工	施工场地清扫、浇扫、灰尘抑制、混凝土制备与养护、施工中的混凝土构件和建筑物冲洗
	消防	消火栓、消防水炮

续　表

分类	范围	实　例
工业用水	冷却用水	直流式、循环式
	洗涤用水	冲渣、冲灰、消烟除尘、清洗
	锅炉用水	中压、低压锅炉
	工艺用水	熔料、水浴、蒸煮、漂洗、水力开采、水力输送、增湿、稀释、搅拌、选矿、油田回注
	产品用水	浆料、化工制剂、涂料
环境用水	娱乐性景观环境用水	娱乐性景观河道、景观湖泊及水景
	观赏性景观环境用水	观赏性景观河道、景观湖泊及水景
	湿地环境用水	恢复自然湿地,营造人工湿地
补充水源水	补充地表水	河流、湖泊
	补充地下水	水源补给、防止海水入侵、防止地面沉降

注:①其中观赏性景观环境用水与补充地表水在形式上有一定程度的相似和交叉,需在各自的水质标准中明确各自的使用范围和所针对的对象,使用区别又不致混同。②污水回用的分类不与现行的水质标准完全对应,也不与今后陆续制定的水质标准完全对应。但不同用途的水回用分类项目应有相应的水质标准项目和技术指标。

3.4.2　再生水使用中的污染

　　限于经济和技术原因,污水中污染物质并没有完全去除掉,丰富的 N 和 P 元素、较高的全盐含量、多种毒性痕量物质(重金属、有机污染物等)以及病原体等可能会成为新的污染源,引发生态环境问题。污水中含有的污染物主要包括生物性污染物、物理性污染物和化学性污染物。再生水是经过沉淀、厌氧消化、生化过滤、消毒等方法将这些污染物转化成无害的固态汇聚物与易挥发的气态物并分离出去之后的水。

　　由于经济和技术原因,再生水可能仍然含有大量的有害物质,在各种灌溉途径中产生一些危害。

　　① 用于灌溉农作物、蔬菜、水果、牧场等的再生水通过蔬菜、水果、农作物等被人类食用进入消化道,或通过气溶胶、蒸发进入人体呼吸道,从而危害人体,或毒害灌溉植物、污染土壤,再生水中高营养素含量对某些处于生长期的作物有不利影响。此外,易导致滋灌喷头堵塞、土壤板结、污染地下水等。

　　② 用于园林绿化(公园、绿地隔离带、绿化带)、运动场(操场、高尔夫球场)的再生水。通过气溶胶、蒸发传播进入呼吸道,或通过接触进入消化道危害人体,或毒害灌溉植物、污染土壤、污染地表水及地下水。再生水中致病菌则易通过直接接触、气溶胶传播、风吹溅落等途径对公众健康产生危害。

　　③ 用于水源补给、防止海水入侵和地面沉降的再生水易污染作为饮用水源的地下水含水层,通过被人类饮用进入消化道。回用水中的难降解有机物、重金属等造成地下水富营养化及藻类繁殖。

3.4.3 再生水使用对健康的影响

再生水灌溉引发人体健康潜在风险主要通过 3 条途径：①再生水灌溉造成土壤和作物污染，使得污染物在农产品中积累，通过食物链进入人体内积累，从而导致多种慢性疾病；②再生水灌溉导致地下水受到污染，通过生活饮用水而使人体产生急性和慢性中毒反应；③再生水灌溉带入灌溉区域的污染物大于区域的自净能力时，其中的硫化氢等有害气体、病菌、寄生虫卵等会对该地区环境卫生造成污染，对人体健康产生危害，也即污染物质通过直接接触、食用再生水灌溉的农作物和吸入灌溉时产生的水雾而进入人体，进而威胁人体健康安全。

中国建筑设计研究院、亚太建设科技信息研究院将再生水中存在的对人体有毒害作用的化学污染物质划分为化学致癌物和非致癌（躯体毒害）化学污染物。在掌握再生水中有害化学物质种类和浓度的基础上，根据吸入途径进入人体的化学污染物剂量，以及不同化学污染物的吸入途径致癌强度，采用 USEPA 常用的风险评价方法，计算各种化学污染物对人体的终身健康风险和年风险。结果表明，再生水用于景观娱乐水体时，砷、镉、铬的个体患癌年风险远小于国际辐射防护委员会（ICRP）推荐的最大可接受年风险水平 $5.0 \times 10^{-5}/a$，非致癌化学污染物对人体健康构成的风险，远小于国际上公认的可忽略风险水平 $(10^{-7} \sim 10^{-8})/a$。由此得出结论：再生水中化学污染物的浓度很低，化学污染物造成的健康风险处于可接受水平，使用再生水的安全性较高；再生水用于景观水体时，只要水质达到相关标准，再生水对人体健康是可以接受的。

但再生水并非绝对安全。有学者采用 Umu 方法分别对我国五个城市九座污水处理厂进出水的生物遗传毒性进行检测，用来评价二级出水生物毒性。结果显示，城市污水经过生物处理后，遗传毒性大幅度减低，九个污水处理厂对遗传毒性的去除效率为 46.6% ～ 74.7%，平均去除率为 55.5% ± 11.5%；对出水的遗传毒性评价结果表明，15 mL 暴露剂量下的遗传毒性总体呈现阴性或疑似阳性水平，当暴露剂量增加至 120 mL 时，九个水厂出水的遗传毒性明显高于低剂量暴露水平且普遍呈现检出阳性，说明污水经过处理后，虽然遗传毒性得到了消减，但出水仍然具有遗传毒性风险。

近年来，再生水中的致病菌、病毒、寄生虫卵等病原体，可能在再生水浇灌与人体暴露量大、接触密切的景观绿地过程中进入土壤或残留在植被上，造成植被、土壤及空气的污染，由此引发潜在的人体健康风险。有学者通过柯萨奇（B3）病毒示踪剂试验，向污水中人工投加病毒，以组织培养半数感染剂量 TCID50（Tissue culture infective dose50）为检测指标，对常用再生水消毒工艺的效果进行了试验研究。根据污水和再生水中实际检测的病原微生物浓度、病原微生物去除率的试验结果，采用概率统计数值计算方法和 Monte-Carlo 模拟计算方法，对污水再生利用的病原体健康风险进行评价分析，表明以下几方面结果。

① 再生水利用的安全性与处理工艺对病毒的去除率直接相关，以 10^{-4} 作为病原体感

染可接受的个人年风险,当回用于农田灌溉、城市绿化时,病毒的存活率为 5log(即 10^{-5})时,再生水安全性在 90% 以上,而回用于景观娱乐水体时,病毒存活率须为 6.6log(即 $10^{-6.6}$),再生水安全性才能保证在 90% 以上。

② Monte-Carlo 模拟计算结果表明,只要污水再生处理工艺对病毒的去除率达到 6log 以上,病毒对人体健康的风险就可以得到控制。

③ 根据对柯萨奇病毒的去除试验结果,常规处理工艺和臭氧消毒对病毒的去除率可以达到 6log,可以保证再生水的安全利用。

④ 不确定性分析结果表明,五种不确定性因素对风险值的影响为:去除率>粪大肠菌浓度>粪大肠菌和病毒之间的比例>暴露量>暴露次数,由去除率变化引起的风险值变化的绝对值是后三种影响因素的 10~25 倍,粪大肠菌浓度变化造成的不确定性影响是后三种因素的 3~8 倍,即后三种不确定性因素对再生水安全利用的影响很小。

因此,只要采用适当的污水处理工艺对城市污水进行二级生化处理和深度处理,严格控制消毒技术的消毒效果,由病原微生物引起的健康风险是可以控制、可以接受的。

3.5 水污染防护

在可持续利用的战略与措施的运作机制上,法律法规是根本,组织是保障,科技是手段,经济是核心,宣传教育是形式。五者相互关联、综合作用才能促进水资源的有效开发利用和水污染的科学防护。

3.5.1 制定科学法规

我国饮用水卫生标准近几十年来得到不断的充实和完善。水质标准从 1956 年的 16 项增至 1985 年的 35 项,每次标准的修订都增加水质检验项目,并提高水质标准。2006 年修订标准从 35 项增至 106 项,2022 年再次修订,并于 2023 年实施。

《中华人民共和国水法》《中华人民共和国水污染防治法》及其实施细则、《饮用水水源保护区污染防治管理规定》等法律和规章对饮用水源的保护作了规定。但是,随着我国经济社会发展和水污染防治工作的不断深入,一些规定内容已不能满足饮用水源地保护工作需要,如缺少跨界水源地的管理、水源地污染处罚措施和生态补偿机制等方面的规定。饮用水安全科研滞后,标准体系不健全,在有关饮用水源地保护区划分、有毒有机污染物影响、饮用水安全相关标准、补偿机制等方面都亟需进行研究和制定相关标准。饮用水安全宣传教育、公众参与的制度不健全,公众的健康意识和发生水污染事件时的心理应对能力、自我防护能力薄弱,这些方面均尚需完善和补充。

3.5.2 控制污染排放

对于工业方面的污染问题,需要严格地管理工业污染的排放。除加快健全国家相关法规外,还可以改良工厂运行模式,在工厂内部建立起切实具体的污水以及废渣处理的监管制度。制度落实过程中,对于没有进行合理处理的企业进行批评或者罚款处理;对于不符合国家相关规定的小型工厂,尤其是对于水资源污染较为严重的工厂,可以将其取缔。在城市之中工业发展聚集之处,可以采用水污染集中治理模式,结合当地的具体情况开展相关的水污染治理工作,既保证人力资源的大量节省,又有效地提升水污染治理的效率,促进产业的进一步发展。

生活污水的排放需要经过滤处理后方可进行。在城市发展建设的过程之中,建立起专门的城市污水处理配套管网设施。对于以目前的污水处理技术难以进行有效处理的污水,需要对其及时截流。处理后残余的污泥需要进行无害化处理,避免具有毒性残留的污泥进入农用耕地。同时提倡居民节约用水,对居民的废水排放行为加以约束。

在进行畜牧养殖的过程中,应完善相关的粪便处理设施设备,尤其是采用散养模式的养殖户,需要在养殖过程中将产生的各种粪便进行统一的储存以及处理。在农业种植的过程中,应尽量选用毒性较低的农药,从而避免造成大量农药残留,污染地下水体。农业的种植结构也应随实际情况不断进行调整,例如,对于水资源缺乏的地区可以适当采取退地减水措施,以避免过度使用农药导致水资源危机加剧。

思考题

1. 选择一个水污染危害人体健康的案例,了解其污染以及具体危害类型。
2. 健康的饮用水需要满足哪些水质标准?
3. 饮用水中常见的污染物包括哪些,可能对人体健康造成什么危害?
4. 污水再生回用会给人体健康带来哪些风险?
5. 查阅相关资料,谈一谈有哪些污水处理措施,或选择一项污水处理技术深入了解污水中有害物质的去除过程。
6. 在废水产生、排放、处理、回用过程中,可以采取哪些措施减少水污染对人体健康的危害?

参考文献

[1] 王文龙,吴乾元,杜烨,等.城市污水中新兴微量有机污染物控制目标与再生处理技术[J].环境科学研究,2021,34(7):1672-1678.

[2] 王杰.地下水污染防治在我国水体污染防治中的双重意义刍议[J].清洗世界,2021,37(6):143-144.

[3] 王霞.工业废水重金属污染的危害及治理策略分析[J].资源节约与环保,2020(9):95-96.

[4] 林洪孝,赵强.关于人类社会与水资源可持续利用关系的探索[J].水利发展研究,2004(2):30-32.

[5]段娜.邯郸市主城区水循环健康评价与演变分析[D].邯郸:河北工程大学,2019.

[6]朱红霞,薛荔栋,刘进斌,等.含氯消毒副产物的种类、危害与地表水污染现状[J].环境科学研究,2020,33(7):1640-1648.

[7]刘鸿志,王光镇,马军,等.黄河流域水质和工业污染源研究[J].中国环境监测,2021,37(03):18-27.

[8]安善涛,焦磊,梁伟,等.基于多源数据的黄土高原陆地水循环结构变化分析[J].生态学报,2021,41(17):6800-6813.

[9]胡德胜,李俊,夏军,等.基于唯物史观的中国水利事业发展阶段探究[J].干旱区资源与环境,2020,34(9):46-52.

[10]王晨曦,郁诚,胡子慧,等.解析农业面源水环境污染治理思路[J].黑龙江粮食,2021(6):123-124.

[11]朱法君.科学调剂水资源促进区域协调发展[J].中国水利,2021(11):19-21.

[12]林奇.绿色发展理念下的中小城市再生水利用策略研究[J].建设科技,2020(21):22-25+32.

[13]赵伟.农村饮用水安全存在的问题及解决措施[J].农业科技与信息,2021(8):82-83+90.

[14]秦鹤曼.浅谈水质检测对人类生活的重要性[J].广东化工,2020,47(1):90-91.

[15]刘得萍.浅析农业水资源现状与节约利用[J].农家参谋,2021(12):189-190.

[16]严登华,王坤,李相南,等.全球陆地地表水资源演变特征[J].水科学进展,2020,31(5):703-712.

[17]王晓南,崔亮,李霁,等.人体健康水质基准特征参数研究及应用[J].环境科学研究,2021,34(7):1553-1561.

[18]朱娜,荆勇,苗永刚,等.沈阳市中水回用现状分析及展望[J].环境保护与循环经济,2021,41(1):20-23+41.

[19]刘继绕.生态城镇污水再生利用技术路线[J].中国资源综合利用,2020,38(11):75-77.

[20]张垚,王静.水环境抗生素残留及其生态与健康影响[J].湖北医药学院学报,2019,38(6):609-614.

[21]崔铁峰,廖晨延,崔彤彤,等.水环境中微塑料的危害及防治[J].河北渔业,2020(11):55-59.

[22]孙燕明.水污染与人类健康关系密切[N].中国消费者报,2007-03-28(C02).

[23]王鹏,何雪梅,胡万金,等.四川省宜宾市农村饮用水安全现状与对策[J].人民长江,2021,52(S1):52-55.

[24]郑浩,丁震,高圣华,等.突发饮用水污染事件人群健康风险评估方法的探讨:以江苏镇江苯酚水污染事件为例[J].环境与职业医学,2020,37(7):690-694.

［25］苏慧琼.我国城镇化进程中的水资源利用研究［J］.智能城市,2021,7(12):31-32.

［26］陈咏梅,赵以军,陈默,等.武汉官桥湖蓝藻毒素 BMAA 的生物累积与健康风险评估［J］.水生态学杂志,2019,40(4):22-29.

［27］任金法.饮用水水源污染对人体健康的威胁及安全饮水的对策［J］.中国卫生检验杂志,2009,19(4):942-944＋947.

［28］郑锦涛,马涛,刘九夫,等.再生水农业灌溉利用现状及影响研究［J］.中国农村水利水电,2021(6):130-136.

第 **4** 章

土壤污染与健康防护

4.1 土壤环境的组成及其功能

4.1.1 土壤环境组成

土壤是人类赖以生存和发展的物质基础,土壤环境问题直接关系到食品和人居环境安全问题。加强土壤环境功能保护是构建国家生态文明体系、以人为本、可持续发展的重要内容。土壤在地球表面是生物圈的组成部分,提供陆生植物的营养和水分,是植物进行光合作用、能量交换的重要场所。在人类生活中,土壤-植物-动物系统是太阳能输送的主要媒介;在陆地生态系统中,土壤-生物系统(主要是植物)进行着全球性的能量、物质循环和转化。土壤具有天然肥力和生长植物物质的能力,是农业发展和人类生存的物质基础。土壤肥力能保证人类获得必要的粮食和原料,因此土壤与人类生产活动有着紧密的联系。

4.1.2 土壤的生态系统服务功能

土壤是连接大气圈、水圈、岩石圈和生物圈的纽带,处于地球关键带的核心位置,有着除固碳和生产粮食之外的更多功能,在陆地生态系统中有着举足轻重的作用。联合国于2015年发布《变革我们的世界——2030年可持续发展议程》,在其提出的17项全球可持续发展目标中,有13项直接或间接与土壤有关,充分表明土壤及其功能与生态系统服务对人类社会可持续发展具有重要作用(图4-1)。

土壤生态系统服务是指土壤生态系统提供给人类社会的惠益,包括供给服务(食物、淡水、木材、纤维和燃料等)、调节服务(气候、洪水、侵蚀和生物过程等)、文化服务(休闲、娱乐和教育等)和支持服务(养分循环、栖息地和生物多样性等)(图4-2)。

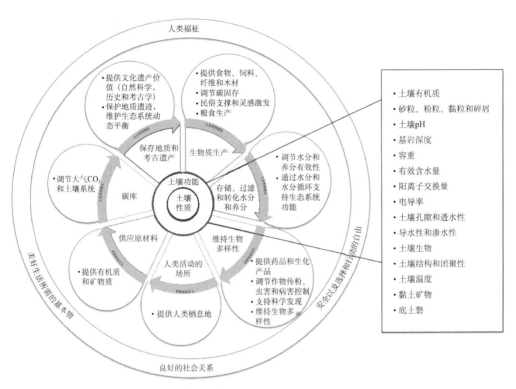

图 4-1　土壤性质、土壤功能和生态系统服务与人类福祉的关系

杨顺华,杨飞.2019

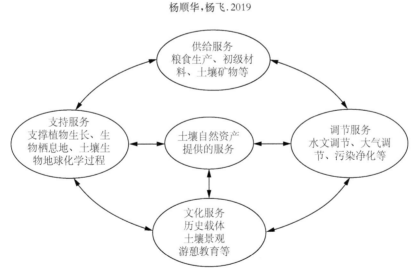

图 4-2　土壤生态系统服务分类

吴绍华,虞燕娜,朱江,等.2015

4.1.2.1　供给服务

　　土壤生态系统的主要功能之一就是提供粮食、农作物、原材料等各项生物资源。城市

土壤斑块破碎,地表封闭面积普遍达到 50% 以上,部分城市甚至超过 70%,土壤经过人为扰动、压实,大量城市建设和人类活动废弃物侵入土地,导致土壤生态系统生产粮食和原材料的能力大幅降低。此外,受城市辐射的影响,城郊地区调整农业结构以适应城市生产生活的需要,耕地、林地向菜地、园地转变,城市化过程使土壤生态系统生产的产品发生变化。例如,菲律宾碧瑶市在 1988—2009 年,城市化导致生态系统服务价值下降超过 60%,粮食生产价值有小幅下降。我国厦门市生态系统服务价值中食物产品和非食物产品的价值量在 2002—2007 年降幅达 48.5%。但也有局部地区在一定时间内随着城市化发展出现原材料生产价值提高的现象,如城市化的同时大量植树造林,林地供给服务价值提高。但是,在大的区域尺度和时间尺度上,城市化过程伴随着显著的粮食和原材料生产总供给服务下降(图 4-3)。

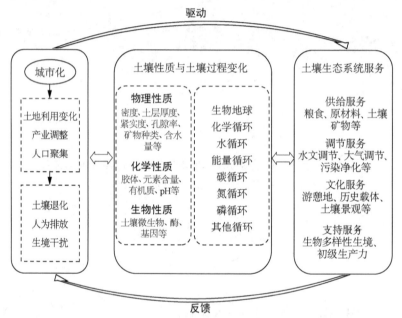

图 4-3　城市化对土壤生态系统服务影响的驱动过程

吴绍华,虞燕娜,朱江,等.2015

4.1.2.2　调节服务

土壤生态系统参与调蓄地表径流、涵养水源、洪涝灾害、净化水体等过程,是水文调节过程的重要组成部分。城市化发展驱动下,地表不透水面增加,土壤机械压实,土体结构破坏,孔隙度减小。这些导致土壤对降水的调蓄作用减弱,城区下渗量、蒸发量、地下水补给减少,径流系数和径流深度增大。此外,土壤生态系统还能通过物质能量交换调节大气中的气体运动、能量变化和物质组成,是与大气圈联系最为紧密的生态系统之一。在城市化驱动下,土壤生态系统的调节功能主要发生以下几个方面的变化。

　　① 土壤温度调节功能受到影响。城市化过程使土壤理化性质和物质能量交换的通量

发生变化,封闭土壤的热容量和导热率较大,储热能力显著增强,土壤生态系统服务的温度调节平衡受到破坏。

② 土壤对温室气体固定和调节能力受影响。城市地区高强度的碳排放,使得城市开放土壤有机碳含量和土壤碳通量增加,但是大面积的城市土壤封闭阻止新鲜有机底物的输入导致土壤碳库下降,降低了土壤对温室气体的固定能力。

③ 城市土壤大面积封闭,导致土壤对污染物的吸纳和净化服务下降,污染物质直接或间接进入土壤,超出土壤的自净能力,污染物通过挥发和扬尘的方式产生二次污染。

4.1.2.3　文化服务

土壤生态系统具有提供游憩地、历史载体保存、土壤景观、文化知识、墓园等文化服务。城市化必然导致一些自然文化服务减少甚至消失,但是为了满足城市文化生活的需求,部分土壤生态系统文化服务得到了较好的开发保护。

4.1.2.4　支持服务

土壤是陆地生态系统的支撑系统,为土壤动物和微生物提供生活场所,也为植物生长发育提供养分和空间。城市化过程对土壤的初级生产力和生物多样性产生显著影响。初级生产力是土壤-植物生态系统提供人类福祉最重要的生态服务之一,土壤不仅为植被的初级生产力提供了承载空间和养分,也为生物地球化学循环提供了物质基础。地表硬化导致区域初级生产力下降,改变了土壤的生物地球化学过程。此外,土壤生态系统作为陆地生态系统中生物种类和数量最为丰富的亚系统,受城市土壤封闭、压实、盐碱化、污染等影响。生物多样性和土壤生态系统服务相互影响,生物多样性可以促进土壤生态系统服务的良性发展,而城市化导致的土地利用变化对生物多样性的维持造成了极大的威胁(表4-1)。

表 4-1　生态系统服务及其相关的土壤功能

生态系统服务	土壤功能
支撑服务	
原材料生	支撑陆地植被
土壤形成	岩石风化和有机质积
养分循环	储存、转化与内部循环
供应服务	
水分保蓄	景观中水分保持
提供食物	供应植物生长
生物质供应(食物、纤维、燃料)	
自然材料(表土、团聚体等)	提供源物质
自然基础	支持建筑物、支撑机械行走
生物庇护所	为土壤动物、鸟类等提供生境
生物多样性与遗传资源	多样化的生物质来源
调节服务	
水质调节	过滤和缓冲水

续 表

生态系统服务	土壤功能
养分调节	养分循环
气候调节	温室气体释放
沉积调节(土壤侵蚀	流域内土粒与胶体的保藏
文化服务	
运动、科教及自然欣赏	古迹与古记录保藏
遗产保护	

目前,土壤生态系统的整体健康状况不容乐观。联合国粮农组织于 2015 年发布的《世界土壤资源状况报告》指出,全球范围内土壤仍然面临着侵蚀、有机质丧失、养分不平衡、酸化、污染、水涝、板结、地表硬化、盐渍化和生物多样性丧失等多项威胁。例如,仅土壤侵蚀每年就会造成 250 亿～400 亿吨的表土流失;2019 年世界土壤日的主题就被定为"防止土壤侵蚀,拯救人类未来",意在呼吁更多的人关注土壤侵蚀带来的生态系统健康问题。

黑龙江绥化市黑土地保护不利,违法占用黑土地耕地问题严重

黑土地是珍贵的土壤资源,被誉为"耕地中的大熊猫"。绥化市是我国黑土地重要分布区,黑土资源丰富。2021 年 12 月,中央第一生态环境保护督察组督察黑龙江时发现,绥化市存在大量"未批先建"违法占用黑土耕地问题。2018 年以来全市共发生占用黑土耕地违法案例 124 起,大量黑土耕地甚至永久基本农田遭到破坏。2019 年以来,绥化市强力推动两个省级交通建设项目,在未实施农用地征收、未落实耕地占补平衡、未取得用地审批手续和项目开工许可的情况下,违法开工建设。实际违法占用黑土耕地 18 144 亩,其中永久基本农田 10 923 亩,且在项目实施中也未按要求将剥离的表土用于土地复垦和改良治理。

侵蚀沟是东北黑土区水土流失的典型表现形式,直接导致黑土地数量减少、土层变薄。绥化市地处黑龙江省中部漫川漫岗区,是《全国水土保持规划(2015—2030 年)》明确的侵蚀沟治理重点区域,全市有 1.4 万余条侵蚀沟,沟壑总面积达 128.9 平方千米,自然损毁黑土耕地十余万亩。现场督察发现,庆安县民旺治理项目区侵蚀沟密布,大片耕地千沟百壑;海伦市共合镇多条侵蚀沟近年来仍在快速扩大。

(来源:中华人民共和国生态环境部,2022.01)

4.2 土壤污染

土壤污染主要是指各类有毒物质持续性渗入土壤中,引起土壤化学、物理、生物等方面特性的改变,从而影响土壤功能和有效利用,危害公众健康或破坏生态环境的现象。我国现阶段常见的土壤污染主要有秸秆污染、重金属污染、化肥农药污染等,造成土壤环境恶化,破坏生态系统平衡,影响环境的可持续发展。

4.2.1　土壤污染的现状与危害

4.2.1.1　土壤污染现状

（1）区域环境质量下降

我国土壤环境在 20 世纪 70 年代以前基本都是点源污染,污染区域仅限于局部地区。经过改革开放后的经济高速发展,一大批工业城市、工业密集区域逐渐形成,这就造成了区域环境质量的恶化。随着工业大量排放的废水、废气、废物的增多,在土壤中形成了累积趋势,增大了土壤环境的压力,使得土壤环境出现了大面积的区域性污染。土壤中含有大量的污染物质,该类物质逐渐通过植物、水源等进入人体,对人体造成严重的影响。实际上,土壤自身具有一定的净化能力,但如果污染较为严重,超过了自身的净化能力,将导致污染存留土壤中,对周围的环境与人类身体健康产生严重的威胁。相关调查显示,我国当前的土壤污染较为严重,现有土壤的 47% 均存在不同程度的污染,其中 21% 的土壤被判定为永久性不可用状态,不仅造成严重的资源浪费,对我国的经济发展也产生了严重的影响。在剩余污染土壤中,仍有 1/3 的土壤存在不同程度的轻微污染,如常见的土地板结、水土流失、辐射物质增多、不可降解物质增多等,影响农作物的生长,并对周围环境产生影响,甚至形成二次污染。

（2）持久性有机污染物增多

持久性有机污染物简称 POPs。POPs 不是自然界本身存在的物质,它是由人类合成的化学物质,在环境中持续时间长并可在生物食物链中累积,对人类健康有危害作用。由于它具有高毒性、持久性、生物积累性、亲脂憎水这四个特性,处于生物链顶端的人类能够将其毒性放大至 70 000 倍。随着人口的增多、工业的发展,环境中的 POPs 数量、种类以及累积速度都远远超出了土壤自净能力,严重破坏了土壤的内部结构,使得 POPs 在土壤中逐渐积累。POPs 难以降解,土壤一旦遭到污染,就需要很长时间来进行降解,很难恢复。

（3）重金属污染尚未缓解

环境中重金属污染主要是指汞、镉、铅、铬、砷、锌、铜、镍等元素在环境累积,超过土壤自净能力所造成的污染。重金属污染是一个全球性的环境问题,已经造成了严重的土壤污染。土壤重金属污染可影响农作物的产量和质量,并通过食物链累积,对人体健康造成重大危害。此外,它还会通过物质的迁移转化作用污染大气和水体。

（4）土壤放射性污染风险依然存在

随着地球资源的大量开采,很多能源物质已经面临枯竭,核能成为新的能源物质。核能的利用会排放各种废气、废水以及废渣,里面都含有放射性元素。这些放射性元素的物质通过径流、雨水冲刷、渗漏等途径进入土壤。放射性物质污染的土壤无法自行消除,其放射性只有等到它衰变为稳定元素后才能够消失。此外,一些大气层核试验释放出的放射性物质也会通过沉降进入土壤,造成放射性污染。

4.2.1.2　土壤污染的危害

通常,土壤中的污染物通过生物累积作用,含量会随着食物链等级升高而升高,导致污染区域的粮食、蔬菜、水果等产品中的重金属等物质含量超标。土壤污染不仅影响了农产品的质量安全,还会引起产品品质变差、易坏、出现难闻的气味,使得农产品无法进行深加工。

土壤受到污染后,一些重金属、POPs等污染物质还会导致土壤中的微生物活性降低,破坏土壤中的微生物系统。微生物失去活性会降低土壤的自净能力,使得一些物质在土壤中不能够迁移转化,有害物质在土壤中含量升高。有害物质含量较高的表层土容易受风力、水力的作用进入大气和水体中,进而导致大气污染和地表水污染,经过一段时间后还会形成生态系统退化等次生生态环境问题。

有害物质在土壤植物的累积下,通过生物链进入人体,间接被人体吸收,诱发癌症等疾病。土壤中的有害物质在雨水的冲刷下会进入径流,最终流入江河或者渗漏到地下水,污染饮用水,间接进入人体。土壤中的污染物质也会随着灰层迁移,悬浮于大气中,通过与人类皮肤的接触进入人体形成危害。此外,土壤中的放射性污染物进入土壤中后会放射出 α、β、γ 射线,这些射线能够穿透人体组织细胞,甚至引起部分组织细胞死亡,导致受害者头晕、脱发、白细胞减少、发生癌变等。比如,氡子体的辐射危害可诱发肺癌,其潜伏期在 15 年以上,我国每年约有 5 万人因氡致癌。

美国拉夫运河事件

"拉夫运河事件"是美国环境史上不堪回首的记忆,也是全世界知名的危险废弃物填埋污染事件之一。拉夫运河 1942 年被美国胡克公司买下用作填埋场,1942 至 1953 年间,运河里总共填埋了超过 2.1 万吨工业废弃物。1953 年胡克公司把被填埋过的拉夫运河以 1 美元的价格出售给尼亚加拉瀑布学校董事会,该董事会决定在那里建造一所小学,周围也随之发展成居民社区。然而,随着时间的推移,填埋在地下的化学废弃物开始侵蚀封存容器,并渗入土壤。到 20 世纪 70 年代末,经过多年雨水冲刷,废弃物渗入了当地居民的院子乃至地下室,不正常的现象随之而来:高流产率、婴儿出生缺陷频发,有工人出现精神疾病甚至罹患癌症,连哺乳妈妈的乳汁都检测出毒素。经纽约州环保部门介入调查后,在当地土壤中发现 82 种化合物,其中 11 种为致癌物。大约 950 户家庭被转移到其他地方,拉夫运河的污染物清理工作直到 2004 年才宣告完成,用时 24 年,耗资 4 亿多美元。

(来源:中国环卫科技网)

4.2.2　土壤污染物的种类及其来源

4.2.2.1　种类

（1）化学污染物

土壤中的化学污染物又分为有机污染物和无机污染物。其中,有机污染物主要有各种农药化肥、阻燃剂、表面活性剂、污泥、氰化物等,污染面积大、流动性大。无机污染物主要包括镉、铅、砷、汞等重金属、酸、碱、盐、氟化合物等,如图 4-4 所示。工业产品生产中使用到的脱色剂、防腐剂、添加剂等直接进入土壤或经由地表水径流,加剧了土壤污染。

（2）物理污染物

土壤物理污染主要是指受到尾矿、工业建筑垃圾、粉煤灰、废石等难溶解物的污染。土壤物理污染主要影响土壤的透水性,以及土壤中营养物在植物根系的传输,降低农作物产量。土壤物理污染具有影响时间长、破坏性大等特点。

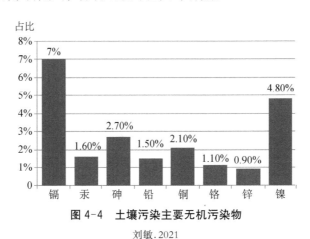

图 4-4　土壤污染主要无机污染物

刘敏 . 2021

（3）生物污染物

生物污染物主要是指屠宰场、饲养场等排出的垃圾、污水、动物粪便,这些污染物使土壤中含有霉菌、肠道致病菌、寄生虫等病原体,从而影响土壤生态环境。不仅加剧土壤生态环境污染,还会降低农作物产量。生物污染物具有破坏性大、扩散速度快、难处理等特点。

（4）放射性污染物

放射性污染物主要是来自矿产开采、核工业、燃煤及医疗机构产生的废弃物,使放射性元素(如锶、铯等)在土壤中长期存在。放射性污染物污染土壤具有危害大、持续时间长等特点。

4.2.2.2　来源

土壤污染主要是工业和城市的废水进行灌溉、固体废物的随意堆放、农药和化肥不适当或者过量的施用、牲畜排泄物和生物残体的随意堆放以及大气沉降物等造成的。

（1）废水和固体废物

污水中含有重金属、酚、氰化物等有毒有害的物质，如果污水未经过必要的处理而直接用于农田灌溉，会将污水中的有毒有害物质带至农田，污染土壤。例如冶炼、电镀、燃料、汞化物等工业废水能引起镉、汞、铬、铜等重金属污染；石油化工、肥料、农药等工业废水会引起酚、三氯乙醛、农药等有机物的污染。工业废物堆放场往往也是土壤的污染源。各种农用塑料薄膜作为大棚、地膜覆盖物被广泛使用，如果管理、回收不善，大量残膜碎片散落田间，会造成农田"白色污染"，这样的固体污染物既不易蒸发、挥发，也不易被土壤微生物分解，是一种能够长期滞留在土壤中的污染物。

（2）农药和化肥

现代化农业大量施用农药和化肥，它们是土壤污染的重要因素。例如，使用具有较大危害的有机氯杀虫剂如滴滴涕、六六六等能在土壤中长期残留，并在生物体内富集；氮、磷等化学肥料，凡未被植物吸收利用和未被根层土壤吸附固定的养分，都在根层以下积累，或转入地下水，成为潜在的环境污染物。土壤侵蚀是使土壤污染范围扩大的一个重要原因。凡是残留在土壤中的农药和氮、磷化合物，在发生地面径流或土壤风蚀时，就会向其他地方转移，从而扩大土壤污染范围。

（3）牲畜排泄物和生物残体

利用禽畜饲养场的厩肥和屠宰场的废物作肥料，如果不进行充分的物理和生化处理，则其中的寄生虫、病原菌和病毒等可引起土壤和水域污染，并通过水和农作物危害人体健康。在饲养牲畜的棚圈中，家畜的排泄物有可能含有细菌，人通过喂食牲畜或清扫棚圈可能会被感染。在屠宰场，微生物还可能从动物粪便传播到刚刚屠宰完的生肉上，然后进入食品中，危害人体健康。

（4）大气沉降物

工业废气的沉降主要是工业排放的二氧化硫、氮氧化物等有害气体在大气中发生反应，进而形成酸雨，以自然降水的形式进入土壤，引起土壤酸化。冶金工业烟囱排放的金属氧化物粉尘，则在重力作用下以降尘形式进入土壤，形成以排污工厂为中心、半径为 $2\sim3\,km$ 范围的点状污染。近些年来，北欧南部、北美东北部等地区雨水酸度增大，土壤酸化，土壤盐基饱和度降低。此外，汽油中添加的防爆剂四乙基铅随废气排出污染土壤，行车频率高的公路两侧常形成明显的铅污染带。

4.2.3 土壤污染的特点

从全国土壤污染环境状况调查的结果来看，复合型污染相对较少，有机污染次之，主要为无机污染。土壤污染的特点主要有以下几点。

4.2.3.1　隐蔽性及滞后性

与水污染、大气污染相比,土壤污染周期性长,更具隐蔽性,且往往需要对一些代表性土样进行系统分析、检测,方可判断其污染物及污染程度,并作出相应的污染状况分析,因此,时间上具有相当的滞后性。

4.2.3.2　积累性及复杂性

土壤污染物多种多样,既有有机污染物,也有无机污染物,还有生物型污染物和放射型污染物,且与大气污染、水体污染相比,土壤污染在土壤中的稀释、迁移及扩散难度更大,更易在土壤介质中慢慢累积。

4.2.3.3　难降解及不均匀性

由于土壤的性质存在很大的差异性,且污染物在土壤介质中的迁移、稀释、扩散难度较大,一旦污染物排入土壤,各种污染物便会在土壤中慢慢累积,导致土壤污染呈现出较大的不均匀性。尤其是重金属等元素,对土壤污染不可完全逆转,即便是有机污染物,也需要很长时间才能降解,使得土壤污染治理存在较大难度。

4.3　土壤污染物对人体健康的危害

4.3.1　土壤污染物影响人体健康的途径

4.3.1.1　直接途径

（1）土壤食入

土壤食入提供了一个直接的土壤与人类地球化学途径,至今仍是影响人体健康的一个重要途径。人类在室内外活动时,总会有意或无意地食入少量土壤,这一方面是由于口腔与空气的接触,另一方面是通过手与口腔的接触。1～6 岁的儿童比成年人更容易食入土壤,因为他们常会有吮吸非食物物质的不良习惯,土壤食入量也会随着户外活动时间的增加而增加。由于卫生习惯或环境意识较差,吸附在食物表面的土壤细颗粒也会被带入人体。研究者常使用土壤中的示踪剂,如 Al、Si 以及 Ti 等一些不溶于酸的残余物,来定量描述人体对土壤的食入量。成年人土壤吸入量约为 10 mg/d,由于接触活动的减少以及生活方式的成熟,年龄 6～12 岁的小孩土壤吸入量是 1～6 岁小孩吸入量的 1/4,而年龄超过12 岁的人土壤吸入量仅为其 1/10。

食土癖是一种直接的土壤食入方式,其历史古老且分布广泛,不局限于种族、年龄、性别、地理位置以及特定的历史时期。土壤食入能够影响人体内矿物质营养素的数量和平衡。一方面能够直接补充一些矿质营养素(如 Fe、Zn 等),缓解体内毒素,治疗腹泻以及调整胃酸过多。另一方面能带来更多的负面效应:过量矿物质的摄入会导致中毒,如高钾病和铅中毒。同时,致病性细菌也会被带入人体,其中的蛔虫卵和鞭虫卵分别能引起蛔虫病和鞭虫病。

(2) 土壤吸入

由于人类的活动,土壤中的细颗粒物质会通过大气被人体吸入,在肺泡中积累可引起支气管炎、癌症等疾病。研究表明美国死于黏土颗粒吸入的人数已经超过了死于交通事故的人数。土壤灰尘中含有细菌、病毒以及霉菌,并通过大气扩散,导致了过去 3 年里呼吸道疾病如哮喘病的患病率急剧增加。土壤中还含有大量的有毒有害可挥发性有机物,如土壤中的腐殖质会释放出一些具有强烈恶臭的有机质;土壤残留的大量有机农药,主要成分为有机氯和有机磷,进入人体后会引起急、慢性中毒,神经系统紊乱以及"三致"作用。土壤(尤其是水稻田)中的硫化物、硫酸盐以及有机硫在适宜条件下,部分能够分解和转化为挥发性硫气体,其中含有对人体有毒的 H_2S 和 SO_2 气体。

土壤中的放射性 U 和 Th 也会衰变释放出同位素气体,如 ^{222}Rn 和 ^{226}Rn,由于房间室内气压小于室外,Rn 在压力差下就会很容易地进入室内。进入室内的 Rn 气的浓度与土壤的透气性、压力差以及房屋地基的结构有关,过高浓度的 Rn 气会直接引发肺癌,也可能会诱发白血病和其他癌症。随着我国小城镇进程的加快,原在市中心的工矿企业外迁,原址土壤未经清理与修复,接踵而来的是鳞次栉比的建筑群,内含有毒有害物质的土壤被移位,用于充填或重置,挥发性有毒有害气体伴随土壤被大量涌入的人群吸入,从而埋下隐患。

(3) 皮肤接触和吸收

皮肤创伤、烧伤以及破损都有可能引起破伤风,破伤风是由于破伤风杆菌在化脓菌感染的伤口中繁殖产生外毒素引起的中枢神经系统暂时性功能性改变,其临床表现为全身骨骼肌持续性强直和阵发性痉挛,严重者可发生喉痉挛窒息、肺部感染和衰竭。在土壤的表层可以发现这种杆状菌,尤其是在赤道地区的土壤中大量存在。15 岁以下的小男孩经常有创伤暴露,其发生率相对较大,且不同的土壤性质、社会环境、季节和气候引起的疾病变化也不同,在体力劳动较多的农村地区发生较多。土壤物质和皮肤接触严重时还会引起钩虫病等疾病,钩虫病临床表现为贫血、营养不良以及胃肠功能失调,严重者可出现心功能不全和发育障碍。皮肤表面还会吸附一些有毒物质,如杀虫剂、PHEs、PAHs 以及PCBs,部分物质会渗入皮肤,影响人体健康。人体不可避免地暴露在土壤物质之下,皮肤接触和吸收也是土壤影响人体健康的一个重要途径。

4.3.1.2　间接途径

(1) 土壤与大气

土壤也能够通过影响大气环境而间接地影响人体健康。土壤在调节大气辐射活性气体浓度中起重要作用,是最大的陆地碳(C)库,在全球 C 循环方面起到一定作用。

土壤中含有大量的有机物,能够在好氧微生物以及甲烷菌的作用下分解释放出 CO_2、CH_4 和 NO_x 等温室气体,影响气候的变化,而气候的变化又会反过来影响有机质的分解速率,进而影响温室气体。温室效应是当今全球面临的主要环境问题之一,气温升高会引起海平面上升、气候异常、粮食减产以及生命损失等。温室效应还会破坏臭氧层,而臭氧层的减少会增加到达地面的紫外线,紫外线会导致人体免疫功能的下降和皮肤癌的发生。

湿地是大气中甲基卤化物 CH_3Br 和 CH_3Cl 的重要来源地,而 CH_3Br 现在被认为是破坏臭氧层的第三种重要的化学物质,但没有受到足够的重视,CH_3Br 仍作为土壤的杀虫剂而被广泛使用。此外,大气中的污染物质也会转移到土壤中,有资料表明锌厂排放的 SO_2 会通过降尘的形式落到土壤表面,使土壤中硫化物增加。

（2）土壤与水体

土壤中的各种物质成分经过雨水淋漓后,会通过地表径流、渗流和地下径流进入饮用和娱乐水体中。人类应当采取一些措施来防止土壤中有害成分进入饮用和娱乐水体,维护人体健康。

土壤中的各种物质成分会通过多种方式进入水体,引起人体中毒或功能失调。土壤中存在的 Ca^{2+} 和 Mg^{2+} 会增加水体的硬度,有证据表明硬水地区居民中某些组织体内钙、镁浓度较软水地区高,而 Ca^{2+} 和 Mg^{2+} 的增加则会引起心血管病。土壤中氮肥的大量使用以及粪便的排放,其主要污染物质硝酸盐和氨氮就会进入地表水或渗入地下水,硝酸盐在人体内可被细菌还原成亚硝酸盐,这是一种有毒物质,可直接使动物中毒缺氧,产生正铁血红蛋白血症,严重者可致死。常年饮用高氟含量的饮用水是引起氟中毒的主要原因,有资料表明约有 4 300 万中国人患有氟斑牙病。土壤中的粪便也会携带一些细菌、病毒进入水体,而造成水体中大肠杆菌超标,引起肠道外感染和急性腹泻。土壤也具有一定的污染转移作用,其中含有的胶体能够吸附大量的重金属离子,在土壤表层中富集。

（3）土壤与食物

在不同地域的土壤中,矿物质的含量各不相同,一般来说,土壤中某种成分含量的高低会直接影响到植物生长及该元素在人体中的含量,而含量过高或缺乏都会引起一系列症状。表 4-2 反映的是与人类密切相关元素的每日安全摄入剂量,低于或高于这个量都会引起相应的症状。

表 4-2　土壤中不同元素通过食物链影响人体健康

元素	自然因素或人为作用	安全剂量（$\mu g/d$）	对人体的影响
As	自然和人为	15~25	过量:中毒、致癌
Cd	自然和人为(主要)	<70	过量:在人体中积累、影响肾脏、骨痛病

续　表

元素	自然因素 或人为作用	安全剂量 （μg/d）	对人体的影响
Cr	自然	50～200	过量：中毒、损害肝脏、肾的酶系统、致癌 缺乏：影响体内胰岛素功能
Cu	自然	2 000～12 000	过量：影响婴儿免疫功能，影响生殖 缺乏：贫血、缺乏白细胞及色素、神经疾病
F	自然	200～2 000	过量：氟斑牙齿，氟骨症
I	自然	100～150	缺乏：甲状腺肿大、智力下降、荷尔蒙减少
Pb	自然和人为	20～282	过量：出现生殖和神经问题
Se	自然	50～200	过量：地方性贫血症、砷中毒 缺乏：地方性克山病
Zn	自然	约15	过量：导致矮小、贫血、皮肤干燥、流产 缺乏：抗生殖

人体对矿物质的摄入量不仅仅与其在土壤中的含量有关，还与其存在形式、pH、土壤中有机质（如肌醇六磷酸）、黏土矿物质以及生物利用效率有重要关系。土壤中的难降解有机质如 DDT（滴滴涕）和狄氏剂等农药，性质稳定，脂溶性很强，即使微量也能够通过动植物累积和生物放大作用在人体中富集，危害人体健康。可见，通过土壤—动植物—人类的食物链影响人体健康比水和大气的影响更为重要。

4.3.2　土壤中有机污染物对人体健康的危害

4.3.2.1　残留农药

农药在土壤中受物理、化学和微生物的作用，按照其被了解的难易程度可以分成两类：易分解类（如有机磷制剂）和难分解类（如有机氯、有机汞制剂）。难分解的农药成为植物残毒的可能性很大。植物对农药的吸收率因土壤质地不同而异，其从砂质土壤吸收农药的能力要比从其他黏质土壤中高得多。不同类型农药在吸收率上差异较大，通常农药的溶解度越大，被作物吸收也就越容易（图 4-5）。农药在土壤中可以转化为其他有毒物质，如 DDT 可以转化为 DDD、DDE。人类吃了含有残留农药的各种食品后，残留的农药转移到人体内，这些有毒有害物质在人体内不易分解，经过长期积累会引起内脏机能受损，使机体的正常生理功能失调，造成慢性中毒，影响身体健康。有机磷农药是一种神经毒剂，中毒症状表现为瞳孔缩小、视觉模糊、多涎、恶心、呕吐、腹部绞痛、腹泻、里急后重、咳嗽、多痰、胸

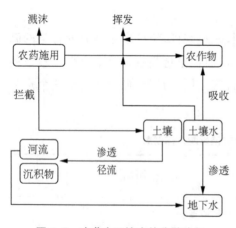

图 4-5　农药在环境中的分散途径

闷气短、肺水肿等。杀虫剂所引起的致癌、致畸、致突变"三致"问题,也令人十分担忧。

4.3.2.2　多氯联苯和多溴联苯醚

多氯联苯(PCBs)具有亲脂性、难降解性和高富集性的特点,一旦进入生物体很难排出体外,富集到一定浓度会对生物体产生毒性,对生物尤其是人体健康构成威胁。PCBs 的急性毒性不明显,一般表现为亚急性和慢性毒性作用。研究表明,PCBs 可影响到免疫功能、激素代谢、生殖遗传等。多氯联苯可以经皮肤、呼吸道和消化道被机体吸收。1968 年日本发生的米糠油事件是 PCBs 危害人体健康最典型的例子,症状表现为痤疮样皮疹、眼睑水肿和眼分泌物增多、皮肤和黏膜色素沉着、四肢麻木、胃肠功能紊乱等。

多溴联苯醚(PBDEs)被广泛用作阻燃剂。近年来其在环境和人体中的浓度明显增大。PBDEs 有生物积累性,因此对人体健康具有潜在的威胁。研究者发现,我国广东电子垃圾处理厂区内居民血清中 PBDEs 类物质呈现出相当高的浓度,脂质中的 BDE-28、BDE-183、BDE-207、BDE-209 最高浓度分别为 148.3 ng/g、60.2 ng/g、66.2 ng/g 和 3 436 ng/g,这是世界上所报道过的人体中含有这些物质的最高浓度。

常州外国语学校环境污染事件

自 2015 年年底开始,常州外国语学校很多学生因为环境污染问题而出现了各种不适症状:先后有 641 名学生被送到医院检查,有 493 人出现皮炎、湿疹、支气管炎、血液指标异常、白细胞减少等异常症状,个别的还被查出了淋巴癌、白血病等恶性疾病。后经调查,问题源自学校附近的三家化工厂。据员工介绍,工厂有时会将含有克百威、灭多威、异丙威、氰基萘酚等剧毒产品的有毒废水直接排出厂外,并将危险废物偷埋到地下,给环境带来了很大的隐患。根据检测报告,这片地块土壤、地下水里以氯苯、四氯化碳等有机污染物为主,萘、茚并芘等多环芳烃以及金属汞、铅、镉等重金属污染物普遍超标严重,其中污染最重的是氯苯,它在地下水和土壤中的浓度超标达 94 799 倍和 78 899 倍,四氯化碳浓度超标也有 22 699 倍,其他的二氯苯、三氯甲烷、二甲苯和高锰酸盐指数超标也有数千倍之多。这些污染物都是早已被明确的致癌物,长期接触就会导致白血病、肿瘤等。

(来源:央视新闻)

4.3.3　土壤中无机污染物对人体健康的危害

土壤中的无机污染物通常是重金属等物质。重金属污染物在土壤中不为微生物所降解,迁移也较困难,很容易积累。土壤中的重金属累积到一定程度就会对土壤-植物系统产生毒害,不仅导致土壤退化、农作物产量和品质降低,而且可能通过直接接触、食物链等途径危及人类的健康和生命。当重金属的累积超过人体的生理负荷时,就会引起生理功能改变,导致急慢性疾病或产生远期危害,主要有慢性中毒、致癌、致畸、变态反应以及对免疫功能产生影响。

4.3.3.1 汞(Hg)

汞(Hg)是严重危害人体健康的环境毒物。世界各国人体 Hg 的摄入量差别较大,通常为 5～20 μg/d(人)。人体发汞 50 μg/g 和血汞 0.4 μg/g 是引起成人 Hg 中毒神经症状的最低剂量。为此,WHO 提出每人每周总 Hg 摄入量不得超过 0.3 mg,其中甲基汞不得超过 0.2 mg。土壤 Hg 的无机化合态汞很少被植物吸收,但甲基汞易被植物吸收,可通过土壤—农作物—动物—人体食物链系统的传递和富集危害人体健康。研究表明,不同农作物对 Hg 吸收能力是:水稻玉米>高粱>小麦,叶菜类>根菜类>果菜类。如南京市叶菜类蔬菜中重金属污染较严重,豆类蔬菜中蚕豆 Hg 含量最高超标倍数为 12.40 倍,大葱 Hg 含量最高超标倍数为 19.30 倍。当土壤 Hg 含量达 0.15 mg/kg 时,糙米 Hg 含量可能超过 0.02 mg/kg 的国家食品卫生标准。土壤 Hg 和农作物茎叶 Hg 有着显著的相关性,农作物茎叶 Hg 浓度是籽实浓度的 1.0～3.6 倍。如果土壤 Hg 超标,以农作物茎叶为饲料,Hg 可通过食物链危及人体健康。

甲基汞在人体内大部分蓄积在肝和肾中,脑组织中的甲基汞约占 15%,但脑组织受损害则先于其他各组织,主要损害部位为大脑皮层、小脑和末梢神经。因此,甲基汞中毒主要是神经系统症状。其症状出现的顺序为:感觉障碍、运动失调、语言障碍、视野缩小、听力障碍。人体内甲基汞蓄积量为 25 mg 时出现知觉异常,55 mg 时出现步行障碍,90 mg 时出现发音障碍,170 mg 导致听觉消失。

4.3.3.2 镉

镉(Cd)具有极高的生物毒性。中国成年男子膳食 Cd 日摄入量为 75.6 μg/d,超过世界卫生组织规定的 57～71 μg/d,远高于世界人均摄入量的 14 μg/d。土壤 Cd 是农作物易富集的重金属之一,主要通过食物链进入人体。我国部分污灌区 Cd 污染农田每年生产数亿千克"镉米",对人体健康威胁极大。如沈阳污灌区稻米 Cd 含量最大值为 3.7 mg/kg,上海川沙污灌区稻米 Cd 含量最大值为 4.8 mg/kg,湖南株洲污灌区稻米 Cd 含量最大值为 3.5 mg/kg,远高于国家食品卫生标准(Cd≤0.2 mg/kg)。蔬菜中 Cd 含量依次为:叶菜类>根茎类>瓜果类。云南省农业环境监测站对部分区、县蔬菜中 Cd 含量调查表明,Cd 含量范围值为 0.000 5～0.126 0 mg/kg,最高含量超标 1.52 倍(国家食品卫生标准为 Cd≤0.05 mg/kg)。

Cd 进入人体内主要蓄积于肾脏,其次为肝、胰、主动脉、心、肺等。Cd 最严重的健康效应是对骨的影响,其机理可能是由于 Cd 对肾功能的损害使肾中维生素 D_3 的合成受到抑制,影响人体对钙的吸收和成骨作用。20 世纪 60 年代发生在日本富山县的骨痛病,其主要特征就是骨软化和骨质疏松;Cd 对人体生殖系统和脑中枢神经系统功能有一定损伤,也有可能导致高血压、贫血、糖尿病,并可诱发前列腺癌、肾癌、骨癌等。如广东韶关翁源县大宝山多金属矿区的上坝村就是由 Cd 污染导致的癌症村。

4.3.3.3　铅

铅(Pb)具有显著的毒性作用。联合国粮农组织(FAO)和 WHO 确定的指标中指出，人体每周允许摄入的 Pb 为 0.025 mg/kg，即体重为 60～70 kg 的成年人，每周 Pb 的允许摄入量为 1.5～1.75 mg。土壤 Pb 主要通过食物链进入人体，干旱区表层土壤 Pb 也可通过扬尘等渠道进入人体，危害人体健康。农作物中 Pb 的累积主要在根部，向地上部分转移的量很少，粮食作物中 Pb 含量具有根＞茎叶＞籽粒的特征。因而，Pb 通过粮食—人体食物链系统对人体威胁较小。但当土壤 Pb 含量超过土壤环境容量，就会通过食物链危害人体健康。如浙江金华市大米中 Pb 浓度 0.47 mg/kg，已超过国家食品卫生标准(0.2 mg/kg)。研究表明，农作物茎叶中的 Pb 浓度是籽粒中含量的 4～358 倍，平均值为 60.7 倍，其中大豆、水稻、玉米茎叶含量高于小麦。如果以农作物茎叶作饲料，Pb 会通过农作物—动物—人体食物链系统危害人体健康。

Pb 主要通过消化系统和呼吸道进入人体，Pb 进入人体吸收后分布于肝、肾、脑、胰及主要动脉中，对人体健康的危害很大。Pb 中毒对人体中枢神经系统、造血系统会造成很大危害，也会引起消化系统、肾功能损伤，对儿童的不良影响尤为突出。Pb 中毒的早期症状为神经衰弱综合征，表现为头昏、头痛、失眠、健忘、忧郁、烦躁或易兴奋等，儿童则表现为多动症，活泼的儿童 Pb 中毒后就变得忧郁、孤僻。Pb 中毒还可导致消化系统、肾功能、生殖系统、心血管系统的损伤，并有明显的致癌作用。

广西土壤重金属污染

广西素有"有色金属之乡"的美誉，分布着大量的铅锌矿、锰矿和有色金属矿，非金属矿产也十分丰富。受矿业开采以及地质环境影响，其重金属污染问题在全国尤为突出。在《重金属污染综合防治"十二五"规划》中，广西被列为国家 14 个重金属污染防治重点省区之一。

从背景值来看，广西土壤镉的背景值为 0.267 mg/kg，是全国土壤镉背景值(0.097)的 2.75 倍，仅次于贵州省。母质母岩统计单元中沉积石灰岩发育的土壤中 Cd 背景值相对较高，为 0.218 mg/kg，而在土壤类型统计单元中石灰岩土壤 Cd 背景值最大，为 1.115 mg/kg。广西土壤成土母质中本底镉含量较高，另外，广西矿产资源十分丰富，而矿产资源的不合理开采及"三废"的排放等导致广西稻田土壤镉超标率较高，从而增加了大米镉含量超标的风险。

广西土壤环境中重金属本底值高，矿产资源开发持续时间长，产业结构长期偏重化，土壤污染累积时间长、形成原因复杂、扩散范围广，保护与治理所面临的困难突出。陈桂芬等对广西水稻主产区的稻田耕层进行采样调查，并对 157 个(0～20 cm)土样分析其镉含量，研究结果表明广西稻田土壤中镉的生态风险为中等至高风险。翟丽梅等对广西西江流域农业土壤中 Cd 的空间分布规律进行了调查，研究表明，广西西江流域32%的土壤属镉重度污染。黄玉溢等对桂西地区稻田土壤重金属污染现状进行调查研究,结果表明土壤样品中的镉、砷含量高于国家土壤环境质量的二级标准,稻田土壤中的镉为高生态风险。凌乃规对广西不同类型农田土壤重金属含量状况进行采样研究,结果表明水田、园地、旱地3类农田土壤重金属含量超标率较高的元素是Cd、Hg、Ni。粮食重金属超标主要因为土壤中镉等重金属本底值高;长期的矿山开采、金属冶炼和含重金属的工业废水、废渣排放造成了土壤污染,从而导致粮食重金属超标;由于气候变化、环境污染导致酸雨增加,土壤酸化,等等。

(来源:《环境与可持续发展》)

4.3.4 土壤中生物性污染物对人体健康的危害

受生活污水、某些工业废水及人畜粪便污染的土壤可能会引发生物性传染病。这些污染物中含有大量的虫卵、细菌、病毒。蛔虫卵、钩虫卵、粪便虫卵在土壤中能存活7年,肠道病毒能存活 $100 \sim 170$ 天,伤寒杆菌能存活 $100 \sim 400$ 天。对于人体健康来说,由于高致病性微生物引起的传染病仍然是一种持续的威胁。全球每年因传染病死亡的人数超过1 300 万,在发展中国家大约有1/2的死亡与传染病有关。

4.3.5 土壤中放射性污染物对人体健康的危害

放射性物质进入土壤后能在土壤中积累,对人体健康构成潜在的威胁,其中由核裂变产生的放射性核素 ^{90}Sr 和 ^{137}Cs 尤为重要。空气中的放射性 ^{90}Sr 可被降水带入土壤中,因此土壤中 ^{90}Sr 的浓度常与当地降雨量成正比; ^{90}Sr 还能吸附于土壤的表层,经水冲刷流入水体,危害人体健康。 ^{137}Cs 在土壤中吸附得更为牢固,而且有些植物还能积累 ^{137}Cs,因此高浓度的放射性 ^{137}Cs 能通过食物链经消化道进入人体。另外, ^{137}Cs 还可以经呼吸道进入人体。放射性物质进入人体后,可造成内照射损伤,使受害者头晕、疲乏无力、脱发、白细胞减少或增多、发生癌变等。钋的同位素有钋-209、钋-208、钋-210 等,其中钋-210 可以通过吸入、进食或伤口进入人体,主要滞留于骨、肺、肾和肝中,造成严重的放射性损伤。此外,长寿命的放射性核素衰变周期长,一旦进入人体,其通过放射性裂变而产生的射线将对机体产生持续的照射,使机体的一些组织细胞遭受破坏或变异,此过程将持续至放射性核素蜕变成稳定性核素或全部被排出体外为止。

4.4 土壤环境污染治理及对健康危害的防护

4.4.1 土壤污染防治与修复

4.4.1.1 问题与现状

目前,我国各地都存在不同程度的土壤污染,其主要原因是人类干扰土地资源,包括工业排放不符合标准、不合理的农业产值。如今,土壤污染防治和土壤修复的重要性已被大多数地区所认知,并积极致力于执行各项方案和土壤污染防治条例的实施,虽然这些工作发挥了重要作用,但在某种程度上仍然没能控制污染问题及其根源。因此,土壤污染和土壤修复在我国的发展进程中仍在循环往复地进行。这个问题的根本原因在于,某些地区仍在使用传统技术进行土壤污染防治工作。另外,由于资金和技术的限制,治理效果很差,甚至导致土壤污染问题加剧。

此外,土壤污染的治理和净化不能由一个部门或组织独立进行,而是需要社会大众的积极合作,以便从根本上控制污染源。然而,由于一些企业只注重眼前的利益,环境意识相对薄弱,生产过程中存在污染物过度排放和其他非法行为,导致土壤污染和防治效率低下,严重制约了土地资源的作用和价值,直接影响了土地的利用效率,影响了人们的日常生活。另外,一些受土壤污染影响的地区也存在生态功能退化和土壤再生能力下降等负面现象。因此,虽然我国在现阶段积极开展土壤污染治理工作,但仍存在许多问题,需要有关部门予以高度重视。通过完善法律制度、加大宣传力度、引进先进的污染治理和卫生技术,有序开展相关工作,提高土地资源利用率。

近几年来,世界各地逐渐试行土壤污染的修复技术,很多地区早已投入大量时间和精力来对污染的土壤进行治理与修复,而当下对环境科学进行研究的热点之一便是对污染土壤相关修复的技术研究。若将修复手段作为主导的防治处理技术,现有的土壤污染修复处理技术可分为物理、化学和生物三类。随着我国城市化的飞速发展,对土壤污染的修复有着广阔的市场前景和极大的市场需求,然而我国在对土壤污染的修复技术的研发及其他相关设备的监测上起步较晚,再加上我国在土壤污染处理上的有关法律及监管体系还不够完善,针对土壤污染修复技术的研究以及相关技术标准与法律法规的制定亟需更进一步的发展。

4.4.1.2　防治与修复对策

针对土壤污染治理现状,应立足实际,采取有针对性的举措,加强土壤污染治理,守护好"蓝天碧水净土"。

(1) 加大土壤污染治理监督力度

各级政府及生态环保部门要严格执行《中华人民共和国土壤污染防治法》,贯彻《土壤污染防治行动计划》(简称"土十条")的具体目标和任务,结合本地土壤污染治理现状,做好土壤污染现状调查,摸清底数。此外,各级环境保护部门需要将有关法律法规作为基础,监督和处罚违规企业,从技术上大力支持设备、技术配套不完善的企业,指导设备陈旧的企业积极更新,惩治存在违规情况的企业。

(2) 切实减轻农业面源污染状况

我国是农业生产大国,要积极倡导绿色种养理念,在粮食主产区、蔬果主产地和畜禽水产养殖区,鼓励使用绿色、有机肥料,严格限制高残留、高毒农药以及非必要农化产品的使用,做好规模化、集约化生产,建立产品追溯系统,掌握农药化肥使用去向和使用量;积极推进"一控两减",切实从源头做好农业面源污染防控;加快完善绿色生态导向的农业补贴制度,构建耕地污染防治长效机制;加强乡村农业技术人才队伍建设,在涉农高校选调种植养殖专业、植保专业优秀毕业学生到乡村一线服务,促进科学种田。

（3）推进土壤污染工矿源头治理

针对土壤污染治理费用高和投入有限等问题,坚持预防为主的原则,加强土壤污染防治与大气污染防治、水污染防治、固体废物污染防治等工作的相互衔接,综合施策、整体推进,统筹抓好土壤污染源的断源工作,解决一批影响土壤环境质量的突出水、大气、固体废物污染问题,大幅度减少土壤中污染物的输入,为 2035 年实现土壤环境质量改善的长期目标奠定基础。将涉镉等重金属行业企业依法列入水、大气重点排污单位,严格监管,达标排放;开展重有色金属矿山历史遗留固体废物排查,制订方案,分阶段整治;强化废弃矿山综合整治和生态修复,因地制宜管控矿区污染土壤和酸性废水环境风险,保障农业生产用水安全。

（4）完善我国土壤污染防治法律体系

应准确把握目前土壤污染实际状况,完善其相关法律条款,为土壤污染防治做导向,保证各项工作开展均有据可依,严格依照我国相关法律条款,逐项落实土壤污染防治举措,提升土壤防治效率,快速恢复土壤各项性能。同时,在法律中应明晰土壤防治各方主体权责,严格落实责任追究制度,保证出现问题可直接确定相关责任人,建立完善的实施监管制度。此外,在制定土壤污染法律法规中,需注意其并非单独存在,需将其与大气污染、固体废物污染等有效融合,增强相关法律的适用性。根据土地使用用途和土壤污染源,划分类别,确定土壤污染瓶颈规程,以及监管准则,保证土壤防治更具有专项性及科学性。

（5）积极探索土壤污染防治资金投入新机制

我国土壤污染治理不仅有存量问题,更有增量问题,资金投入巨大,需要在资金投入机制方面进行创新。建立化学农药使用替代补贴机制,支持病虫害生物防治等绿色防控技术推广应用;对于污染防治投入大的地块,开展污染地块治理修复费用及再利用价值评估,梳理一批项目,按照"谁治理、谁利用"的模式,引导社会资本进入;对于重污染、高风险的企业、重点行业的企业推行环境污染责任险,在政策层面通过税收优惠、绿色信贷等激励、约束企业环保行为,倡导绿色发展。

（6）加大生态保护宣传力度

加强国民环境宣传教育,构建"山水林田湖草人"一体化生态保护修复新格局。土壤污染防治应突出"防"字当头。应从幼儿园、小学直至大学,从农民、工人到干部,持续开展丰富多彩、形式多样的环境保护知识普及教育,把环保知识作为学生考试、干部考核的必选内容,作为农民、工人的扫盲课程。

（7）污染土壤修复

大量数据表明我国土壤污染现象严重,土壤治理工作刻不容缓。土壤环境修复不仅关系到人们的日常生活,还对我国的可持续发展具有不可忽视的作用。只有不断创新土壤修复技术才能为国家可持续发展的实施提供保障。现阶段,我国主要运用的修复技术有物理修复、化学修复、生物修复和联合修复技术等(表4-3)。

表 4-3　污染土壤主要修复技术特点

序号	名称	污染物	原理方法	作业方式
1	挥发性有机污染物污染土壤气体抽提技术	有机	物理	原位/异位
2	半挥发性有机污染物污染土壤热脱附技术	有机	物理	异位为主
3	有机污染场地土壤焚烧技术	有机	物理	异位为主
4	有机污染土壤原位氧化技术	有机	化学	原位为主
5	有机物污染土壤生物修复技术	有机	生物	原位/异位
6	污染土壤电动力修复技术	有机/重金属	化学	原位/异位
7	重金属污染土壤化学淋洗技术	重金属	化学	原位/异位
8	重金属污染土壤固化/稳定化技术	重金属	化学	原位/异位
9	重金属污染土壤植物修复技术	重金属	生物	原位为主
10	可变价态重金属污染土壤氧化/还原调控技术	重金属	化学	原位/异位
11	重污染土壤异位填埋/原位封装技术	重金属	物理	原位/异位
12	污染场地/土壤制度控制技术	有机/重金属	管控	原位/异位

物理修复技术是土壤污染治理中经常采用的一种修复技术,主要应用于无机污染物导致的土壤污染治理,根据污染物的物理特征采用合适的方法在小范围的污染土壤中分离出重金属以实现土壤的恢复。如蒸汽浸提修复技术、超声/微波加热修复技术、热脱附修复技术等是经常采用的物理修复技术。

化学修复技术是根据污染物的化学特征在土壤中添加能溶解或迁移污染物的化学溶剂抽取出污染物或改变污染物化学性质,最终实现土壤污染治理的目的。化学修复技术修复周期短,且目前较为成熟的有固化/稳定修复技术、氧化还原修复技术、光催化降解技术、电修复技术等。

生物修复技术是通过动物、植物、微生物等生命代谢活动减少土壤中的有害物质,实现土壤污染治理的绿色修复技术。主要有植物修复、动物修复和微生物修复。

联合修复是指为了提高土壤污染治理效率和质量,采用两种以上技术的土壤污染修复技术。当前土壤污染中,多种污染物共存或混合污染的现象十分突出。面对这种土壤污染,采用一种修复技术往往很难达到治理目的,需要采用两种以上的修复技术结合在一起实现土壤修复。因此面对土壤污染的这种现状,联合修复具有广阔的应用前景,也是当前土壤污染治理研发中的一个新研究热点。常见的联合修复技术包括生物联合修复、物化-生物联合修复、物理-化学联合修复等。如化学淋洗-植物提取联合修复技术便属于物化-生物联合修复中的一种。未来在土壤污染治理中,联合修复技术的应用也将不断增多(图4-6)。

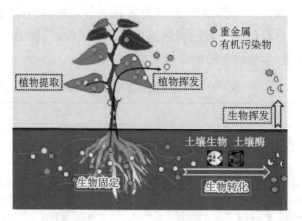

图 4-6　植物-微生物联合修复重金属和有机污染土壤示意

4.4.2　减轻土壤污染对健康危害的措施

4.4.2.1　增施有机肥

有机肥可以减少有毒物质在土壤中的积存时间,施肥后大约 50 d,可使土壤中的铬元素完全消失。同时土壤腐殖质对水稻积累汞也有一定的影响,适量施用也可防止农作物的汞污染。比如施用有机肥可以使含汞 10 mg/kg 的土壤减少 70% 左右的含量,对铜也有一定的改良效果。

> **有机肥对土壤肥力的影响**
>
> 我国古往今来的农业种植历史已经充分证明了,有机肥能够增强土壤的肥力,促进农作物的生长,然而一直缺乏科学的证明。随着对有机肥研究的不断深入,现在已经有科学依据能够证明这一点。研究发现,有机肥中含有丰富的有机质,其是土壤固相的重要组成部分,对于加快土壤中腐殖酸的吸收、维持土壤养分吸收和释放的平衡具有重要的作用。此外,有机质因为富含有机物,其本身可以作为农作物生长吸收的养分之一,从而促进农作物的生长,保持土壤的肥力以及农作物养分吸收的平衡。有机质的存在,还能降低土壤的粘结度,增强土壤的保水保肥性能,使得土壤的结构更加稳定,为土壤肥力协调和供应提供更加良好的条件。有机质中富含有农作物生长发育所必需的氮、磷、钾等元素,在一定程度上可以充当无机化肥使用,但是有机肥相对于无机化肥,对于土地的伤害小得多。农作物生长发育过程中,不只是需要氮、磷、钾等大量元素,也需要生长所需的铁、锌、铜、钙等微量元素,有机肥能够促进植物对于这些微量元素的吸收。
>
> （来源:《农业开发与装备》）

4.4.2.2　施加改良剂

施加改良剂可加速有机物的分解和减少重金属在土壤中的停留时间。加入石灰、磷肥、硅酸盐类的化肥可与重金属污染物经过反应转化为难溶化合物,降低重金属在土壤和植物体内的停留时间。此外,还应建立排出污染物总量限制制度,制定有害物质排放量削减计划,逐渐减少污染物排放量,从源头上防治土地污染;科学施用化肥和农药,控制高残留、毒性大的农药和化肥的使用量和使用范围,减少过量使用化肥和农药对土地造成的污染;加强灌区的监测和管理,控制污水灌溉量,避免滥用污水灌溉引起土壤污染。

4.4.2.3　调整农业结构,合理利用土地资源

根据查明的土地环境质量现状,合理调整土地用途,根据农作物对土壤环境的适应性,合理调整农业结构。①在富含对人体有益微量元素地区,种植和扩大名优特农产品;②在清洁安全地区种植优势农作物,建立保护区;③在污染地区种植树木或花卉。合理利用土地资源,从而扩大名优特农产品规模,提高优势农产品质量和产量,提高农产品安全性,促进农业经济可持续发展。

4.4.2.4　农业生态工程治理

农业生态工程治理是合理利用和改良严重污染农田的综合途径。一是在污染区种植非食用作物如能源高粱,收获后从茎秆中提取乙醇,残渣压制纤维板。二是繁育建材、观赏苗木和绿化用草皮。这些措施既可以美化环境,又可以净化土壤。

思考题
1. 简述土壤污染物的概念。
2. 简述土壤污染对人体健康的影响及防护措施。
3. 土壤生态服务系统包括哪些?
4. 简述土壤污染物种类及其来源。
5. 土壤污染、农业生产及人体健康三者之间有什么联系?
6. 简述当前土壤污染治理的主要难点是什么。

参考文献
[1] 赵芝灏.土壤污染防治难点及对策研究[J].资源节约与环保,2021(6):35-36.
[2] 吴晓青.积极推进我国土壤污染防治的建议[J].中国科技产业,2021(4):6-9.
[3] 王玉锁.当前我国的土壤污染现状及防治措施[J].资源节约与环保,2021(2):81-82.
[4] 任岳,龚巍峥.关于我国土壤污染成因及防治策略的研究[J].清洗世界,2021,37

(02):55-56.

[5] 刘敏.土壤污染治理研究进展[J].资源节约与环保,2021(4):42-43.

[6] 冯炬威.土壤污染防治的难点与对策[J].皮革制作与环保科技,2021,2(3):62-64.

[7] 吴克宁,杨淇钧,陈家赢,等.土壤质量与功能:从科学到实践——2019年荷兰瓦赫宁根土壤会议综述[J].土壤通报,2020,51(01):241-244.

[8] 杨顺华,杨飞.土壤与生态系统健康:从性质研究到分区管理[J].科学,2019,71(6):6-10+4.

[9] 孙新宗.浅析土壤污染防治的难点与对策[J].环境与可持续发展,2019,44(3):140-142.

[10] 侯恺.污染土壤修复技术综述[J].江西化工,2019(04):26-29.

[11] 李向宏,郑国璋.土壤重金属污染与人体健康[J].环境与发展,2016,28(1):122-124.

[12] 吴绍华,虞燕娜,朱江,等.土壤生态系统服务的概念、量化及其对城市化的响应[J].土壤学报,2015,52(05):970-978.

[13] 程琨,岳骞,徐向瑞,等.土壤生态系统服务功能表征与计量[J].中国农业科学,2015,48(23):4621-4629.

[14] 刘新会,牛军峰,史江红,等.环境与健康[M].北京:北京师范大学出版社,2009.

[15] 曹秀伟.土壤污染防治及修复的有效策略思考[J].皮革制作与环保科技,2021,2(11):122-123.

[16] 袁红欣.试论我国土壤污染防治的重点与难点[J].低碳世界,2019,9(1):34-35.

[17] 冉建平.浅析我国土壤污染的现状、危害及其措施[J].中国农业信息,2013(15):180.

[18] 宋洁.土壤污染现状危害及治理措施探究[J].环境与发展,2019,31(11):23-24.

[19] 潘晓健.有机肥对土壤肥力和土壤环境质量的影响研究进展[J].农业开发与装备,2019(8):1.

[20] 苗亚琼,林清.广西土壤重金属镉污染及对人体健康的危害[J].环境与可持续发展,2016,41(5):170-173.

第 **5** 章

物理性污染与健康防护

人类在发展历程中,对风、火、雷、电等经历了恐惧、崇拜、认知、应用的漫长过程,声、光、电磁、振动、热、放射性等物理因素构成了人类生活的物理环境。人类生活在物理环境里,也影响着物理环境。20 世纪 50 年代以后,物理性污染日益严重,对人类造成越来越严重的伤害,这促进了声学、热学、光学、电磁学等学科对物理环境的研究。

在自然状态下,这些物理因素对人体是无害的,甚至可以说它们是人体生理活动必需的外界条件,只有当超过一定强度或接触时间过长时,物理因素才会对机体的器官和系统功能产生危害。物理性污染同化学性污染、生物性污染是不同的。化学性污染和生物性污染是环境中有了有毒有害的物质和生物,或者是环境中的某些物质超过正常含量。然而,引起物理性污染的声、光、电磁场等在环境中是永远存在的,它们本身对人无害,只是在环境中的量过高或过低时,才会造成污染或异常。例如,声音对人是必需的,环境中长久没有任何声音,人就会感到恐慌,甚至会疯狂;但是声音过强又会妨碍或危害人的正常活动和身心健康。物理性污染同化学性污染和生物性污染相比,不同之处表现在以下两个方面:一是物理性污染是局部性的,区域性或全球性污染现象比较少见;二是物理性污染是能量的污染,在环境中不会有残余物质的存在,在污染源停止运转后,污染也立即消失。随着科技进步和工业发展,环境中一些物理因素超过了人体所能承受的阈值,人们从生产和生活环境中接触到有害物理因素的机会愈来愈多,因而对其造成的健康危害应给予足够重视。

5.1 噪声与人体健康

5.1.1 噪声的概念

从物理角度看,噪声是由声源无规则和非周期性振动产生的声音。从环境保护角度看,噪声是指那些人们不需要的、令人厌恶的或对人类生活和工作有妨碍的声音。噪声不仅有其客观的物理特性,还依赖主观感觉的评定。如在听音乐时,悦耳的歌声不是噪声,而在老师讲课的课堂上,高音播放的音乐就成了噪声。

频率为 20～20 000 Hz 的声波传入耳,可以引起听觉,称之为听声;频率高于 20 000 Hz 的称为超声,频率低于 20 Hz 的称为次声。声强较高的声音频率不一定很高,而人耳对高频声音比对低频声音更敏感。对人们产生妨碍的还是那些声强和声频较高的噪声,即表示噪声的强弱应当同时考虑声强和频率对人的共同作用。这种共同作用的强弱用噪声级来量度。目前采用最多的噪声级称为 A 声级,其单位为分贝,符号为 dB(A)。用来测量声级(A)的噪声计可将声音中的大部分低频滤掉。通过电压转换,在仪表中主要显示高频声音造成的声强级,这样显示出来的噪声级更符合人耳听觉特性的实际情况。A 声级越高,人们越觉吵闹。

dB(A)值 0～20 的环境是很静的,农村静夜的 A 声级约 20 dB。20～40 dB 的环境称为安静,一般宿舍中的 A 声级约 40 dB。40～60 dB 为一般常见情况,办公室中的谈话声大约为 60 dB。60～80 dB 为吵闹环境,一般城市交通道路的环境为 80 dB 左右。80～100 dB 的环境就很吵闹了,拖拉机、工地机械和交通要道的噪声可达 100 dB。100～120 dB 的噪声已难以忍受,120～140 dB 的噪声使人痛苦。

5.1.2 噪声的来源

5.1.2.1 自然噪声

由地震、火山爆发、雪崩、泥石流等自然现象产生的声音和自然界中的风声、雷声、瀑布声、潮汐声以及各种动物的吼叫声等所有非人为活动产生的声音,统称为自然噪声。

5.1.2.2 人为噪声

按声源发生的场所,人为噪声一般分为以下几种。

(1)交通噪声

各种各样的交通运输工具,例如轿车、卡车、火车、地铁、摩托车、电瓶车、飞机、轮船等,在启动、停止和行驶过程中会发出汽笛声、喇叭声、排气声、刹车声、摩擦声等各种噪声。近年来,随着我国城市规模的不断扩大与机动车保有量的持续增长,交通噪声已成为城市的主要噪声来源。

车型车速与交通噪声

测量结果表明,车速为 50～100 km/h,在距离交通干线中心 15 m 处,拖拉机的噪声为 85～95 dB,重型卡车为 80～90 dB,中型或轻型卡车为 70～85 dB,摩托车为 75～85 dB,小客车为 65～75 dB。车速增加 1 倍,交通噪声平均增加 7～9 dB。车型越重,速度越快,通常产生的噪声也越大。

(来源:刘春光,环境与健康,2014)

（2）工业噪声

工业生产离不开各种机械和动力装置，这些装置在运行过程中，可以通过自身振动、周围空气振动和电磁力作用产生噪声，即机械性噪声、空气动力性噪声、电磁性噪声。工业噪声一般声级较高，噪声类型比较复杂，持续时间长，噪声源较为固定但又多而分散，其周边有必要采取防护措施。

（3）生活噪声

在我们周围，各种公共活动、商业场所、家用电器等都会发出噪声。这些社会生活噪声非常普遍，由于涉及人员众多、执法对象难确定等原因，其一直是环境管理中的难点（表 5-1）。

表 5-1　家庭噪声来源及噪声级范围

设备名称	噪声级 dB(A)	设备名称	噪声级 dB(A)
洗衣机	50～80	电视机	60～83
吸尘器	60～80	电风扇	30～65
排气扇	45～70	缝纫机	45～75
抽水马桶	60～80	电冰箱	35～45

来源：孙淑波，环境保护概论，2013

（4）建筑施工噪声

建筑工地经常使用打桩机、挖掘机、推土机、搅拌机、提升机等一些噪声级很高的机械，电钻、电锯等工具的使用也较为普遍。我国目前在建工程项目很多，工地噪声不容忽视，夜间施工噪声扰民现象也不断见诸报道（表 5-2）。

表 5-2　施工机械噪声级范围

机械名称	距声源 15 m 处噪声级 dB(A)	机械名称	距声源 15 m 处噪声级 dB(A)
打桩机	95～105	推土机	80～95
挖土机	70～95	铺路机	80～90
混凝土搅拌机	75～90	凿岩机	80～100
固体式起重机	80～90	风镐	80～100

来源：孙淑波，环境保护概论，2013

5.1.3　噪声的分类

按噪声产生的机理来划分，可分为以下几类。

（1）机械性噪声

这类噪声是在撞击、摩擦和交变的机械力作用下，部件发生振动而产生的，如破碎机、电锯、打桩机等产生的噪声。

（2）空气动力性噪声

这类噪声是高速气流、不稳定气流中，涡流或压力的突变引起了气体的振动而产生的,如鼓风机、空压机、锅炉排气放空等产生的噪声。

(3)电磁性噪声

这类噪声是由于磁场脉动、磁场伸缩引起电气部件振动而产生的,如电动机、变压器等产生的噪声。

(4)电声性噪声

这类噪声是电-声转换产生的,如广播、电视等产生的噪声。

5.1.4 噪声污染的特征

噪声具有可感受性、即时性、局部性等特点。其中可感受性既包括生理方面的因素,也包括心理方面的因素,也就是说它既包括主观性因素,又包括客观性因素。这种特征在城市环境噪声里体现得尤为明显。

噪声污染有别于其他污染。首先,噪声污染没有污染物,它在环境中既不会累积,也不会残留;其次,噪声污染是一种主观的、精神的感觉公害,不同的人有不同的感觉;再次,噪声污染是一种有局限性的公害,一般传播距离不会很远;最后,噪声污染是瞬时的,噪声源停止发声,噪声随即消失。

5.1.5 噪声对人体健康的危害

(1)噪声对听觉系统的影响

在短时间内,强烈噪声可使人感到声音刺耳、不适、耳鸣、听力下降、听阈提高,在离开噪声环境数分钟后听力可完全恢复。较长时间的强烈噪声(90 dB以上)可使人听力明显卜降、听阈明显提高,离开噪声环境数小时至数十小时后听力才能恢复,其可能成为噪声性耳聋的前驱信号。如果继续接触强噪声,内耳感受器由功能性改变发展为器质性病变,听力损伤将不能完全恢复,终致噪声性耳聋。当人突然接触140 dB甚至150 dB以上强噪声作用时,将导致爆震性耳聋。当人听力在500 Hz、1 000 Hz、2 000 Hz的三个平均听力损失超过25 dB(A)时,可认为已经患噪声性耳聋。另外,噪声性耳聋需要一个持续的积累过程,发病率与持续作业时间有关,并且噪声性耳聋是不能治愈的。长时间暴露于高噪声环境中,可引起永久性耳聋。在暴露时间相同的情况下,耳聋发病率与声强呈明显相关性。

根据工矿企业大范围、长时间监测数据得知:在声级80 dB中工作,短时内耳聋危险率为0,不会造成噪声性耳聋,10年以上危险率为3%;在声级90 dB中工作,耳聋危险率为10%;在声级95 dB中工作,耳聋危险率为20%~60%;在声级115 dB中工作,耳聋危险率为71%。在机械工厂中,冲压工、锻压工人一般为轻、中度耳聋患者。原因是耳神经细胞需要氧气才能把声音传给大脑,当音量增大时,细胞需要氧气增多,一旦血液中有一氧化碳的存在,则携带的氧气量减少,神经细胞未能获得它们所需的全部氧气量,一些细胞因而死亡,造成失聪。

音乐播放器引起听力危害

时至今日,各种随身播放器空前繁荣,MP3、MP4 以及音乐手机等让我们的生活越来越精彩,同时也让我们的听力越来越衰弱。有研究指出,仅在欧洲,因持续收听大音量音乐就会让多达 1 000 万的人面临永久失去听力的危险。

人体的内耳有 18 000 个感受听觉的细胞,它们是直径约 0.01 毫米的纤毛细胞,容易受噪声影响,一旦受损,不能再生。

据统计,在生产性噪声为 100 dB 的环境中工作 40 年的工人,噪声性耳聋患病率高达 41%。而当人们在使用 MP3 等随身播放器时,即使以低音量收听摇滚乐,其音量也已超过 90 dB,甚至有时耳膜接受的噪声高达 115 dB。还有,播放器的耳机多塞在外耳道,噪声的能量全部集中在耳朵里,其危险大大增加。如果耳膜长期反复不断接受噪声刺激,最终可因听觉细胞的不可逆损害而导致永久性耳聋。

因此,要想保护好听力,应远离噪声的威胁。平时看电视、用电脑进行影音娱乐等时间不宜过长,音量不宜过高,更不要长时间用耳机听音频等。此外,维生素 B_1、B_2、B_6 和 C 能保护听觉细胞,可适当补充。也可多进食含维生素 B 族和 C 丰富的食物,如粗粮、瘦肉、蛋类、新鲜蔬菜、水果等。

(来源:搜狐网,2021)

(2) 噪声对消化系统的影响

长期作用下的噪声可引起胃肠功能紊乱、胃肠器官慢性变形,导致消化不良、十二指肠溃疡等消化系统疾病。有人就舞厅噪声对人体健康的影响进行测定,结果表明,噪声组人群食欲不振、腹胀、恶心、肠鸣音减弱出现率显著高于对照组。致病原因主要是在强烈的噪声环境中,胃和肠黏膜的毛细血管会发生极度收缩,正常供血受到破坏,导致消化腺和肠胃蠕动受到影响,胃液分泌不足。据统计,在噪声环境中工作的工人,胃及十二指肠溃疡的发病率比在安静环境下作业的人高 5~6 倍。

(3) 噪声对神经系统的影响

调查发现,持续性噪声能引起人大脑皮层的功能紊乱,导致出现头痛、头昏、烦躁、失眠、健忘、耳鸣、心悸等神经衰弱症状。动物实验表明,强噪声持续暴露可引起动物神经行为学功能及神经肌肉活动能力发生改变,其中以抑制作用最为显著;强噪声下出现的恐惧情绪可以使动物活动能力下降和体重增长缓慢,诸多与学习无关的恐惧行为增多,严重干扰学习的控制加工过程,影响学习任务的完成。宽带脉冲噪声可以明显减弱受试对象的短时记忆能力。

(4) 噪声对心血管系统的影响

噪声可使植物神经功能失调,心血管功能受到影响。测试结果表明,85~95 dB 噪声可使人发生心电图、脑电图的明显改变,脑血管紧张度增高,脑供血不足,并有造成血管系统持久性功能损伤的迹象。1985 年有人对受飞机起落噪声影响达十余年的学生及对照组进行心血管系统比较研究,结果表明,调查组平均心率为 82.5 次/分,对照组为 77.16 次/分,二者有显著性差异。日本陈秋蓉利用自动最高血压连续测定装置,对 25 名 18~20 岁的男女受试者用 60、70、80、90、100 dB 噪声刺激,得出结论,血压值与噪声强度呈正相关。

(5)噪声对人体内分泌系统的影响

噪声作用于机体,对内分泌系统的影响表现为甲状腺功能亢进,肾上腺皮质功能增强(中等噪声 70~80 dB)或减弱(大强度噪声 100 dB 以上)、性功能紊乱、月经失调等。据报道,噪声可导致妇女月经周期紊乱,痛经的比例增高,月经初潮平均年龄提前。

(6)噪声对免疫系统的影响

研究发现:噪声暴露工人血清中的免疫球蛋白水平低于对照组,各工龄段的免疫球蛋白水平也有差别。噪声暴露小鼠腹腔的巨噬细胞的吞噬活性较对照组低,90 dB 组降低尤其明显;B 淋巴细胞分泌抗体的功能和 T 淋巴细胞的增殖力在噪声暴露组也有所降低,在 90 dB 及 105 dB 组降低尤为明显。这些研究表明噪声对免疫功能有一定的抑制作用。

(7)噪声对生殖系统的影响

近年来,噪声对胎儿发育及儿童智能发育产生的不良影响,已日益引起医学界的重视,主要表现有婴儿畸形率增高、易于流产、儿童思维不集中、智力发育缓慢等。研究人员对诞生在飞机场附近的婴儿进行调查,发现小儿患先天性兔唇的较多。医学工作者统计过 1 000 多个初生婴儿,发现闹市区诞生的婴儿体重普遍较轻。

(8)噪声对视觉系统的影响

噪声会对人的视力产生不利影响,其原理是改变人眼对光亮的敏感度,即对光亮的感受感知程度。有实验表明:当噪声强度在 90 dB 时,视网膜中的视杆细胞区别光亮度的敏感性开始下降,识别弱光反应的时间也有所延长;当噪声在 95 dB 时,有 2/5 的人瞳孔放大;当噪声达到 115 dB 时,人眼对光亮度的适应性降低 20%。

此外,噪声还能影响视力清晰度的稳定性,还可使眼睛对物体的对称性平衡反应失灵,并且还会使色觉、视野发生异常。噪声在 70 dB 时,视力清晰度恢复到稳定状态需要 20 min;而噪声在 85 dB 时,恢复时间至少需要 1 个多小时。调查发现,在接触稳态噪声的工人中,出现红、绿、白三色视野缩小者比例较普通对照人群高很多。

(9)噪声对心理的影响

噪声使人容易疲劳和心情烦躁,从而影响人的注意力和工作效率,特别是对那些要求注意力高度集中的复杂作业影响更大。研究发现噪声超过 85 dB 时,可使人心烦意乱、无法专心工作、工作效率降低。

5.1.6 噪声控制与防护

5.1.6.1 噪声控制技术

任何一个噪声系统都是由声源、传播途径和接受者三部分组成的。因此,噪声的控制必须从这三方面去考虑,既要对其分别研究,又要将它们作为一个整体综合考虑。此外,还应考虑经济上的合理性和技术上的可行性。

（1）声源控制

声源是噪声系统中最关键的组成部分,噪声产生的能量集中在声源处。因此对声源从设计、技术等方面加以控制,是减弱噪声的治本方法和最有效手段。如用皮带传动代替直齿轮传动可降低噪声 16 dB,用电气机车代替蒸汽机可使火车噪声降低 50 dB。用行政管理手段,对噪声源的使用加以限制。例如,建筑工地机械或其他居民区附近使用的设备,夜间必须停止操作;市区内汽车限速行驶、禁止鸣喇叭等。

（2）传播途径控制

① 吸声降噪

吸声降噪是一种在传播途径上控制噪声强度的方法。物体的吸声作用是普遍存在的,吸声的效果不仅与吸声材料有关,还与所选的吸声结构有关。常用的吸声材料有玻璃丝、玻璃棉、矿渣棉、膨胀珍珠岩、泡沫塑料、微孔吸声砖等,常用的吸声结构有帘幕、薄板共振吸声结构、穿孔板共振吸声结构、微穿孔板共振吸声结构等。另外,40 m 宽的林带能降低噪声 100 dB,绿化的街道比没绿化的街道噪声降低 80 dB。

② 消声降噪

消声器是一种既能使气流通过又能有效地降低噪声的设备。通常可用消声器降低各种空气动力设备的进出口噪声或沿管道传递的噪声。消声器在内燃机、通风机、鼓风机、压缩机、燃气轮机以及各种高压、高气流排放的噪声控制中被广泛使用。

③ 隔声降噪

把产生噪声的机器设备封闭在一个很小的空间,使它与周围环境隔开,以减少噪声对环境的影响,这种做法叫做隔声。隔声屏障和隔声罩是主要的两种设计结构,其他隔声结构还有隔声室、隔声墙、隔声幕等。

（3）接受者的防护

这是对噪声控制的最后一道防线。实际上,在许多场合,采取个人防护是最有效、最经济的办法。但是个人防护措施在实际使用中也存在问题,如听不见报警信号,容易出事故。因此,立法机构规定,只能在没有其他办法可用时,才能把个人防护作为最后的手段暂时使用。个人防护用品有耳塞、耳罩、防声棉、防声头盔等。

5.1.6.2　加强噪声法治化管理

为控制噪声污染,我国颁布《中华人民共和国环境噪声污染防治法》,自 1997 年 3 月 1 日起对交通噪声、工业噪声、建筑噪声和生活噪声等实施法治化管理。

（1）交通噪声管理

车辆噪声是机动车年检标准项目之一,现在各种机动车辆出厂前必须符合有关噪声限制标准,否则不准上路行驶;禁止在市区内随意鸣笛,特别是夜间鸣笛;在需要安静的地段限制行驶车速,并禁止大型或重型车辆的驶入;禁止火车在市区内鸣笛;市内不允许新建铁路,原有铁路两侧应建立隔声屏障等防护措施;限制飞机在市区上空飞行的区域、航线、飞行高度或次数。

(2)工业噪声管理

凡产生噪声污染的工业企业都要采取能有效降低噪声的措施,并使之达到相应标准,否则要有计划地转产或搬迁,工厂设备的噪声不得超过设备噪声标准,车间内噪声不得超过国家规定的工业企业噪声卫生标准的限值。

(3)建筑施工噪声管理

建筑施工设备应符合国家规定的噪声标准,必要时还要采取有效的防噪措施;施工作业场地边界噪声不允许超过国家标准规定;应禁止在居住区夜间施工,不得不进行夜间施工时,严禁使用噪声大的施工机械设备。

(4)社会生活噪声管理

禁止任何单位和个人在居住区、文教区、商业区使用高音喇叭;居民使用电器、乐器和进行家庭娱乐活动时,或在住宅楼内进行装修活动时要减轻对周围邻居的干扰;文化娱乐场所的边界噪声不得超过环境噪声标准,应从制订和执行建筑物隔声标准、提高建筑物隔声性能入手,保证不同建筑之间或同一建筑内相邻房间之间有足够的限声降噪量,以防止人们在生活中互相干扰。

此外,我国政府还制订了一系列与噪声相关的法律和标准,用以控制噪声污染,主要有《城市区域环境噪声标准》《工业企业厂界环境噪声排放标准》《建筑施工场界噪声排放标准》《机场周围飞机噪声环境标准》《机动车辆允许噪声标准》《民用建筑隔声设计规范》《工业企业噪声控制设计规范》和《关于加强社会生活噪声污染管理的通知》。

5.2 电磁辐射与人体健康

人类对电磁的认识始于远古的蛮荒时代,那时的人类在对雷电的恐惧中认识到了电磁的威力。在中国,人们很早就知道天然磁石吸铁并发明了指南针,然而之后人类对电磁现象的探索却停滞了上千年。从18世纪开始,欧洲大陆陆续涌现出许多杰出的电磁科学家,人们渐渐打开了信息时代的大门。随着知识经济与信息时代的到来,电子技术在人们日常生活及工作领域中的应用日益广泛,人们几乎随时随地与这些电子设备相伴。然而,在我们享受着前所未有的便捷时,各种家用电器和电子设备产生的电磁波充斥于我们的生存环境。据统计,电子设备消费正以每10年10～30倍的速度增长。电磁环境健康保障与电磁辐射污染防治已成为一个迅速发展的新学科领域。

广义地说,一切对人类和环境造成影响的电磁辐射都可看作是电磁污染。电磁波谱的范围很大,从长波、中波、短波、超短波等无线电波,到以热辐射为主的远红外及红外线,再到可见光、紫外光,直至 X 射线、γ 射线等放射性辐射,都属于电磁波范围。我们这里讨论的电磁辐射指的是由无线电波范围内的电磁辐射所造成的环境污染。电磁辐射污染通常是指人类使用产生电磁辐射的器具而泄漏电磁能量到环境中,其量超出本底值,其性质、频率、强度和辐射时间综合影响到一些人,使其感到不适,并对人体健康和周围环境产生了影响。

5.2.1　电磁辐射的来源

电磁辐射污染按其来源,可分为天然电磁辐射污染和人工电磁辐射污染。

5.2.1.1　天然电磁辐射污染

天然电磁辐射污染是某些自然现象造成的。像自然界中的雷电、火花放电、太阳黑子活动、宇宙间的恒星爆发、地球和大气层的电磁场、火山爆发、地震等都会产生电磁干扰。天然电磁辐射污染严重时对通信、导航和精密仪器设备都会造成明显的影响。

5.2.1.2　人工电磁辐射污染

人工电磁辐射污染来自人工制造的电子设备,这些电子设备通过脉冲放电。目前,随着大量无线技术的推广和使用,射频电磁辐射和工频交变电磁辐射成为环境电磁污染的主要因素。人工电磁污染源的分类可见表 5-3。

表 5-3　人工电磁污染源分类

污染源类别		产生污染源设备名称	污染来源
放电所致的污染源	电晕放电	电力线(送配电线)	高压、大电流引起的静电感应、电磁感应、大地泄漏电流造成的
	辉光放电	放电管	白炽灯、高压汞灯及其放电管
	弧光放电	开关、电气铁道、放电管	整流器、发电机、放电管、点火系统等
	火花放电	电气设备、发动机、冷藏车、汽车等	整流器、发电机、放电管、点火系统等
工频辐射场源		大功率输电线、电气设备、电气铁路	高电压、大电流的电力线、电气设备
射频辐射场源		无线电发射机、雷达等	广播、电视与通风设备的振荡与发射系统
		高频加热设备、热合机、微波干燥器等	工业用射频利用设备的电路与振荡系统
		理疗机、治疗仪	医学用射频利用设备的工作电路与振荡系统
家用电器		微波炉、电脑、电磁炉、电热毯等	功率源为主
移动通信设备		移动电话、对讲机、无线网络设备等	天线为主
建筑物反射		高层楼群以及大的金属构件	墙壁、钢筋、吊车等

来源:程胜高,但德忠.环境与健康,2006

（1）脉冲放电

如当切断大电流电路时会产生弧光放电,其瞬时电流变化率很大,会产生很强的脉冲放电电磁干扰。

（2）射频电磁辐射

当交流电的频率达到 100 kHz 以上时，其周围便形成高频率的电磁场，这就是我们通常所说的射频电磁场，它在空间中传播的过程被称为射频电磁辐射。射频电磁辐射主要分为高频电磁场和微波。频率在 100 kHz～300 MHz，即波长在 1 m～3 km 的电磁波是高频电磁场；频率在 300 MHz～300 GHz，即波长在 1 mm～1 m 的电磁波为微波。电磁量子所携带的能量较小，不足以破坏分子使分子电离，因此射频电磁辐射属于非电离辐射。在生活中，射频电磁辐射主要由无线电或射频设备工作过程产生的电磁感应与电磁辐射引起，例如无线电广播、电视通信、雷达探测、高频加热和理疗用的电子设备等产生的不同频率、不同功率的电磁辐射（表 5-4）。

表 5-4　射频波分类

名称	频带	波长	频率	应用范围
长波	低频（LF）	3～1 km	100～300 kHz	调幅广播等
中波	中频（MF）	1 000～100 m	300～3 000 kHz	通信、无线电导航、调幅广播等
短波	高频（HF）	100～10 m	3～30 Hz	调幅广播、国际通信等
超短波	甚高频（VHF）	10～1 m	30～300 Hz	调频广播、VHF-电视、工业射波设备等
分米波	特高频（UHF）	100～10 cm	300～3 000 MHz	无线电导航、UHF-电视、微波炉、医用透热设备、工业加热等
厘米波	超高频（SHF）	10～1 cm	3～30 GHz	卫星通信、雷达、无线电业余爱好者频率、微波转播、机载气象雷达等
毫米波	极高频（EHF）	10～1 mm	30～300 GHz	地形回避、雷达、微波转播等

来源：刘新会，等.环境与健康，2009

家用微波炉电磁辐射的危害与防护

家用微波炉工作原理是将 220 V 交流电压提升到 3 000 V 以上，加到磁控管产生 2 450 MHz 的微波。水分子存在于大多数食物中，水分子属于极性分子，内部正、负电荷中心不重合，存在偶极矩，电场会使水分子的正电荷端指向同一个方向。微波电场的正、负极方向每秒钟转换几十亿次，水分子也不停地随之转换方向，彼此发生碰撞，相互摩擦进而产生热量将食物加热。微波炉接缝（如箱板之间以及箱板和控制面板之间的接口处等）、炉门观察窗都会产生微波泄漏，且仅对高频磁场进行屏蔽，低频磁场未进行任何防护。

微波炉电磁辐射可引起受辐射人员脑功能紊乱，大脑皮质突触体结构和功能损伤，破坏血脑屏障功能，抑制神经元功能，增加基因突变等风险。根据微波炉电磁辐射污染的特点，在日常使用中，可以考虑采取如下对策：①时间防护，尽量缩短在高强度电磁场中的暴露，微波炉开始工作后即刻离开或者使用延迟启动功能的微波炉。②距离防护，电磁辐射强度随距离增大而急剧下降，因此增大与微波炉的距离，能起到有效的防护作用。③屏蔽防护，提高炉门电磁辐射屏蔽性能，减少电磁波泄漏，采取屏蔽措施，减少对人辐射。

（来源：王东，等.中国辐射卫生，2013）

（3）工频交变电磁辐射

在电力或动力领域中，通常将 50 Hz（或 60 Hz）频率称为"工业频率"（工频）。我国和欧洲一些国家使用 50 Hz 作为工作频率，而美国、加拿大等国采用 60 Hz。工频电磁场是各种电压等级的输电线及各种家用电器产生的一种极低频电磁场，它的特点是强度随着距离的增大而剧烈衰减。工频电磁场以大功率输电线路产生的电磁污染为主，也包括若干放电型污染源，如电气化铁道、超高压输电网、高压变电站、大容量的工频电力设备以及各种各样的家用电器等产生的电磁场。

5.2.2　电磁辐射对人体健康的危害

5.2.2.1　电磁辐射的效应机制

电磁辐射危害人体的机理主要是热效应、非热效应和累积效应。

热效应表现为人体吸收过多的辐射能后，无法通过调节体温来散发热量，从而引起体温升高，继而引发心悸、头胀、失眠、心动过缓、视力下降等症状。由于电磁波是穿透生物表层直接对内部组织"加热"，往往机体表面看不出什么，而内部组织可能已严重"烧伤"。

非热效应主要指低频电磁波产生的影响，即人体被电磁辐射照射后，体温并不会明显升高，但会干扰体内固有的微弱电磁场，使血液、淋巴液和细胞原生质发生改变，影响人体的循环、免疫、生殖和代谢功能等，可导致胎儿畸形或孕妇流产。

如果在电磁辐射对人体的伤害尚未完成自我修复之前，再次受到电磁辐射危害的话，其伤害程度就会发生累积，久之会导致永久性病变，甚至危及生命，这就是电磁辐射的累积效应。电磁辐射能够诱发癌症并加速人体的癌细胞增殖，影响人的生殖系统，可导致儿童智力残缺，影响人们的心血管系统，对人们的视觉系统也有不良的影响。

5.2.2.2　电磁辐射对人体危害的具体表现

（1）它极可能是造成儿童患白血病的原因之一。长期处于高电磁辐射的环境中，会使血液、淋巴液和细胞原生质发生改变。

（2）能够诱发癌症并加速人体的癌细胞增殖。美国夏威夷 9 次人口普查中，8 次表明，在发射塔附近的居民中，男性的癌症发病率是预计的 1.45 倍，女性是预计的 1.27 倍，产生病理状况的原因主要是电磁波的生物学效应和热效应。其具体机理为：当电磁波的能量作用于生物体后，被生物组织吸收而转化为分子的动能，提高其温度。人体的皮肤组织温度升高后，逐步影响到深部组织，当达到一定程度时，人体就会发生代谢反应，使血液加速，久而久之就会使人体失去平衡。除了"热效应"引起的反应外，有人认为，生物组织的细胞在一定频率电磁波的作用下会产生"共振"现象，当细胞膜产生共振现象时，生命活动便会受到伤害。还有人认为，人体的许多生命活动都与人体组织的电活动有关，当生物电活动受到影响时，人的生命会受到干扰。另据报道，在高辐射的宇宙空间待上 1 小时就会增加患癌症的危险。美国休斯顿约翰逊航天中心的巴德瓦说:"当高能量离子射线照射到人体内 DNA 分子时,人体基因会发生变化,导致癌症的发生,空间站的宇航员必须保护自己免遭太空辐射。"

(3) 影响人的生殖系统,主要表现为男子精子质量降低,孕妇发生自然流产和胎儿畸形等。国外有关资料表明,对几千名无故死亡婴儿进行研究,发现死亡婴儿大多在雷达、高压线、无线电发射台附近居住。

(4) 可导致儿童智力残缺。世界卫生组织认为,计算机、电视机、移动电话机的电磁辐射对胎儿有不良影响。

(5) 影响人们的心血管系统,表现为心悸、失眠、部分女性经期紊乱、心动过缓、心搏血量减少、窦性心律不齐、白细胞减少、免疫功能下降等。电磁场作用的结果可以是急性的,也可以是慢性的。它可以造成机体和系统的破坏,使心脑血管、内分泌、神经系统、造血系统以及其他器官等产生紊乱。如果长时间处于电磁辐射的作用下,人很容易产生失眠或嗜睡等植物神经功能紊乱症状,有的还可能会伴有白细胞下降、视力模糊、心电图波动等临时症状。一般来说,神经和心血管系统的变化是可逆的,或可缓解、消除的(当环境改善或电磁场被解除后)。但是如果电磁场作用是长时间的、高强度的,便会造成多种器官的损坏,直至死亡。除此之外,电磁辐射对人体心血管系统及交感神经方面的危害是人们研究的重点,它可以引发心动过缓、血压下降或心动过速、高血压等症状。

(6) 影响人的视觉系统。由于眼睛属于人体对电磁辐射的敏感器官,过高的电磁辐射污染会引起视力下降、白内障等。相关动物试验显示,用足够强度的微波(600 MW/cm^2)照射兔眼,5 min 即可引起兔眼白内障,这说明动物(可推广到人类)的眼睛最易受到微波伤害,它可导致白内障,伤害角膜、虹膜等,严重时可导致失明。这也是为什么不能长时间盯着微波炉加热的原因。高剂量的电磁辐射还会影响及破坏人体原有的生物电流和生物磁场,使人体内原有的电磁场发生异常。值得注意的是,不同的人或同一个人在不同年龄阶段对电磁辐射的承受能力是不一样的,老人、儿童、孕妇属于对电磁辐射敏感的人群。同时,长期接触微波的人群比其他人群更容易受到伤害。有研究调查了 227 名微波作业人员,约 20% 的人眼睛受到伤害,其中 3 例为"微波白内障"。微波辐射主要影响和危害人体的眼球晶状体、内分泌系统、消化系统等。视辐射强度的大小,会出现头痛、头晕、无力疲劳、视力减退和水面障碍为主要症状的神经衰弱综合征及眼球晶状体混浊、白细胞总数波动、血小板减少等症状。

(7) 对免疫系统的影响。相关研究表明,暴露于较低强度的微波辐射,机体多表现为免疫刺激作用的适应代偿性反应,诸如白细胞吞噬功能相对增高、淋巴细胞增多和免疫球蛋白增高等。而接触高强度微波的人,其体液与细胞免疫指标中的免疫球蛋白降低,人体的白细胞吞噬细菌的百分率和吞噬细菌数均偏低,由此造成身体抵抗力下降。另外,长期受电磁辐射的人,其抗体形成受到明显抑制。

(8) 对消化系统的影响具体表现为食欲不振、恶心、呕吐、胃酸过多、腹部疼痛、消化性溃疡等。

5.2.3　电磁辐射的防护措施

电磁辐射污染的控制方法主要包括控制源头的屏蔽技术、控制传播途径的吸收技术和保护受体的个人防护技术。

（1）屏蔽技术

为了防止电磁辐射对周围环境的影响，必须将电磁辐射的强度减少到容许的强度，屏蔽是最常用的有效技术。屏蔽分为两类：一类是将污染源屏蔽起来，叫做主动场屏蔽；另一类称被动场屏蔽，就是将指定的空间范围、设备或人屏蔽起来，使其不受周围电磁辐射的干扰。目前，电磁屏蔽多采用金属板或金属网等导电性材料做成封闭式的壳体，将电磁辐射源罩起来或把人罩起来。

（2）吸收技术

采用吸收电磁辐射能量的材料进行防护是降低微波辐射的一项有效措施。能吸收电磁辐射能量的材料种类有很多，如加入铁粉、石墨、木材和水等的材料，以及各种塑料、橡胶、胶木、陶瓷等。

（3）区域控制绿化

对工业集中城市，特别是电子工业集中城市或电气、电子设备密集使用地区，可以将电磁辐射源相对集中在某一区域，使其远离一般工作区或居民区，并对这样的区域设置安全隔离带，从而在较大的区域范围内控制电磁辐射的危害。

区域控制大体分为四类。①自然干净区：区域内基本上不设置任何电磁设备；②轻度污染区：只允许某些小功率设备存在；③广播辐射区：指电台、电视台附近区域，因其辐射较强，一般应设在郊区；④工业干扰区：属于不严格控制辐射强度的区域，对这样的区域要设置安全隔离带，厂房、住宅等不得建在隔离带内，隔离带内要采取绿化措施。绿色植物对电磁辐射能具有较好的吸收作用，因此加强绿化是防治电磁污染的有效措施之一。依据上述区域的划分标准，合理进行城市、工业等布局，可以减少电磁辐射对环境的污染。

（4）个人防护

个人防护的对象是个体的微波作业人员，当因工作需要操作人员必须进入微波辐射源的近厂区作业时，或因某些原因不能对辐射源采取有效的屏蔽、吸收等措施时，必须采取个人防护措施，以保护作业人员的安全。个人防护措施主要有穿防护服、戴防护头盔和防护眼镜等。这些个人防护装备同样也是应用了屏蔽、吸收等原理，用相应材料制成的。

5.3　放射性污染与人体健康

1986 年，法国科学家贝克勒尔首先发现了某些元素的原子核具有天然的放射性，能自发地放出各种不同的射线。在科学上，把不稳定的原子核自发地放射出一定动能的粒子

（包括电磁波），从而转化为较稳定结构状态的现象称为放射性。我们通常所说的放射性是指原子核在衰变过程中放出的 α、β、γ 射线的现象，放射性 α 粒子是高速运动的氦原子核，在空气中射程只有几厘米；β 粒子是高速运动的负电子，在空气中射程可达几米，但 α、β 粒子不能穿透人的皮肤；而 γ 粒子是一种光子，能量高的可穿透数米厚的水泥混凝土墙，它轻而易举地射入人体内部，作用于人体组织，产生电离辐射。除这几种放射线外，常用的射线还有 X 射线和中子射线。这些射线各具特定能量，对物质具有不同的穿透能力和间离能力，从而使物质或机体发生一些物理、化学、生化变化。放射线来自人类的生产活动，随着放射性物质的大量生产和应用，其不可避免地会给我们的环境造成放射性污染。

5.3.1 放射性污染的来源

5.3.1.1 天然放射源

（1）宇宙射线

宇宙射线是从宇宙中辐射到地球上的射线，主要由各种高能粒子流组成，它是人类长期受到的天然辐射源。宇宙射线能够引发地磁暴，使得高层大气密度增加，还会影响卫星、航行和通信的正常工作。在地球上，大气层保护下的宇宙射线的照射是非常微弱的，它们不会对人体造成太大伤害。

（2）地球辐射

在地表的岩石、土壤、煤炭中含有少量的原生天然放射性核素。它们主要分为中等质量天然放射性同位素（原子序数小于 83）和重天然放射性同位素两种。由于地质条件不同，世界上有一些地区地表层含有较高的天然放射性，称为高本底地区，如巴西的独居石和火山侵入岩地带、印度喀拉拉邦、中国广东阳江地区等。这些地区的高本底辐射多是由岩石、土壤中含量较高的独居石引起的。

水系统中也含有一定量的放射性核素。水中天然放射性的浓度与水所接触的岩石、土壤以及地面沉降的宇生放射性核素有关。海水中含有大量的 ^{40}K，天然矿泉水中多含铀、钍和镭。

大气中的天然放射性核素主要来自地壳中铀系和钍系的气体子代产物散射，其他天然放射性核素含量少。这些放射性气体子代产物很容易附着在气溶胶颗粒上，形成放射性气溶胶。大气中天然放射性浓度与季节有关。一般冬季浓度较高，夏季最低。空气中含尘量大时，其天然放射性浓度也会增高。在某些特殊地方，如山洞、地下矿穴等，其空气中的放射性浓度也很高。此外，室内空气中放射性浓度较室外高，这与建筑材料和通风情况有关。

（3）食物和人体中的放射性核素

由于岩石、土壤、大气和水体中都含有一定量的放射性核素，经过生态系统的物质、能量流动，它们不可避免地会转移到生物圈中。生物圈中的放射性通过食物链进行传递和交换。人类作为食物链最高营养级,食物是主要的天然放射性核素来源。进入人体的微量放射性核素分布在全身各个器官和组织。比如天然铀、钍在人体肌肉中的平均质量分数分别为 0.19 $\mu g/kg$ 和 0.9 $\mu g/kg$,在骨骼中的平均质量分数分别为 7 $\mu g/kg$ 和 3.1 $\mu g/kg$。镭通过食物进入人体,70%～90%的镭沉积在骨骼里,其余部分均匀分布在软组织中。

5.3.1.2　人工放射源

（1）核武器试验的沉降物

核弹爆炸瞬间,产生大量炽热的蒸汽和气体,携带着弹壳、碎片、地面垃圾和放射性烟云。上述物质与空气混合后,辐射能逐渐损失,温度随之降低,使得气态物凝聚成微粒或附着在其他的尘粒上,最后沉降到地面。

（2）核能工业

核能工业中核燃料的提炼、精制和核燃料元件的制造过程,都会排放带有放射性的固体废物、废水和废气。当核能工厂(包括核电站)发生意外事故时,其污染是相当严重的。

日本福岛核事故

2011 年 3 月 11 日,日本东北太平洋地区发生里氏 9.0 级地震,继而发生海啸,导致当时世界上最大的在役核电站——福岛核电站发生放射性物质泄漏。4 月 12 日,日本原子力安全保安院(NISA)将福岛核事故等级定为核事故最高分级 7 级(特大事故),与切尔诺贝利核事故同级。

2021 年 4 月 13 日,日本政府正式决定将福岛第一核电站上百万吨核污染水排入大海。7 月,福岛核电站再次发生核废弃物泄漏。11 月,研究表明福岛核事故泄漏物质铯抵达北冰洋后回流至日本。12 月 14 日,东京电力公司启动钻探调查,计划在近海 1 公里处排放核污水。12 月 21 日,东京电力公司将向日本原子能规制委员会提出福岛第一核电站核污染水排海计划申请。当地时间 2022 年 7 月 22 日上午,日本原子能规制委员会正式批准了东京电力公司有关福岛第一核电站事故后的核污染水排海计划。

福岛县在核事故后以县内所有儿童约 38 万人为对象实施了甲状腺检查。截至 2018 年 2 月,已诊断 159 人患癌,34 人疑似患癌。其中被诊断为甲状腺癌并接受手术的 84 名福岛县内患者中,约一成的人癌症复发,并再次接受了手术。

(来源:中国新闻网,2018.03.01;央视新闻,2022.07.22)

（3）医疗照射

医疗照射是人类接受人工辐射照射的主要来源。实际上,人类所遭受的人工照射中有大约90%剂量来自医疗照射。接受一次胸部 X 射线透视所需的有效剂量平均为

1.1 mSv(毫希沃特)，接受一次全身 CT(计算机断层扫描)的有效剂量甚至可达 8 mSv。这些医疗照射的强度远远大于平均的天然本底照射，但如果不过度使用，对人类的健康一般不会构成可察觉的有害影响。

（4）其他放射源

一类是工业、医疗、军事或研究用的放射源，因运输事故、遗失、偷窃、误用、废物处理等失去控制而泄漏到环境中；另一类是一般居民消费用品，包括含有天然或人工放射性核素的产品，如放射性发光表盘、夜光表等，它们的辐射剂量较小，对环境造成的伤害很低，不会对人类健康构成危害。

5.3.2　放射性污染的作用机制

（1）直接作用和间接作用

放射性污染对机体损伤可以是直接的，即射线直接作用于机体 DNA、蛋白质、碳水化合物等物质而引起电离和激发，并使这些物质的原子结构发生变化而引起人体生命过程的改变。

放射性污染对机体损伤也可以是间接的，即射线与机体内的其他原子或分子特别是水分子起作用，产生强氧化剂和强还原剂而破坏机体的正常物质代谢，引起机体的系列反应，导致生物效应。在对机体的作用中，射线的直接作用和间接作用同时存在。在人体中，由于水占人体重量的 70%左右，射线间接作用大于直接作用。

（2）基因突变和染色体畸变

通过直接或间接作用诱发 DNA 损伤，放射性污染可能造成遗传信息的改变并遗传至子代，这种基因变异就是基因突变，具有遗传性。此外，辐射引起的 DNA 损伤还可能伴有染色体数目和结构异常，即染色体畸变。放射性污染引起的基因突变和染色体畸变是 DNA 断裂的结果。

（3）细胞突变

辐射引起的 DNA 变化可导致细胞死亡。当照射剂量较小时，受损 DNA 可进行损伤的自我修复。在修复过程中，DNA 有可能出现错误修复，这些错误信息在细胞增殖时会传给子细胞，这种伴有特定 DNA 变化的异常细胞克隆被称为细胞变异。这种细胞变异发生在体细胞时，可能使正常细胞转变成恶性细胞并最终形成癌症；而如果这种细胞变异发生在生殖细胞，错误遗传信息将在后代中延续而引起遗传性疾病。

5.3.3　放射性污染对人体健康的危害

（1）急性放射病

急性放射病是指人体在短时间(一般是数日内)受到一次或多次大剂量辐射所引起的全身性疾病。根据病情的基本改变，分为骨髓型(造血型)、肠型和脑型三种。以中度骨髓型急性放射病为例，临床症状可分为四期。

① 初期

初期是受辐射后出现症状到假愈期的一段时间。受照剂量越大,初期反应出现越早,持续时间越长。主要表现为神经系统变化和消化道一过性改变。受照后数小时可出现疲乏、头昏、食欲减退、恶心、呕吐以及失眠等症状。这些症状可持续 1～3 d。

② 假愈期

假愈期病人一般表现良好,自我感觉症状好转或消失。但机体内病理变化仍在进行。病人全身抵抗力逐渐下降,白细胞、血小板进行性减少,造血功能发生变化,破坏加重。假愈期短者 10 余天,长者 3～4 周。

③ 极期

在极期病人全身情况突然或逐渐恶化,全身衰竭、精神淡漠、头痛、晕眩、造血严重阻碍,可出现轻度贫血,还可出现出血、严重感染和物质代谢障碍。一般于受照后 20～30 d 开始发热,体温高达 38～40℃。

④ 恢复期

伤后 8～9 周,造血功能开始恢复。自觉症状改善,体温逐渐恢复正常,出血停止,体重渐增,约在 2 个月时毛发开始再生,但机体防御机能恢复需要更长时间。病人在基本治愈后,再经过一段时间的休养,即可做适当工作。恢复期病人应特别注意预防感染。

(2) 慢性放射病

慢性放射病是指人体在较长时间内受到超过最大容许剂量当量外照射而引起的全身性疾病。在长期小剂量辐射中,机体对射线有一定适应能力和自身修复能力。在受照剂量很小的情况下,只要平时注意防护,严格遵守操作规程,所受影响不大,不致引起放射损伤。只有在受到较大剂量照射或累积剂量达到一定水平时,才能造成职业性放射损伤或放射病。

慢性放射病的临床表现为:多数患者有头昏、头痛、乏力、易激动、记忆力减退、睡眠障碍、心悸、气短、食欲减退、多汗等植物神经紊乱综合征的表现。早期一般没有明显体征,常见的是一些神经反射变化和神经血管调节方面的变化。病情如果继续发展,常伴有出血倾向,前臂试验呈阳性,内分泌有变化,皮肤营养障碍,晶状体出现混浊等。少数较重病人可见早衰现象,外观和年龄极不相符。

(3) 小剂量外照射对人体的影响

小剂量外照射包括两个方面:一是指一次照射较小的剂量,二是指长期受低剂量率的照射。

① 近期效应

近期效应是在受照后 60 d 以内出现的变化。早期临床症状常在受照射后当时或前几天内出现。根据国内外一些核事故受照人员临床资料分析,早期临床病症多数是在受照后当天出现,持续时间较短,大部分在照射后 1～2 d 不加处理症状即自行消失。从症状的严重程度来看,剂量较小时,一般仅自感头晕、乏力、食欲减退、睡眠障碍、口渴、易出汗等;

而剂量较大时,可出现恶心等。随着剂量的增加,症状的发生率也增加。早期临床症状的轻重与受照部位、照射面积的大小有着密切关系,同时也与个体的精神状态、体质强弱以及工作劳累程度有关。

② 远期效应

远期效应是在受照后几个月、半年、几年或更长时间才出现的变化。远期效应可发生在急性损伤已恢复的人员身上,也可发生在长期受小剂量照射的人员身上。由于剂量率低、作用时间长,机体对射线的作用有适应和修复能力。如受较低剂量率的照射,机体的修复能力占优势,在照后很长时间内机体反应不明显。如受较高剂量率的慢性照射,累积剂量达到一定程度时,可出现慢性损伤。常见的小剂量慢性照射远期效应主要有血液和造血系统的变化、晶状体混浊、白血病与肿瘤以及对生育力、遗传和寿命的影响。

5.3.4　放射性污染的防护措施

(1)重视放射性废气处理

核设施排出的放射性气溶胶和固体粒子,必须经过过滤净化处理,使之减到最低程度,符合国家排放标准。

(2)强化放射性废水处理

铀矿外排水必须经回收铀后复用或净化后排放;水冶厂废水应适当处理后送尾矿库澄清,上清液返回复用或达标排放;核设施产生的废液要注意改进和强化处理,提高净化效能,降低处理费用,减少二次废物的产生量。

(3)妥善处理固体放射性废物

废矿石应填埋,并覆盖、种植植被做无害化处理;尾矿坝初期用当地土、石,后期用尾砂堆筑,顶部需用泥土、草皮和石块覆盖;核设施产生的易燃性固体废物需装桶送往废物库集中贮存;焚烧后的放射性废物,其灰渣应装桶或固化贮存。

(4)外照射防护

缩短受照时间。人体受照时间越长,人体接受的照射量越大。要求操作准确、敏捷,以减少受照射时间;也可以增配工作人员轮换操作以减少每人受照时间。

增加防护距离。距离辐射源越近则受照量越大,最好远距离操作以减轻辐射对人体的影响。

设置防护屏障。在放射源与人体之间放置合适的屏蔽材料,利用屏蔽材料对射线的吸收降低外照射剂量。如几张纸或薄铝膜可将 α 射线吸收;铝、有机玻璃等可以屏蔽 β 射线,常用原子序数低的材料;而穿透力强的 γ 射线需要铁、铅、钢、水泥和水等高密度物质屏蔽。

(5)内照射防护

环境中的放射性物质进入人体后会长期沉积在某些组织和器官中,难以探测和准确监测,也难以排到体外。因此,阻断或减少放射性物质通过口腔、呼吸器官、皮肤、伤口进入人体是防止内照射的根本途径。

5.4 光污染与人体健康

5.4.1 光污染的概念

国际照明委员会(CIE)从照明的基本要求上考虑作出的光污染定义为:因特定环境下光照的数量、方向或光谱分布而导致人的懊恼、不舒适、精神涣散或者降低人识别环境中重要信息的能力的光行为。维基百科解释光污染为:人造的过量的或者强迫的光,它致使城市星空模糊,造成天文观测障碍,并且扰乱生态系统。我国《国家污染物环境健康风险名录 物理分册》对光污染的定义是:逾量的光辐射(包括可见光、红外线和紫外线)对人类生活和生产环境造成的不良影响的现象。

5.4.2 光污染的分类

(1) 可见光污染

可见光污染比较常见的是眩光,例如汽车夜间行驶所使用的车头灯、球场和厂房中布置不合理的照明设施都会造成眩光污染。在眩光的强烈照射作用下,人的眼睛会因受到过度刺激而损伤,甚至有导致失明的可能。

杂散光是光污染的又一种形式。在阳光强烈的季节,饰有钢化玻璃、釉面砖、铝合金板、磨光石面及高级涂面的建筑物对阳光的反射系数一般在 65%~90%,要比绿色草地、深色或毛面砖石的建筑物的反射系数大 10 倍,产生明晃刺眼的效应。在夜间,街道、广场、运动场上的照明光通过建筑物反射进入相邻住户,其光强有可能超过人体所能承受的范围。这些杂散光不仅有损视觉,而且能导致神经功能失调,扰乱体内的自然平衡,引起头晕目眩、食欲下降、困倦乏力、精神不集中等症状。

(2) 红外线污染

红外线是一种热辐射,对人体可造成高温伤害。较强的红外线可以灼伤人的皮肤和视网膜;波长较长的红外线可灼伤人的眼角膜;长期在红外线的照射下,人可能罹患白内障。

(3) 紫外线污染

紫外线对人体的伤害主要是眼角膜和皮肤。造成眼角膜损伤的紫外线波长为 250~305 nm,其中波长为 280 nm 的作用最强。紫外线对皮肤的伤害主要是引起红斑和小水疱,对眼角膜的伤害表现为角膜受伤、怕光流泪、视力下降等。

5.4.3 光污染的健康效应

(1) 伤害人的眼睛

正常情况下,人的眼睛由于瞳孔的调节作用,对一定范围内的光辐射都能适应。但长时间生活在光污染的环境下,视网膜和虹膜都会受到不同程度的损害,视网膜感光细胞功能会受到抑制,引起视疲劳和视力下降。目前,我国高中近视学生已经达60%以上,其中有不良用眼习惯的原因,而视觉环境受到污染更为重要,即光污染是近视的主要原因。光污染对婴幼儿及儿童的影响更大,较强的光线会削弱婴幼儿的视力,影响儿童的视力发育。可见光污染比较常见的是眩光,黑夜迎面射来的汽车灯光、强日光下城市高大建筑物玻璃幕墙的反射光、电焊弧光、熔融金属液和玻璃液强光均会对人的眼睛造成伤害。红外线除了会损伤人的皮肤外,不同波长的红外线对视网膜、角膜、虹膜都有可能造成伤害。紫外线主要对人的眼角膜和皮肤造成伤害。激光光束一旦进入人眼,经晶状体汇聚,光强度会提高几百倍甚至几万倍,眼底细胞都会被烧伤。长时间在白光污染环境下工作和生活的人,白内障的发病率高达45%。

（2）扰乱生物钟

生物钟是存在于生物体内的一种类似时钟的机制,是生物生命活动的周期性规律。生物钟受环境因素的影响较大。夜间的天空光、溢散光、干扰光和反射光可以调节人体的生物钟,商场和酒店的广告灯、霓虹灯闪烁夺目,令人眼花缭乱,有些强光束甚至直冲云霄而使得夜晚如同白昼,这样的光环境使人夜晚难以入睡,它扰乱人体正常的生物钟,使人产生各种不适的感觉和症状,导致人白天倦乏无力、工作效率低下,易产生疲劳综合征。

（3）疾病发生

人们长期生活或工作在过量的或不协调的光辐射下,可能出现头晕目眩、失眠、烦躁不安、情绪低落等神经衰弱症状,甚至出现血压升高、心悸、发热等不良症状。这些都是由于缤纷色彩光源影响了人类大脑的中枢神经,使中枢神经系统的功能受损。此外,经常处于光照环境中的新生儿,往往会出现睡眠和营养方面的问题。婴儿接受光照太多,可能降低松果体褪黑激素的分泌,减弱对性腺发育的抑制,导致性器官的超前发育,促使性早熟。此外,黑光灯所产生的紫外线可诱发流鼻血、牙齿脱落、白内障,甚至导致白血病和其他癌症。

（4）间接影响人体健康

当今世界,不少城市的夜景照明,特别是那些"不夜城"的夜景照明把光像泼水一样洒在建筑物的墙上、地面上或树木上。这不仅会造成能源消耗巨大,而且发电产生的二氧化碳和氮氧化物等废弃物将对城市环境造成严重污染。城市气温通常比郊区高几度,除了大量地面用混凝土或沥青混凝土覆盖、楼群密集、空调使用导致城市气温升高外,照明设备排放的热量也助长了城市的温变。大量室外照明开放,提高了地面气流的上升速度,气流被各种热源加热而上升到空中,形成气云和"温室效应",最后导致城市气候异常。由此可见,过度照明也带来了一些环境问题,这会对人体健康产生危害。从某种意义上来讲,在直接影响人体健康的同时,光污染对人体健康也产生了间接影响。

5.4.4　光污染的防护措施

（1）在城市中,市政相关管理部门除了限制或禁止在建筑物表面使用隐框玻璃幕墙外,还应完善立法,加强灯火管制,避免光污染的产生。

（2）在工业生产中,对光污染的防护措施包括在有红外线及紫外线产生的工作场所适当采取安全办法。例如,采用可移动屏障将操作区围住,以防止非操作者受到有害光源的直接照射等。

（3）个人防护光污染的最有效措施是保护眼部和裸露皮肤免受光辐射的影响。为此,佩戴护目镜和保护面罩是十分有效的。

5.5　振动与人体健康

5.5.1　振动的概念

任何物理量,当其按照一定的值做周期性变化时,都可称该物理量在振动。换言之,一个物体处于周期性往复运动的状态就是振动。振动是一种很普遍的运动形式,在自然界、日常生产和生活中都很常见。各种形式的物理现象,诸如声、光、热等都包含振动;人的生命现象也离不开振动,心脏的搏动、耳膜和声带的振动,都是人体不可缺少的功能。

但振动超过一定界限就构成了噪声污染,从而对人体的健康和设施产生危害,对人的生活和工作环境形成干扰,或使机器、设备和仪表等不能正常工作。与噪声一样,振动污染带有强烈的主观性,是一种危害人体健康的感觉公害。

5.5.2　振动的来源

环境振动污染主要源于自然振动和人为振动。自然振动主要由地震、火山爆发等自然现象引起。自然振动带来的灾害难以避免,只能加强预报减少损失。人为振动污染源主要包括以下几种。

（1）工厂振动源

在工业生产中的振动源主要有旋转机械、往复机械、传动轴系、管道振动等,如锻压、铸造、切削、风动、破碎、球磨以及动力等机械和各种输气、液、粉的管道。

（2）工程振动源

工程施工现场的振动源主要有打桩机、打夯机、水泥搅拌机、碾压设备、爆破作业以及各种大型运输机车等。

（3）道路交通振动源

道路交通振动源主要来自铁路和公路。对周围环境而言,铁路振动呈间隙振动状态,而公路振源则取决于车辆的种类、车速、公路地面结构、周围建筑物结构和离公路中心远近等因素。

（4）低频空气振动源

低频空气振动是指人耳可听见的 100 Hz 左右的低频，如玻璃窗、门产生的人耳难以听见的低频空气振动。这种振动多发生在工厂。

5.5.3 振动对人体健康的危害

按振动源作用于人体的方式，振动可分为局部振动和全身振动。全身振动是由振动源通过身体的支持部分，将振动沿下肢或躯干传布全身引起的振动。局部振动以手接触振动为主，振动主要是通过振动工具、振动机械或振动工件传向操作者的手臂。全身振动和局部振动对人体的危害及其临床表现是明显不同的。

（1）全身振动的危害效应

强烈的全身振动可能导致内脏器官的损伤或位移，造成周围神经和心血管功能的改变，造成各种类型的、组织的、生物化学的改变，导致足部疼痛、下肢疲劳、足背脉搏减弱、皮肤温度降低等；造成女性的子宫下垂、自然流产及异常分娩；导致性功能下降和机体代谢增加；造成腰椎损伤等运动系统疾病。强烈的振动还可以造成前庭功能障碍，导致内耳调节平衡功能失调，出现脸色苍白、恶心、呕吐、出冷汗、头疼、头晕、呼吸浅表、心率和血压降低等症状，晕车、晕船属于全身性振动疾病。人体是一个弹性体，各器官都有它固有的频率，当外来振动的频率与人体器官的固有频率接近时可引起共振，导致器官受损。引发人体全身共振的共振频率为 3～14 Hz，此时人体健康所受到的危害最大。

（2）局部振动的危害

局部强烈振动以手接触振动工具的方式为主，长期持续使用振动工具能引起末梢循环、末梢神经和骨关节肌肉运动系统障碍，严重时可患局部振动病。局部振动对人体健康的影响主要表现在以下几个方面。

① 神经系统：以上肢末梢神经的感觉和运动功能障碍为主，皮肤感受痛觉、触觉、温度的功能下降，血压及心率不稳，脑电图有改变；此外，局部振动还可引起植物神经功能紊乱，表现为睡眠障碍、食欲减退、营养障碍、手汗、手颤等症状。

② 心血管系统：可引起周围毛细血管形态及张力改变，上肢大血管紧张度升高，心率过缓，心电图改变。

③ 肌肉系统：握力下降，肌肉萎缩、疼痛等。

④ 骨组织：引起骨和关节改变，多表现为手、腕、肘、肩、腰及颈部骨关节部位的囊样病变、变形性骨关节病、骨质增生、骨质疏松等。

⑤ 听觉器官：低频段听力下降，当转动和噪声产生结合作用时则可加重对听觉器官的损害。

⑥ 其他影响：引起食欲不振、胃痛、性功能低下、妇女流产等。

（3）常见振动病

一般来说，振动病是针对局部疾病而言的，其也称为职业性雷诺现象、振动性血管神经病、气锤病和振动性白指病等。振动病主要是由于肢体局部长期接触强烈振动而引起的。长期受低频和大振幅的振动时，由于振动加速度的作用，可使植物神经功能紊乱，引起皮肤分析器与外周血管循环功能改变，早期可出现肢端感觉异常、振动感觉减退。手部症状主要表现为手麻、手疼、手胀、手凉、多汗、手僵、手颤、手无力等，手指遇冷即出现缺血发白，严重时血管痉挛明显。如果下肢接触振动，则以上症状出现在下肢。

5.5.4　振动危害的防护措施

（1）振源控制

采用振动小的加工工艺。强力撞击在机械加工中经常见到，强力撞击会引起被加工零件、机械部件振动和基础振动。控制此类振动最有效方法是改进加工工艺，即用不撞击方法替代撞击方法，如用焊接替代铆接、用压延替代冲压、用滚轧替代锤击等。

减少振源扰动。振动的主要来源是振动源本身的不平衡力引起的对设备的激励。因此改进振动设备的设计和提高制造加工装配精度，使其振动最小，是最有效的控制方法，可从确保旋转机械转动平衡、防止共振及合理设计设备基础三方面来考虑。

（2）振动传递过程中的控制

加大振动源和受振对象之间的距离。振动在介质中传播，由于能量的扩散和介质对振动能量的吸收，一般随着距离的增加，振动逐渐减弱，所以加大振源与受振对象之间的距离是控制振动的有效措施之一。

设置隔振沟。在振动机械基础的四周开有一定宽度和深度的沟槽——防振沟，里面填充松软物质或不填，用来隔离振动的传递，这也是常采用的隔振措施之一。

采用隔振器材。在设备下安装隔振器件——隔振器，是目前工程上应用最为广泛的控制振动的有效措施。安装这种隔振元件后，能真正起到减少振动与冲击力的传递的作用，只要隔振元件选用得当，隔振效果可在 85%以上。

（3）个体防护

建立合理的劳动制度，坚持工间休息及定期轮换工作制度，以利于工人各器官系统功能的恢复；在加强管理的基础上，减少工人每日接触振动的持续总时间；控制车间及作业地点温度，将其保持在 16℃ 以上；提高振动工具把柄温度，使之达 40℃ 以上；注意保暖防振，如佩戴防振保暖手套等；有条件的应设置温水池，以便工人班前、班后以及休息时间能用温水泡手，使局部血管呈舒张状态，以便恢复血管的功能；接振人员应避免情绪波动、精神紧张或创伤；工人定期健康检查，坚持就业前体检，凡患有就业禁忌症者，不能从事振动作业；定期对作业人员进行体检，尽早发现振动损伤；及时治疗已受损伤的振动病患者。

思考题

1. 什么是物理性污染，主要有哪些类别，与其他类型污染的区别何在？

2. 简述噪声对人体健康的危害及控制防护措施。

3. 生活中的电磁辐射有哪些种类，个人应如何防护应对？

4. 什么是放射性污染，对人体健康的作用机制是什么，应如何防治与防护？

5. 简述光污染的健康效应及防护措施。

6. 举例说明常见的振动污染来源及其可能给人体带来的危害。

参考文献

[1] 刘新会,牛军峰,史江红,等.环境与健康[M].北京:北京师范大学出版社,2009.

[2] 贾振邦.环境与健康[M].北京:北京大学出版社,2008.

[3] 刘春光,莫训强.环境与健康[M].北京:化学工业出版社,2014.

[4] 程胜高,但德忠.环境与健康[M].北京:中国环境科学出版社,2006.

[5] 马娟,俞小军.物理性污染控制[M].成都:电子科技大学出版社,2016.

[6] 任连海,王永京,李京霖.环境物理性污染控制工程[M].北京:化学工业出版社,2008.

[7] 杜翠凤,宋波,蒋仲安.物理污染控制工程[M].北京:冶金工业出版社,2018.

[8] 竹涛,徐东耀,侯宾.物理性污染控制[M].北京:冶金工业出版社,2014.

[9] 闵庆霞.噪声污染的危害及防治措施分析[J].中国医药指南,2017,15(07):297-298.

[10] 彭瑞云,赵黎.电磁辐射对健康的影响及其防护[M].北京:科学出版社,2021.

[11] 刘梦思,朴晔.辐射污染危害及防护措施的研究[C]//中国环境科学学会.中国环境科学学会科学技术年会论文集(第四卷).北京:中国农业大学出版社,2020:577-580.

[12] 刘艺轩,刘平.浅析光污染对人体身心健康的危害[J].中国城乡企业卫生,2017,32(12):55-57.

[13] 姜涛,王晓阳.振动的危害及防治对策[J].内蒙古环境科学,2009,21(06):48-50.

第 **6** 章

生物性污染与健康防护

6.1 生物性污染概述

6.1.1 基本概念

自然界中,人们已经发现了三四十万种植物、150 万种动物,以及数十万种微生物。由于人们的生产和生活活动,空气中可能存在一些微生物,包括部分病原微生物,它们以空气为媒介进行疾病的传播。居住环境中除大气中原有的一些微生物外(非致病性的腐生微生物、芽孢杆菌属、无色杆菌属、细球菌属以及一些放射线菌、酵母菌和真菌等),还有某些病原微生物,如结核杆菌、白喉杆菌、溶血性链球菌、金黄色葡萄球菌、脑膜炎球菌、感冒病毒、麻疹病毒等。在我们周围的环境中,还有许多微生物可以经饮水或食物传播引起人类的疾病,例如,由病毒所导致的流行性感冒,由细菌引发的一度威胁人类生存的鼠疫和霍乱,由病毒所导致的非典,流行于发展中国家的血吸虫病,以及由病毒等引发的禽流感、人朊病毒病、口蹄疫、艾滋病等。此外,病毒、细菌或寄生虫等,还可能引发人类罹患肝癌、胃癌、鼻咽癌、白血病、淋巴瘤、皮肤癌等各种癌症。

作为影响人类健康的重要因素,生物中以病毒、细菌、真菌等病原微生物及寄生虫对人体的作用尤为重要,而人类对某些具有毒性或作为微生物宿主的动物和植物的不当接触也可能导致人类健康受损。如 2019 年爆发的新冠疫情就是病毒寄生在人体当中,进而引起宿主的发热、咳嗽甚至肺炎。

6.1.2 生物性污染的主要来源和传播方式

6.1.2.1 来源

空气中存在着数不尽的微生物,虽然其中大部分为非致病性微生物,但也含有极少量可能致病或致敏的微生物,如肺炎链球菌,它对健康人群的危害很小,但可能让易感染人群感染肺炎。在一定环境条件下，海水中某些浮游植物、原生动物或细菌在短时间内突发性增殖或高度聚集而引发的一种生态异常，并造成危害的现象即为赤潮。到目前为止，环境的生物性污染已经对人类的生产生活和人体健康造成了很大的威胁。

环境生物性污染的主要来源，一个是自然疫源地；另一个则是医院排出的传染性污水，生物制品厂、肉类加工厂等排放的废水。前者是人类开发自然资源、地质勘探、军队野营等进入疫源地，自然疫源性疾病由动物传染给人，再在人群之间传播；后者常含有一定量的致病细菌、病毒、寄生虫卵等病原体而致病。

6.1.2.2 传播方式

生物性污染物一般通过空气、水和土壤、食物等扩散、传播，危害人群健康，也可通过直接接触或者喷嚏等飞沫方式在人群间传播。空气中的微生物多数是借助土壤以及人和生物体传播，或者借助大气漂浮物和水滴传播，其中常见的是杆菌（如无色杆菌、芽孢杆菌）、球菌（如细球菌）、霉菌、酵母菌和放线菌等腐生性微生物。当致病微生物、寄生虫和某些昆虫等生物进入水体，或某些藻类大量繁殖，使水质恶化，人类通过直接或间接的方式接触或饮用此类水体后，会对人体健康造成极大危害。肠道致病性原虫和蠕虫类是土壤中最常见的致病微生物，有的寄生在动植物体内，有的通过土壤穿透皮肤进入人体，有的病毒也可通过土壤使人感染，如结核杆菌，可在干燥细小的土壤颗粒中存活很长时间，随风进入空气，再被人畜吸入便会引起感染。

6.2 环境中的病毒与人体健康

自然界中，病毒广泛分布于各种生物体内。不仅在人、动物、植物和昆虫体内有病毒寄居，而且在真菌和细菌等微生物体内也有病毒寄居并引发感染。对人类健康来说，病毒有很大的影响，人类急性传染病中70%都源于病毒感染，某些病毒甚至会引发肿瘤等疾病。

病毒是一种可以利用宿主细胞系统进行复制的微小、无完整细胞结构的亚显微粒子。病毒不具细胞结构，无法独立生长和复制，但病毒可以感染所有的具有细胞的生命体，具有遗传、复制等生命特征。病毒在19世纪被发现，在研究烟草花叶病的原因时，lwanowski提出致病因子与细菌的特性不相吻合，于是将这种物质命名为"过滤性病毒"，为病毒学的创立奠定了基础。对哺乳动物致命的病毒就有32万种，它们对人体的害处毋庸置疑，如著名的天花病毒、狂犬病毒、埃博拉病毒等，大多具有致命性，病毒二字仿佛代表着死亡。现存大部分病毒无法单独进行代谢活动，通过将核酸注入宿主的细胞内部进行"繁衍"。病毒核酸一旦进入宿主细胞核增殖，将会打乱细胞正常翻译、转录，通过抗原蛋白对宿主细胞入侵损害或由于病毒入侵导致的免疫过激，从而导致宿主细胞损伤甚至死亡，对人类健康产生不可逆转的负面效应。从宏观上说，病毒对人类进化也起着重要作用。人体可随着自然界与其他有机生物的变化而做出适应性改变。病毒不断进化,在一定程度上也促进了人类"进化",提高了与自然抗衡的能力。

6.2.1　环境中的病毒

人们饮用的水、呼吸的空气、居住并用于种植食物的土壤,都存在着各种各样的病毒,经环境传播的各种病毒性疾病,严重危害着人类的健康。

未经处理的人粪尿和其他废料施于土地,或用污水灌溉土地,在给土地提供有价值的养料和水分的同时,也使土壤携带了病毒。

在空气中也存在着各种各样的病毒,包括暂时悬浮于空气中的和附着于尘埃上的。空气中无固有的微生物丛,因为空气中缺乏微生物直接利用的养料,微生物不能独立在空气中生长繁殖。人类和动物的各种活动乃至植物的生长繁殖都向空气中散播微生物,其中有些因紫外线和干燥等自然因素被杀死,有些则残存且对高等生物无害,而有些则会引起植物疾病或人和动物的疾病。通过空气传播的致病性病毒有鼻病毒、腮腺炎病毒、麻疹病毒、天花病毒、水痘病毒等。源于口、鼻、咽腔飞沫经空气传播的病毒可能会引起风疹、麻疹、腮腺炎和水痘等,呼吸道合胞病毒可能造成婴幼儿支气管炎和肺炎,而鼻病毒则会引起伤风、鼻炎,使人体不适。

在水生环境中,病毒对悬浮固体物(泥沙、黏土矿物、细胞碎片或有机颗粒物质)有亲和性。研究表明,海洋和河流中的泥沙和黏土矿物能吸附相当数量的肠道病毒。通过水传播的病毒性疾病主要有甲型肝炎、急性肠胃炎、结膜炎等。经废水和污泥传播的肠道病毒主要有脊髓灰质炎病毒、肝炎病毒、呼吸和胃肠道病毒、腺病毒和轮状病毒等,这类病毒可引起瘫痪、脑膜炎、肝炎、呼吸道疾病和急性胃肠炎等。

6.2.2　病毒的传播方式与途径

病毒是专性细胞内寄生物,它只能在易感的宿主细胞内繁殖。一旦脱离宿主细胞,它们就会暴露在物理、化学和生物学等各种不利的环境因素中。病毒的传播可以是垂直方式,如从母亲到婴儿,或者是水平方式,即从一个人到另一个人。垂直传播的例子包括乙肝病毒和人类免疫缺陷病毒,婴儿可能会从母亲处感染病毒;另一个少见的例子是水痘-带状疱疹病毒,这种病毒对免疫系统完善的成年人只会引起较温和的感染反应,但对胎儿或刚出生的婴儿却是致命的。水平传播是最普遍的病毒在人群中的传播方式。病毒的传播途径包括:血液传播或性传播等,如人类免疫缺陷病毒、乙肝和丙肝病毒;口部的唾液传播,如艾伯斯坦-巴尔病毒;含病毒的食物或饮用水,如诺如病毒;吸入以气溶胶形式存在的病毒,如流感病毒;以蚊虫为载体,通过蚊虫叮咬注入人体,如登革热病毒。

病毒的传播方式多种多样,不同类型的病毒采用不同的方法。动物病毒可以通过蚊虫叮咬而得以传播,这些携带病毒的生物体被称为载体。流感病毒可以经由咳嗽和打喷嚏来传播。诺如病毒则可以通过手足口途径来传播,即通过接触带有病毒的手、食物和水;轮状病毒常常是通过接触受感染的儿童而直接传播的。表 6-1 所列是病毒的传播途径与传播方式。

表 6-1　常见病毒的传播

传播方式	传播途径	病毒种类
水平传播	血液	人类免疫缺陷病毒、乙肝病毒、丙肝病毒等
	皮肤	脑炎病毒、出血热病毒、狂犬病毒等
	消化道	腺病毒、肠道病毒、轮状病毒、甲型肝炎病毒、脊髓灰质炎病毒等
	呼吸道	鼻病毒、流感病毒、麻疹病毒、风疹病毒、腮腺炎病毒、水痘-带状疱疹病毒等
	眼、尿道、生殖道	腺病毒、人类免疫缺陷病毒、疱疹病毒、肠道病毒、人乳头头瘤病毒等
垂直传播	哺乳	巨细胞病毒、乙肝病毒
	胎盘、产道	乙肝病毒、风疹病毒、人类免疫缺陷病毒、巨细胞病毒等

6.2.3　病毒的危害

病毒是专性寄生微生物,只能在寄主的活细胞中复制,不能在人工培养基上繁殖。当前对食品中病毒的了解较少,其主要原因有三:一是病毒不能像细菌和霉菌那样,以食品为培养基进行繁殖,这也是人们忽略病毒性食物中毒的主要原因;二是在食品中的数量少,必须用提取和浓缩的方法,但其回收率低,约 50%;三是有些已知的病毒尚不能用当前已有的方法培养出来。尽管如此,关于与食品有关的病毒报道也逐渐增多,因为在不卫生的条件下可在食品中发现很多肠道细菌病原菌。污染病毒的食品一旦被食用,病毒即可在体内复制,引起病毒性疾病。滤过性病毒在食品中呈惰性状态,不能繁殖。滤过性病毒能通过直接或间接的方式由排泄物污染食品。携带病毒的食品加工者可导致食品的直接性污染,而污水则常导致食品的间接性污染。食品中有些滤过性病毒在烹调过程中被钝化,有些滤过性病毒在干燥过程中被钝化。不论怎样,应该避免食品被滤过性病毒污染。

一些海洋生物在具有病毒的水中生活时,可将病毒粒子吸收到体内。Gerba 等(1978)对贝类浓缩肠道病毒的情况进行了研究和检测,结果发现贝类浓缩海水中肠道病毒的浓度极高,如食用此种贝类,毫无疑问会引起病毒病。另外,诺瓦克病毒(norwark)和类诺瓦克病毒(norwarklikeageats)是极微小的病毒,常引发非细胞性肠胃炎综合征。

6.2.4　病毒感染的防护

病毒使用了宿主细胞来进行复制并且寄居其内,因此很难用不破坏细胞的方法来杀灭病毒。现在最积极的对付病毒疾病的方法是使用接种疫苗来预防病毒感染或者使用抗病毒药物来降低病毒的活性以达到治疗的目的。

疫苗接种是一种廉价又有效的防止病毒感染的方法。早在病毒被发现之前,疫苗就已经被人们用于预防病毒感染。随着疫苗接种的普及,病毒感染相关的一些疾病(如小儿麻痹、麻疹、腮腺炎和牛痘)的发病率和死亡率都大幅度下降,1979 年,世界卫生组织宣布全世界已消灭天花病毒。目前各类疫苗可以预防超过 30 种病毒感染,而有更多的疫苗被用于防止动物受到病毒感染。

疫苗的成分可以是活性降低的或死亡的病毒,也可以是病毒蛋白质(抗原)。活疫苗包含了活性减弱的可致病病毒,这样的病毒被称为"减毒"病毒。虽然活性减弱,但活疫苗对于那些免疫力较弱或免疫缺陷的人可能是危险的,对他们注射活疫苗可能反而会导致疾病。对于活疫苗的安全性也有一些例外,如黄热病疫苗,虽然是一种减毒病毒(被称为17D),却可能是目前所有疫苗中最安全和最有效的。

在过去的 20 年间,抗病毒药物的发展非常迅速。艾滋病的不断蔓延推动了对抗病毒药物的需求。抗病毒药物常是核苷类似物,当病毒复制时如果将这些类似物当作核苷用于合成其基因组就会产生没有活性的病毒基因组(因为这些类似物缺少与磷相连能够相互连接形成 DNA"骨架"的羟基,会造成 DNA 的链终止),从而抑制病毒的增殖。

可采用人工方法向机体输入免疫血清和淋巴因子等具有免疫效应的物质而使机体立即获得免疫力,这种方法称为人工被动免疫,具有可以立即发生作用的特点,但由于免疫作用并非自身免疫系统产生而只能维持较短时间(大约 2～3 周),主要用于麻疹、甲型肝炎和脊髓灰质炎等疾病的治疗和应急预防。

也可以采用一些外在的防护措施,如利用吸附、静电、负离子、低温等离子体、光催化以及膜分离等净化技术来净化室内空气,此外,臭氧空气净化和紫外线杀菌也常用于消除空气中的微生物。而对于水体中一些病毒的防护,则是要求饮用水厂处理饮用水时严格按照《生活饮用水卫生标准》(GB 5749—2022)中相关的指标。用户在饮用自来水前也一定要进行煮沸处理。

新型冠状病毒(COVID-19)感染

2019 年,一场新冠疫情迅速席卷全世界,截至 2022 年 3 月,全球死于新冠疫情的人数高达 600 万。这是第二次世界大战结束以来最严重的全球公共卫生突发事件。

中国科学工作者于 2021 年初开发和研制出了新冠疫苗,并迅速应用于全国。中国已有 5 款新冠病毒疫苗获批使用,5 款疫苗分为三类:一是灭活疫苗;二是腺病毒载体疫苗,为天津康希诺公司生产的 5 型腺病毒载体疫苗;三是重组蛋白疫苗,为重组新型冠状病毒疫苗(CHO 细胞)。

(来源:世界卫生组织,2022)

6.3 环境中的细菌与人体健康

细菌(bacteria)属于细菌域,是一类单细胞的原核微生物,种类繁多,按其外形可分为杆菌、球菌以及螺旋菌三大类。细菌是数量最多的生物,在无机环境与人体内部都有存在,分布范围极广,因此人体类似一个由各种细菌和细胞组成的混合体。对人体不能产生疾患影响的细菌即为非致病菌,可以导致宿主致病的被称为致病菌,在特殊情况下可以转化为致病菌的非致病菌被称为机会致病菌。

6.3.1 细菌的形态与结构

细菌是单细胞生物,形体微小,结构简单,通常以微米(μm)作为测量单位。不同种类细菌的大小不一,多数球菌的直径为 1 μm,中等大小的杆菌长 2~3 μm,宽 0.3~0.5 μm。观察细菌须经显微镜放大几百倍或几千倍才能看到。

细菌的形态可受各种理化因素的影响,如温度、时间、pH 和培养成分等,只有在生长条件适宜时培养 8~18 h,形态才较典型,否则将出现不典型形态。因此,观察细菌的形态和大小,应选择其适宜生长条件下的对数期为宜。

细菌的基本结构包括细胞壁、细胞膜、细胞质、核质等,除基本结构外,有些细菌还具有特殊结构,如荚膜、鞭毛、菌毛、芽孢等。细菌的结构对于细菌的鉴定及其致病性、免疫性都具有重要作用。

6.3.2 环境中的细菌

细菌作为地球上最为丰富的物种之一,广泛分布在地球的各个角落。细菌在环境中往往不是以个体而是以群落的形式存在的,群落中的各种细菌都有自己的生存方式。

细菌通过暴露在气流中不同表面的气溶胶进入近地表大气。相关学者指出,基于粒子再悬浮过程的理论,细菌从土壤和植物表面释放到大气中。空气中大部分细菌对动物包括人类没有危害,但也存在一些病原菌,在空气中繁殖并向周围环境中扩散,导致人类过敏反应,对免疫力低下的人们造成严重的健康危害,如肺炎链球菌、化脓性链球菌、流感嗜血杆菌、肺炎克雷伯菌、铜绿假单胞菌和结核分枝杆菌。灰尘在细菌的气溶胶化和运输中起着重要作用,这也对疾病的传播产生重要影响。一个典型的案例是在非洲爆发的脑膜炎球菌性脑膜炎,这与沙尘暴频繁出现的旱季密切相关,并随着雨季的到来而停止。除了病原体之外,空气中的微生物及其成分(例如内毒素、真菌毒素、葡聚糖)也可能在特定环境中对人类健康产生强烈影响。

水也是微生物存在的天然环境,水中的细菌来自土壤、尘埃、污水、人畜排泄物及垃圾等。水中微生物种类及数量因水源不同而异。一般地面水比地下水含菌数量多,并易被病原菌污染。即使在净化和分配系统技术先进、水受到密切监测的较发达国家,也偶尔会观察到由细菌引起的水传播疾病。在发展中国家,细菌污染问题更加严重。天然水中存在的细菌,常见的是荧光假单胞杆菌、绿脓杆菌,一般认为这类细菌对健康人体是非致病的。而洪水时期或大雨后,一些土壤中存在的细菌就会进入地表水。它们在水中生存的时间不长,在水处理过程中容易被去除,腐蚀水管的铁细菌和硫细菌即属此类。在自然中,水源虽不断受到污染,但也经常进行着自净作用。日光及紫外线可使表面水中的细菌死亡,水中原生生物可以吞噬细菌,藻类和噬菌体能抑制一些细菌生长;另外,水中的微生物常随一些颗粒下沉于水底污泥中,使水中的细菌大为减少。水中的病菌如伤寒杆菌、痢疾杆菌、霍乱弧菌等主要来自人和动物的粪便及污染物。因此,粪便管理在控制和消灭消化道传染病方面有着重要意义。

6.3.3　细菌对人体的危害

细菌在多种条件下可影响人体健康,导致疾病的发生或干预疾病的进程。微生物菌群在人体中主要存在于皮肤表面以及人体各类通道内,如:胃肠道、呼吸道、尿道以及生殖管道等部位。在皮肤表面主要存在枯草杆菌、白色葡萄球菌等。人体皮肤褶皱处由于面积较大且湿度较高,因此较平滑处更易于菌群生长繁殖。如长期不能保证皮肤的清洁,会引发过敏、汗腺堵塞、湿疹等多种皮肤病。口腔与呼吸道由于较为潮湿,且温度较为适宜,易滋生奈瑟菌属、乳酸杆菌等。呼吸道由于和空气直接接触,大气中的细菌很容易进入呼吸道,并附着在黏膜层与黏膜分泌物中。不注意空气清洁,很可能导致呼吸系统的疾病状态,例如上呼吸道感染等疾病。细菌在人体胃肠道内的分布主要集中在十二指肠与大肠,胃这个器官中由于含有胃酸,因而不利于细菌存活,小肠中又含有众多溶菌酶,因此小肠含有的菌群也极少。大肠的消化功能一大部分源于其中的菌群,因此在大肠中,细菌与人体表现为互利共生的关系。人体摄入的食物残渣以及纤维素经过大肠中细菌酶的分解,才能被人体吸收利用。肠道微生物本身具有平衡能力,部分肠道菌群可合成维生素 B、维生素 K 等物质。故益生菌表现出能促进人体消化吸收、增进健康的功能。人体尿道中主要存在类白喉棒状杆菌、表皮葡萄球菌等,是导致尿路感染等疾病的元凶之一。细菌对人体健康影响不光表现为有害,还有抵御外袭细菌、增强免疫屏障、维持各系统结构与功能等有益作用(表 6-2)。

表 6-2　人体常见的细菌种类

部位	主要菌类
人体皮肤	葡萄球菌、丙酸杆菌、大肠埃希菌等
外耳道	肺炎链球菌、铜绿假单胞菌等
口腔	甲型链球菌、厌氧链球菌等
消化道	类杆菌、双歧杆菌、大肠埃希菌、乳杆菌、变形杆菌等
鼻腔与呼吸道	表皮葡萄球菌、金黄色葡萄球菌、甲型链球菌、肺炎链球菌等
泌尿生殖道	表皮葡萄球菌、甲型链球菌、肠球菌、棒状杆菌、类杆菌、奈瑟菌等
眼结膜	奈瑟菌、葡萄球菌、棒状杆菌等

6.3.4　致病细菌

当正常菌群与人体处于生态平衡时,菌群在它们寄居的人体部位获取营养进行生长繁殖,而宿主细胞也能从这些寄生在他们身上的细菌中得到多种好处,包括营养作用、免疫作用、生物拮抗作用、抗衰老作用以及其他作用(如抗肿瘤作用等)。但是,在特定条件下,由于菌群失调、宿主免疫功能低下或菌群寄居部位改变造成了生态失调状态,正常菌群也能引起感染,这样它们就成为了致病菌。致病微生物引起的疾病,又称为传染病。传染病的发生、传播、预防和治疗是微生物学的首要任务。根据世界卫生组织的资料,全世界每年死亡的人数当中,有 1/3 是由传染病造成的(表 6-3)。

表 6-3　主要细菌病原菌的发现

发现年份	疾病	细菌名称
1873	麻风病	麻风分枝杆菌
1877	炭疽病	炭疽芽孢杆菌
1878	化脓	葡萄球菌
1879	淋病	淋病奈瑟菌
1880	伤寒	伤寒沙门菌
1881	化脓	链球菌
1882	结核病	结核分枝杆菌
1883	霍乱	霍乱弧菌
1884	破伤风	破伤风梭菌
1885	腹泻	大肠埃希菌
1886	肺炎	肺炎链球菌
1887	脑膜炎	脑膜炎奈瑟菌
1888	食物中毒	肠炎沙门菌
1892	气性坏疽	产气荚膜梭菌
1894	鼠疫	鼠疫耶尔森菌
1896	肉毒中毒	肉毒梭菌
1898	痢疾	痢疾志贺菌
1900	副伤寒	副伤寒沙门菌
1906	百日咳	百日咳博得特菌

霍乱弧菌、痢疾杆菌和大肠杆菌能产生分泌到它们细胞外面的肠毒素,引起患者腹泻;鼠疫杆菌分泌的鼠疫毒素作用于全身血管及淋巴,使其出血和坏死;还有些细菌产生不分泌到菌体细胞外的毒素,如沙门菌。当我们不小心弄破了手足且伤口较深时,或者被锈铁钉扎到肉中,必须到医院去注射预防针,预防由梭状芽孢杆菌引起的破伤风。梭状芽孢杆菌也来自土壤,是一种不喜欢氧气的厌氧菌。它在氧气较少的深部伤口中繁殖,并产生一种能置人于死地的毒素。还有一种梭状芽孢杆菌——肉毒梭菌,它们会产生一种已知对人类最厉害的毒素($0.1\ \mu g$ 就足以致人死亡),它并不在宿主体内繁殖,而是在罐头里腌制的鱼和肉类中繁殖并产生毒素。不过现代先进有效的食品保藏方法使肉毒毒素中毒症变得很少见了。

各种致病菌的致病能力不同,并随宿主不同而发生变化,即使同种细菌也常由于菌型和菌株的不同而有一定的能力差异。致病菌的致病机制与致病菌毒力、入侵病菌数量以及入侵机体部位、机体的免疫力等有着密切关系。

（1）致病菌的致病毒素

对于致病菌来说,其致病能力强弱主要取决于病菌对机体的入侵能力和所产生的致病毒素。

病菌入侵能力指病菌进入机体并在机体内生存、繁殖和扩散的能力,病菌入侵机体的能力与病菌种类和入侵部位有关,有些病菌可以直接进入机体而致病,而霍乱弧菌和炭疽杆菌等病菌的机体入侵能力则取决于所产生的毒素、荚膜和酶等物质。

致病毒素即指许多病原菌在新陈代谢过程中合成的、对宿主具有明显毒害作用的物质。致病毒素按其来源、性质和作用的不同可以分为外毒素和内毒素两种。外毒素是指细菌在生长过程中合成并分泌到菌体外的毒素,是一种次级代谢产物,主要成分为可溶性蛋白质。大多数外毒素是产毒菌进行新陈代谢过程中在细胞内合成后分泌到菌体外的。病菌产生的外毒素对机体组织器官的作用具有选择性,一些外毒素可以引发机体特殊病变。根据毒素与宿主的亲和能力及其作用方式,外毒素主要包括神经毒素、细胞毒素和肠毒素三大类。外毒素毒性很强。最强的肉毒毒素 1 mg 纯品能杀死 2 亿只小鼠,其毒性比化学毒剂氰化钾还要强 1 万倍(表 6-4)。

表 6-4　细菌外毒素与内毒素的区别

区别	外毒素	内毒素
产生菌	多数革兰阳性菌,少数革兰阴性菌	多数革兰阴性菌,少数革兰阳性菌
存在部位	多数活菌分泌出,少数菌裂解后释出	细胞壁组分,菌裂解后释出
化学成分	蛋白质	脂多糖
稳定性	60℃ 0.5 h 被破坏	160℃ 2～4 h 被破坏
毒性作用	强,对组织细胞有选择性毒害效应,引起特殊临床表现	较弱,各菌的毒性效应相似,引起发热、白细胞增多、微循环障碍、休克等
免疫原性	强,刺激宿主产生抗毒素,甲醛液处理后脱毒成类毒素	弱,甲醛液处理不形成类毒素

内毒素存在于革兰阴性菌的外膜中,能够产生强烈的免疫反应,独立于细菌的生存能力,它只有当细菌死亡溶解或用人工方法破坏菌细胞后才释放出来。作用于白细胞、血小板、补体系统及凝血系统等多种细胞和体液系统,引起发热、白细胞增多、血压下降及微循环障碍,有多方面复杂作用。此外,内毒素特别持久,加上它们无处不在,是我们呼吸道的常客。尽管很明显,高内毒素浓度会导致急性和慢性健康影响,但目前缺乏职业接触限值,主要是由于实验室间的可变性以及缺乏一个标准的国际方案来采样和分析空气中的内毒素。空气传播的内毒素的作用并不总是有害的。内毒素最广泛研究的有益作用涉及免疫刺激。一些研究表明,儿童早期接触微生物及其成分(如内毒素)是发展免疫系统、预防过敏和特应性哮喘发病的基础。

（2）侵入机体的病菌数量

要使感染过程实现,除病原体必须具有致病物质外,还需有足够的数量。引发感染的病菌数量不仅取决于致病菌毒力的强弱,还取决于宿主免疫能力的强弱。一般来说,病菌毒力越强、宿主免疫力越弱则引发机体感染所需的病菌数量愈少,反之则所需的病菌数量愈大。例如,毒力强大的鼠疫耶尔森菌(Yersiniapestis),在没有特异性免疫力的集体中,有几个细菌侵入就可造成感染;而毒力弱的某些引起食物中毒的沙门菌,常需摄入数亿才引起急性胃炎。

(3)细菌侵入的机体部位

具有致病物质和足够数量的病原体,若侵入易感机体的部位不适宜,仍不能引起感染。对于不同致病菌来说,其生长繁殖的微环境具有一定差异性,因此其入侵机体而发生感染的部位具有特定性。一般来说,一种病菌只有一种机体的入侵门户。例如,痢疾志贺菌必须经口侵入,定居于结肠内,才能引起细菌性痢疾,脑膜炎奈瑟菌则需要通过呼吸道吸入,破伤风梭菌必须在深部创伤的厌氧环境中才能发芽、繁殖、产生外毒素等。某些致病菌也可能有多个机体侵入部位,例如,呼吸道、消化道、皮肤创伤都可以作为结核分枝杆菌的适宜入侵部位,炭疽芽孢杆菌也是多途径入侵宿主的。

6.3.5 细菌感染的防护

细菌感染主要采用特异性预防和抗菌治疗来实现预防控制。所谓特异性预防,主要包括人工主动免疫和人工被动免疫,指采用人工免疫方法激活机体抗感染免疫功能以防止细菌感染,可以应用各种特异性疫苗预防感染性疾病以及应用免疫球蛋白、免疫细胞、免疫分子等治疗某些传染病。抗菌治疗是临床治疗细菌感染的主要方法,用于抗菌治疗的制剂被称为抗菌药物,其具有杀菌性或抑菌活性。抗菌药物主要根据细菌细胞与人类细胞在结构和功能上的差异,在不损伤宿主细胞的前提下,破坏细菌结构,抑制细菌代谢,达到杀灭或抑制细菌的目的。

《生活饮用水卫生标准》中规定了细菌总数值为 100 个/mL,总细菌总数限值为 3 个/L,《地表水环境质量标准》中则规定了 I 类水质中粪大肠杆菌群小于等于 200 个/L,《城镇污水处理厂污染物排放标准》中规定一级排放标准中的粪大肠菌群数为 10^3 个/L。因此需要在医院污水处理及常规水处理工艺中添加消毒工艺,通过消毒过程使水中过量的病菌降至对人体健康无害的浓度。

对于空气中存在的致病性细菌,可以通过经常对室内空气杀菌消毒或在室内种植尽可能多的绿植等措施来改善空气质量;而自来水中可能存在的致病菌则可以通过在饮用前煮沸等措施来进行个人防护。

> **大肠埃希菌**
>
> 大肠埃希菌(Escherichia coli)通常被称为大肠杆菌,为埃希菌属的代表菌种。有鞭毛及动力,为无芽孢的革兰阴性短杆菌。大肠埃希菌为兼性厌氧菌,生长温度范围是 8~46℃,最适生长温度为 37℃。根据其不同的生物学特性可将致病性大肠埃希菌分为 6 种类型:产肠毒素性大肠埃希菌(ETEC)、肠侵袭性大肠埃希菌(EIEC)、肠致病性大肠

埃希菌(EPEC)、肠出血性大肠埃希菌(EHEC)、肠聚集性大肠埃希菌(EAEC)及弥散黏附性大肠埃希菌(DAEC)。自1885年Esherich发现大肠埃希菌以来,人们通常将其认作肠道菌群中的正常组成部分。直到1982年,Riley和Remis等通过对当时美国密歇根州和俄勒冈州爆发的伴有腹泻和肠出血的肠道疾病进行调查研究,首次发现这种不同寻常的肠道疾病是由肠出血性大肠埃希菌O157∶H7感染所引起的,人们才意识到大肠埃希菌具有致病性。此后30多年,致病性大肠埃希菌引发的食物中毒事件不胜枚举。

大肠埃希菌可能引起人体的肠道外感染,而肠道外感染以泌尿系感染为主,也可引起腹膜炎、胆囊炎、阑尾炎等,侵入婴儿、年老体弱、慢性消耗性疾病、大面积烧伤患者的血液,引起败血症,早产儿易患大肠杆菌性脑膜炎。

2019年11月,美国多州发生大肠埃希菌污染事件,此次感染事件共有来自8个州的17起病例。其中7人已经住院治疗,包括2个溶血性尿毒症综合征(一种肾衰竭)的病例,没有死亡报告。马里兰州卫生局在一名病人家中收集的未开封鸡肉沙拉中检测到了大肠埃希菌O157。该州有一名病人报告说,他吃过这种鸡肉沙拉。人类感染大肠埃希菌后的3~4天内,通常会出现腹泻、呕吐与严重胃痉挛的症状。绝大多数患者会在一周内自愈。某些患者病情会持续更久,甚至加重。

(来源:黄涛,微生物学通报,2020)

6.4 环境中的真菌与人体健康

真菌的核膜包被着细胞核,存在完整细胞结构,隶属于真核细胞微生物。真菌对于人体健康的影响大多表现为引起机体免疫功能的变化与引发癌症。如:黄曲霉毒素B1(AFB1)、玉米赤霉烯酮(ZEN)等被认为是致癌元凶。真菌造成的机体感染较细菌感染更顽固,治疗也更加困难,且易复发并且根治难。有益真菌可帮助人体分解体内有机物废料,同时食用真菌也是人体营养物质的重要来源,如:杏鲍菇、白玉菇、金针菇等,由于富含多类氨基酸、膳食纤维、维生素D等营养素,适量补充可在一定程度上提升机体的免疫功能。

真菌分布广泛,种类繁多,现存种类有40余万种,大多对人有益,能引起人类疾病的不足150种,包括致病真菌、条件致病真菌、产毒真菌等。近年来由于广谱抗生素、免疫抑制剂及抗肿瘤药物的大量应用,器官移植、导管插管和放射性治疗的不断发展,引起菌群失调,激素和抗癌药物等导致机体免疫功能下降,导致真菌感染发病率呈明显上升趋势,特别是条件致病真菌感染更为常见,真菌感染正日益受到人们广泛的关注。

6.4.1 常见的致病性真菌

根据致病真菌入侵人体的部位和临床表现,致病真菌主要包括浅部感染真菌、深部感染真菌和条件致病真菌三类(表6-5)。浅部感染真菌主要对皮肤、毛发、指甲表现为慢性毒性作用,其具有顽固性而很难治愈;深部感染真菌可以入侵机体肺部、大脑、神经中枢以及骨骼、黏膜等部位,严重真菌感染可以导致机体死亡;条件致病真菌主要在免疫力低下及正常菌群失调的机体内引发感染。

表 6-5　常见致病性真菌

类别	示例菌	入侵部位	导致疾病
浅部感染真菌	皮肤癣菌	表皮、毛发、指甲、趾甲等	手足癣、体癣、股癣等
深部感染真菌	新型隐球菌	肺、脑、骨、皮肤黏膜等	肺炎、脑炎、脑膜炎、脑肉芽肿以及骨骼、肌肉、淋巴结、皮肤黏膜等炎症
条件致病真菌	假丝酵母菌	口、肠、肾、肺、脑、皮肤、阴道等	皮肤、黏膜和内脏的急性和慢性炎症

6.4.2　致病真菌的危害

真菌的致病物质包括侵袭力和毒素,不同的真菌致病性不同,主要有五种。①外源性真菌感染:皮肤癣菌等部分真菌寄生于机体浅部,有嗜角质特性,能产生角蛋白酶水解角蛋白,易在角质层内繁殖,通过机械性刺激和代谢产物的作用,引起炎症。深部寄生的真菌如新生隐球菌、组织胞浆菌病等感染后不易被杀死,能在吞噬细胞中生存繁殖,引起慢性肉芽肿或组织溃疡坏死。②内源性真菌感染:白假丝酵母菌、曲霉、毛霉,这些真菌的致病性不强,只有在机体抵抗力降低时(如肿瘤免疫缺陷病,放疗等)或在菌群失调时发生感染,也可能在应用导管、手术等过程中继发感染。③真菌超敏反应性疾病:过敏体质的人吸入或食入某些真菌的菌丝或孢子时可引起各种类型的超敏反应,如过敏性鼻炎、哮喘、荨麻疹和接触性皮炎等。④真菌性中毒:有些真菌(如黄曲霉菌、镰刀菌等)污染粮食或食物,在生长繁殖过程中产生真菌毒素,有些真菌(如白毒伞、致命鹅膏等)自身含有毒素,人摄入后可引起急性或慢性中毒,称为真菌中毒症。当人误食某些真菌毒素污染的霉变食物后,真菌毒素可以引发机体急性中毒或慢性中毒,导致肝/肾损害、血液系统变化和神经系统损伤。受环境条件影响,发病有地区性和季节性,没有传染性。⑤真菌毒素诱发肿瘤:已证实有些真菌毒素与肿瘤有关,如黄曲霉毒素毒性很强,小剂量即可诱发肝癌。

6.4.3　真菌感染的防护

针对不同类型的真菌应该采取不同的感染预防对策,但目前人类还没有开发出有效预防的疫苗。真菌感染无特异性预防法。浅部寄生的真菌易在潮湿温暖的环境中繁殖,故要注意皮肤清洁卫生,避免直接或间接与真菌病人接触,保持鞋袜干燥以防真菌滋生,可以用福尔马林棉球杀灭鞋内真菌。对于深部真菌感染来说,应该采取除去各种疾病诱发因素和提高机体免疫力的措施予以预防。药物治疗可用两性霉素、制霉菌素、咪康唑、酮康唑等。对于毒素中毒反应,必须加强粮食管理和食品卫生工作,严禁发霉变质的油粮和食品的销售与食用。

真菌感染

2017 年 8 月,英国多家医院遭到了微生物的袭击。据 BBC 消息,"日本真菌"已经在全英国 55 家医院蔓延。官方数据指出,目前已有 200 多名病人被发现携带该致命病菌或被感染。"日本真菌"的真名叫做耳道假丝酵母菌,最早于 2009 年在日本一名 70 岁的女性耳道中被发现,它也因此而得名。之后,美国、哥伦比亚、委内瑞拉、印度、以色列、肯尼亚、巴基斯坦、南非、西班牙等地相继出现感染的人群。耳道假丝酵母菌具有耐药性,对现在常用的三种主要抗真菌药物均不敏感。

英国并不是第一次发现"日本真菌"。2013 年,第一例"日本真菌"感染者被发现,自此,英国的感染病人不断增多。英国皇家布隆普顿医院、国王学院医院和牛津大学医院都曾发生过严重的感染事件。皇家布隆普顿医院的重症监护室还因此关闭了两周。

"日本真菌"感染的患者在一般情况下没有典型症状,但对于免疫力低的人群,可能导致严重的血液和伤口感染,造成听力丧失或残疾。虽然"日本真菌"的传播途径还在研究中,但是专家们普遍认为它是通过人与人之间的接触进行传播的,手、衣服和医疗设备等都可以成为媒介。感染速度也相当快,接触后 4 小时就会携带。除了医院采取的隔离、消毒措施外,勤洗手是帮助自己远离真菌的最实用方法。

(来源:光明日报,2021.07.22)

6.5　环境中的寄生虫与人体健康

自然界中,随着漫长的生物演化过程,生物与生物之间的关系更加复杂。两种生物在一起生活,其中一方受益,另一方受害,后者给前者提供营养物质和居住场所,这种生活关系称寄生。受益的一方称为寄生物(parasite),受损害的一方称为宿主(host)。而过寄生生活的多细胞的无脊椎动物和单细胞的原生生物则称寄生虫。

6.5.1　寄生虫的形态与分类

寄生虫的形状大小多种多样,在寄生生活中,寄生虫的形态也会发生变化,如寄生虫为适应寄生生活而发展出来的器官,如猪肉绦虫的新皮,带钩和吸盘的头节以及水蛭的吸盘;或者是寄生虫形态的变化,如牙签鱼吸血后身体会膨胀,这两点保证了它们成功地固定在人体身上。一条牛肉绦虫在 10 周内可从一个受精卵生长至 2 m 长。而且被感染者开始并无感觉,数周后发现大便里含有会动的虫体节。每个虫体节可含 5 万个受精卵。

寄生虫根据不同的依据可以分为不同的类型。①按寄生部位可分为体内寄生虫和体外寄生虫,如寄生在消化道内的蛔虫、寄生在红细胞内的疟原虫等寄生在人体的组织、细胞和腔道中的寄生虫为体内寄生虫;②按寄生对宿主的选择可分为专性寄生虫、兼性寄生虫、偶然寄生虫和机会致病寄生虫。发育过程中至少有一个时期营寄生生活的寄生虫为专性寄生,如血吸虫;③按寄生时间的长短可分为长期性寄生虫和暂时性寄生虫,成虫在宿主体内寄生直至死亡的寄生虫称为长期寄生虫,如蛔虫。

6.5.2 人体常见的寄生虫

人体寄生虫种类繁多,有单细胞动物——原虫(疟原虫等),有软体多细胞动物——蠕虫(血吸虫等),有节肢动物(蚊和螨等)。人体寄生虫常常引发各种疾病(表6-6)。在寄生虫一生中,需要经历生长、发育和繁殖过程,不同生活阶段的寄生虫具有不同习性和特点。

表 6-6　人体常见寄生虫引起的感染性疾病

寄生虫种类	疾病类型
原虫	疟疾、脑膜炎、黑热病等
蠕虫	丝虫病、包虫病、囊虫病、肠绦虫病、血吸虫病、弓形虫病等
节肢动物	荨麻疹、斑疹、斑丘疹、蝇蛆病、蠕形螨病、肺螨症等

新中国成立初期,许多寄生虫病肆虐,其中有五大寄生虫病(疟疾、血吸虫病、黑热病、丝虫病、钩虫病)严重危害我国人民健康。经过半个多世纪的工作,寄生虫病防治取得了令人瞩目的成就。但目前我国寄生虫病防治工作还存在许多困难和问题,肠道寄生虫感染仍十分严重,如钩虫病、蛔虫病;随着生活水平提高和饮食习惯改变,食物源性寄生虫病的种类和患病人数不断增加,如肝吸虫病。

6.5.3 寄生虫的危害

寄生虫对人体的危害,主要包括其作为病原引起寄生虫病及作为疾病的传播媒介两方面。寄生虫病对人体健康和畜牧家禽业生产的危害均十分严重。在占世界总人口77%的广大发展中国家,特别在热带和亚热带地区,寄生虫病依然广泛流行并威胁着儿童和成人的健康甚至生命。

寄生虫病的危害是普遍存在的公共卫生问题。联合国开发计划署、世界银行和世界卫生组织联合倡议的热带病特别规划要求防治的6类主要热带病中,除麻风病外,其余5类都是寄生虫病,即疟疾(Malaria)、血吸虫病(Shistosomaiasis)、丝虫病(Filariasis)、利什曼病(Leishmaniasis)和锥虫病(Trypanosomiasis)。按蚊传播的疟疾是热带病中最严重的一种寄生虫病。此外,寄生虫导致的常见疾病还包括:小龙虾肺吸虫病、广州管圆线虫病、菱角姜片虫病等。

据估计约有21亿人生活在疟疾流行地区,每年有1亿临床病例,约有100万~200万的死亡人数。目前尚有3亿多人生活在未有任何特殊抗疟措施的非保护区,非洲大部分地区为非保护区。为此,仅在非洲每年至少有100万14岁以下的儿童死于伴有营养不良和其他健康问题的疟疾。血吸虫病流行于76个国家和地区,大约有2亿血吸虫病人,5亿~6亿人受感染的威胁。

蚊虫传播的淋巴丝虫病,有 2.5 亿人受感染,其中班氏丝虫病是全球性的,居住在受威胁地区的居民有 9 亿余人,在东南亚、非洲、美洲和太平洋岛国的大部分热带国家尤为严重。蚋传播的盘尾丝虫引起皮肤丝虫病和河盲症,估计全世界有 1 760 万名病人,广泛分布在非洲、拉丁美洲,在严重地区失明的患者比例达 15%。白蛉传播的利什曼病主要在热带和亚热带地区,呈世界性分布,每年新感染的患者大约有 40 万人,该病在东非正在扩散。此外,肠道原虫和蠕虫感染也在威胁人类健康,其重要种类有全球性的阿米巴病、蓝氏贾第鞭毛虫病、蛔虫病、鞭虫病、钩虫病等,还有一些地方性肠道蠕虫病,如猪带绦虫、牛带绦虫等。Peters(1989)估计全世界蛔虫、鞭虫、钩虫、蛲虫感染人数分别为 12.83 亿、8.7 亿、7.16 亿和 3.60 亿人。在亚洲、非洲、拉丁美洲,特别是农业区,以污水灌溉,施用新鲜粪便,有利于肠道寄生虫病的传播。在不发达地区,尤其农村的贫苦人群中,多种寄生虫混合感染也是常见的。肠道寄生虫病的发病率已被认为是衡量一个地区经济文化发展的基本指标。有人称寄生虫病是"乡村病""贫穷病",它与社会经济和文化的落后互为因果。因此寄生虫病是阻碍第三世界国家发展的重要原因之一。

在经济发达国家,寄生虫病也是公共卫生的重要问题。如阴道毛滴虫的感染人数估计美国有 250 万人、英国 100 万人;蓝氏贾第鞭毛虫的感染在美国几乎接近流行。许多人畜共患寄生虫病给经济发达地区的畜牧业造成很大损失,也危害人群的健康。此外,一些本来不被重视的寄生虫病,如弓形虫病、隐孢子病、肺孢子虫病等与艾滋病有关的原虫病,在一些经济发达国家,包括日本、荷兰、英国、法国与美国等开始出现流行现象。

当前寄生虫对人类危害的严重性还表现在已经出现恶性疟抗药株,媒介昆虫抗药性的复杂问题。因此,随着寄生虫病的化学防治及媒介昆虫化学的防治,将会出现更多的新问题;人类活动范围扩大,不可避免地将许多本来和人类没有关系或极少接触的寄生虫从自然界带到居民区而进入人群,造成新的公共卫生问题;人类交往越来越频繁,本来在别国危害性很大的寄生虫病或媒介节肢动物可输入本国,并在一定条件下传播流行;现代工农业建设造成的大规模人口流动和生态环境平衡的破坏,也可能引起某些寄生虫病的流行;近代一些医疗措施,如长期用免疫抑制剂、可造成人体医源性免疫受损,使机会致病性寄生虫异常增殖和致病力增强,这些寄生虫正以新的形式威胁着人类。

我国幅员辽阔,地跨寒、温、热三带,自然条件千差万别,人民的生活与生产习惯复杂多样,使我国成为寄生虫病严重流行国家之一。特别在广大农村,寄生虫病一直是危害人民健康的主要疾病。有的流行猖獗,如疟疾、血吸虫病、丝虫病、黑热病和钩虫病,曾经夺去成千上万人的生命,严重阻碍农业生产和经济发展。在寄生虫感染者中,混合感染普遍,尤其在农村同时感染两三种寄生虫者很常见,最多者一人感染 9 种寄生虫,有的 5 岁以下儿童感染寄生虫多达 6 种。近年机会致病性寄生虫病,如隐孢子虫病、弓形虫病、粪类圆线虫病的病例亦时有报告,且逐渐增加。目前,由于市场开放,家畜和肉类、鱼类等商品供应渠道增加,城乡食品卫生监督制度不健全,加以生食、半生食的人数增加,使一些经食物感染的食物源性寄生虫病的流行程度在部分地区有不断扩大趋势,如旋毛虫病、带绦虫病、华支睾吸虫病的流行地区各有 20 余个省、自治区、直辖市。由于对外交往和旅游业的发展,国外一些寄生虫和媒介节肢动物的输入,给中国人民健康带来新的威胁。总之,我国寄生虫种类之多,分布范围之广,感染人数之众,居世界各国之前列。严峻的事实表明寄生虫病不仅是中国的一个严重的公共卫生问题,也是世界卫生组织关注的重要方面。

6.5.4 寄生虫感染的防护

寄生虫的生活史因种类不同,寄生虫病的流行因素也多种多样,因此要达到有效地防治目的,必须在了解各种寄生虫的生活史及寄生虫病的流行病学规律的基础上,采取下列措施,以期控制和消灭寄生虫病。

① 消灭传染源。在流行性寄生虫病发生区域,应对寄生虫病患者和携带者进行系统调查和治疗,此外,还应做流动人口的监测,控制流行区传染源的输入和扩散。

② 切断传播途径。加强粪便和水源的管理,搞好环境卫生和个人卫生,以及控制或杀灭媒介动物和中间宿主,如预防华支睾吸虫、肺吸虫、绦虫病等食源性寄生虫病,注意不食用生的或未煮熟的淡水鱼和虾蟹等。

③ 保护易感者。加强集体和个人防护工作,改变不良的饮食习惯,改进生产方法和生产条件,用驱避剂涂抹皮肤,以防吸血节肢动物媒介叮刺,特别加强对于青少年和老年人的预防保护工作,对某些寄生虫病还可采取预防服药的措施。

蛔虫病的危害与预防

蛔虫学名似蚓蛔线虫,属于线形动物门的线虫纲,是人体最常见的寄生虫之一。成虫寄生于小肠,可引起蛔虫病。

据世界卫生组织报道,全球有 11 亿人没有获得安全饮水,包括 9.8 亿名儿童在内的 26 亿人没有家用厕所,由此导致 1.33 亿人有感染肠道蠕虫的高危风险,每年大约导致 9 400 万人死亡,而安全饮水,好的卫生设施和行为可以使蛔虫病的发病率下降 29%。蛔虫病主要是由含有虫卵的粪便污染了饮水、土壤和食物引起的。大量研究表明,粪便的暴露是引起蛔虫病的高危因素。

我国在农村开展改水改厕工作以来,农村的环境卫生有了很大的改善,并且随着改厕覆盖率的提高,肠道传染病和寄生虫感染率都有了一定程度的降低。但多数有关改水改厕对蛔虫病感染的影响只是简单的描述性分析,有待进行更深入全面的研究。我国农村儿童众多,生活环境卫生条件较差,做好农村儿童蛔虫感染的防治工作仍然是一项长期艰巨的任务。与其他年龄组相比,学龄及学龄前儿童感染蛔虫病的人数最多,并且经过多年的防治,蛔虫病仍然难以得到有效的控制,严重危害着儿童的健康,对于儿童蛔虫病感染的众多影响因素尚有待进一步探讨。只有全面认识、掌握儿童蛔虫病高发的原因,了解各影响因素之间的关系,才能制定有效的防治措施,确保广大农村儿童身体健康。

(来源:蛔虫感染影响因素的研究进展,2012)

6.6　环境中常见的生物性污染

环境中存在着细菌、真菌、病毒以及寄生虫等多种多样的微生物,而这些微生物是造成环境生物性污染的主要源头,同时通过各种致病机制对人体健康会产生诸多不利影响。本节将从环境中不同环境介质中的微生物造成的一系列生物性污染及其对人体健康的一些危害性展开说明。

6.6.1　空气生物性污染

空气中的生物性污染是指生物性病原体由传染源通过咳嗽、喷嚏、谈话排出的分泌物和飞沫,使易感者受到污染,这类生物性病原体主要是通过空气传播的各种细菌、霉菌、放线菌、病毒、孢子和尘螨等有生命活性物质的微粒,主要以微生物气溶胶的形式存在于大气环境中,也是城市功能区生态系统重要的生物组成部分。大气的化学污染因为曾导致一些重大的死亡事故,如 1952 年 12 月伦敦烟雾事故死亡 4 600 人,1955 年洛杉矶烟雾事件死亡 400 人,故早已引起人们的重视,而对于生物污染及其控制还没有受到普遍的注意。

6.6.1.1　大气中生物微粒的含量

一般来说,城市大气中的生物微粒含量要多于乡村,城市最低 2 000～3 000 个/m³,高达 10 万～20 万个/m³,其中市中心比郊区还要高 10 倍左右。而乡村因为树林、草皮覆盖区域比城市更多,所以空气中生物微粒含量较城市少;但存在养殖场、饲料加工厂、锯木厂等地的生物污染仍比较严重。夏季雨量多,温度高,自然界真菌繁殖快,花粉浓度高,大气中生物微粒要比冬季高 3 倍以上(表 6-7)。

表 6-7　大气中含有的生物微粒

种类	大小(μm)	种类	大小(μm)
病毒	0.015～0.45	原虫	2～1 000
细菌	0.3～10	苔藓孢子	6～30
藻类孢子	0.5～1 000	花粉	10～100
真菌孢子	1～100	蕨类孢子	20～60
地衣碎片	1～1 000		

生物微粒在大气中随着高度的增加而减少。巴斯德曾用他发明的世界上第一个空气微生物采样器从阿尔卑斯山山脚下逐步向高处采样。结果,山脚为 8.12 个/L,850 m 处为 5.15 个/L,2 000 m 处为 1.19 个/L。美国人在 3 300 m 高空中采到细菌 5～200 个/m³。同时白天由于存在太阳辐射,上升气流把地面生物微粒带到大气中,因此其大气中的生物微粒要比夜晚多。

6.6.1.2 大气生物污染对健康的影响

呼吸道传染病是目前发病率最高的一组传染病。2019年底爆发的新冠疫情,就是因为典型的呼吸道感染以及空气、飞沫传播等造成的大范围传染病。美国每年由于上呼吸道感染损失巨大,约合10亿美元;学生缺课有50%是由于上呼吸道感染。呼吸道传染都是由小于5 μm粒子气溶胶传播的。许多大型交通工具,如飞机、轮船、火车等常成为呼吸道传染病的重要传播场所。流行性感冒,就是由流感病毒引起的急性呼吸道传染病。该病潜伏期短,传染性强,传播迅速;并且流感病毒致病力强,易发生变异,若人群缺乏免疫力,易引起暴发流行,迄今世界已发生过六次大的流行(包括COVID-19)和若干次小流行,造成数十亿人发病,数千万人死亡,严重影响了人们的社会生活和生产建设。

过敏性疾病主要由大气中的生物微粒引起。美国每年有3 100万人患各种过敏性疾病,门诊病人中过敏性疾病患者约占30%。豚草已在我国各地蔓延,它的花粉是引起过敏性疾病的重要过敏原;过敏性鼻炎、气喘、过敏性肺炎等都是常见的过敏性疾病,其中春季是过敏性鼻炎的高发病时期,过敏性肺炎与中央空调系统或加湿器的储水受到污染有关。除了微生物本身会引起过敏性疾病,微生物所产生的毒素、代谢物及生物体活动所产生的悬浮颗粒、酶、花粉等也会引发类似的病症。

6.6.2 水体生物性污染

水体生物污染主要是指致病微生物、寄生虫和某些昆虫等生物进入水体,或某些藻类大量繁殖,使水质恶化,直接或间接危害人类健康或影响渔业生产。污染水体的生物种类繁多,主要有细菌、钩端螺旋体、病毒、寄生虫、昆虫等。其中,在自然界清洁水体中,1 mL水中的细菌总数在100个以下,而受到严重污染的水体可达100万个以上。

水体生物污染对健康有如下影响。

细菌。细菌污染水体的主要来源之一是医院污水。医院污水常含有大量的病原菌,而各种病原菌往往可以通过粪便、垃圾、污水等污染水体,从而引起水媒传染病的流行。某些病原菌,特别是沙门菌,还可以通过污染水体中的鱼贝类而传播疾病。沙门菌经常可以从生活污水、农场污水、灌溉用水、氧化塘水、地面径流水甚至一般地面水中检出,一般水温较低,水中营养物质较多则存活时间较长,可能会引起的疾病包括:伤寒、急性胃肠炎等,伴随着腹泻和腹痛。而在国外的某些地区,霍乱和副霍乱是一种通过饮水传播的烈性传染病。霍乱恢复期的带菌率为1.9%~9.0%,副霍乱的带菌率更高,达9.5%~25%,带菌时间一般为6~15天,最长可达30~40天。带菌者经常会成为潜在的污染源污染水体,造成疾病的流行。霍乱弧菌在地面水中的生存时间随环境不同而有所不同,一般在数小时或十几天之间。霍乱的潜伏期约为1~3天,临床表现轻重不一,轻者仅有轻度腹泻;重者剧烈吐泻大量米泔水样排泄物,并引起严重脱水、酸碱失衡、周围循环衰竭及急性肾功能衰竭。

病毒。从人和动物体内排出的病毒,可以污染水体。在人类粪便中已检出的肠道病毒型别在 100 种以上,每克粪便可能含有 100 万个以上的病毒。某些地区的污水中病毒量达到每升污水中含有 50 万个感染单位。美国调查表明,生活污水中的肠道病毒平均浓度为 7 000 个/L。研究较多的病毒性传染病的水型暴发流行是传染性肝炎,大量资料表明,在世界各地传播的传染性肝炎,主要是由于被污染的水体引起的。脊髓灰质炎也可通过饮用水传播。粪便中的柯萨奇病毒与致肠细胞病变人孤儿病毒污染水体侵入人体后可在咽部及肠道黏膜细胞内繁殖,进入血流形成病毒血症,引起脊髓灰质炎、无菌性脑膜炎、出疹性发热病、急性心肌炎、上呼吸道感染等。

寄生虫。许多寄生虫的病原体——虫卵,往往从病人的大便排出,污染水体和土壤等外界环境,然后进入人体,引起寄生虫病的传播流行。一般来说,当垃圾、粪便和污水处理不当时,就会造成寄生虫卵污染环境。如溶组织内阿米巴引起的阿米巴痢疾,在人体中存在小滋养体、大滋养体和包囊三种形态。滋养体排出人体后很快死亡,而包囊对外界抵抗力很大,通常自来水的加氯量往往无法杀灭阿米巴的包囊,主要依靠完善的混凝、沉淀和过滤等过程才能去除。阿米巴痢疾主要通过含有包囊的粪便污染的食物和水体传播,广泛发生在卫生条件较差又温暖的地区。

6.6.3　土壤生物性污染

土壤生物性污染是指病原体和带病的有害生物种群从外界侵入土壤,破坏土壤生态系统的平衡,引起土壤质量下降的现象。有害生物种群的主要来源是用未经处理的人畜粪便施肥、生活污水、垃圾、医院含有病原体的污水和工业废水(作农田灌溉或作为底泥施肥),以及病畜尸体处理不当等。通过上述主要途径把含有的大量传染性细菌、病毒、虫卵带入土壤,引起植物体各种细菌性病原体病害,进而引起人体患有各种细菌性和病毒性的疾病,威胁人类生存。

土壤微生物的数量巨大,1 g 土壤中就有几亿到几百亿个。1 m² 耕作层土壤中,微生物的质量可能就有几千克。土壤越肥沃,微生物越多。绝大多数土壤微生物对人类的生产和生活活动是有益的,且土壤微生物也是地球生物圈物质大循环中的主要成员,主要担负着分解者的任务。

水体生物污染对健康的影响:

土壤致病微生物虽然数量和种类占据少数,但是它们对人类的健康能造成很大危害,所以往往是土壤生物污染关注的焦点。这类生物污染物包括细菌、真菌、病毒、螺旋体等微生物,其中致病细菌和病毒带来的危害较大。

土壤中的各种病原微生物和寄生虫不仅可以通过食物链进入人体,使人感染发病,还可直接通过皮肤接触由土壤进入人体,危害人体健康。被致病微生物污染的土壤能传播伤寒、副伤寒、痢疾和病毒性肝炎等疾病。某些寄生虫卵在温暖潮湿的土壤中经过几天孵育出感染性幼虫,然后再通过皮肤接触进入人体,尤其是从伤口进入,从而导致继发性疾病。

    土壤生物污染会引起植物病害,造成农作物减产。一些植物致病菌污染土壤后能引起茄子、马铃薯和烟草等百余种植物得青枯病,能造成果树细菌性溃疡和根癌。某些真菌会引起大白菜、油菜和萝卜等100多种蔬菜烂根,还可导致玉米、小麦和谷子等粮食作物得黑穗病。还有一些线虫可经土壤侵入植物根部并引起线虫病,甚至在土壤中传播植物病毒。

思考题

1. 什么是生物性污染,它与人体健康有什么关系?

2. 生物性污染包括哪些?其主要来源和传播方式是什么?

3. 简述病毒危害人体的致病机制。

4. 讨论细菌感染时人体的免疫防御机制,如何加强免疫机制。

5. 请举例说明我们能接触到的生物性健康危害,该如何防护。

参考文献

[1] 刘新会,牛军峰,史江红,等.环境与健康[M].北京:北京师范大学出版社,2009.

[2] 贾振邦.环境与健康[M].北京:北京大学出版社,2008.

[3] 刘春光,莫训强.环境与健康[M].北京:化学工业出版社,2014.

[4] 程胜高,但德忠.环境与健康[M].北京:中国环境科学出版社,2006.

[5] 孙若玉,任亚妮,张斌.生物性污染对食品安全的影响[J].食品研究与开发,2015,36(11):146-149.

[6] 方治国,欧阳志云,胡利锋,等.室外空气细菌群落特征研究进展[J].应用与环境生物学报,2005(1):123-128.

[7] 卫昱君,王紫婷,徐瑗聪,等.致病性大肠杆菌现状分析及检测技术研究进展[J].生物技术通报,2016,32(11):80-92.

[8] 李祎,杨彩云,郑天凌.自然环境中细菌的生存方式及其群落特征[J].应用与环境生物学报,2013,19(4):553-560.

[9] 陈军红.空气和水环境中病毒的富集、检测与净化[D].杭州:浙江大学,2005.

[10] Day M J. One health: the importance of companion animal vector-borne diseases [J]. Practices & Vectors, 2011, 4: 49.

[11] Buttice A L, Strooy J M, Lim D V, et al. Removal of Sediment and Bacteria from Water Using Green Chemistry[J]. Environmental Science & Technology, 2010, 44(9): 3514-3519.

[12] Elliott M. Biological pollutants and biological pollution—an increasing cause for concern[J]. Marine Pollution Bullrtin. 2003, 46: 275-280.

［13］Smets W，Dengs S，Lebeer S，et al. Airborne bacteria in the atmosphere：Presence，purpose，and potential［J］. Atmospheric Environment. 2016，139：214-221.

［14］陈锷，万东，褚可成，等.空气微生物污染的监测及研究进展［J］.中国环境监测,2014，30(04)：171-178.

［15］陈宁庆.大气生物污染及其控制［J］.消毒与灭菌,1989(1)：33-36.

［16］吕维善.谈谈水体的生物污染［J］.环境保护,1983(8)：27-29.

［17］环境保护部科技标准司,中国环境科学学会.土壤污染防治知识问答［M］.北京：中国环境出版社,2014.

第**7**章

重金属污染与健康防护

重金属指密度在 $4.0\ g/cm^3$ 以上的约 60 种元素或密度在 $5.0\ g/cm^3$ 以上的 45 种元素。砷、硒是非金属,但它的毒性及某些性质与重金属相似,因此将其列入重金属污染物范围内。环境污染方面所指的重金属主要指生物毒性显著的汞、镉、铅、铬以及类金属砷,还包括具有毒性的重金属铜、钴、镍、锡、钒等污染物。人们的生产和生活活动会使重金属对大气、水体、土壤、生物圈等环境造成污染,即重金属污染。

重金属既可以直接进入大气、水体和土壤,造成各类环境要素的直接污染;也可以在大气、水体和土壤中相互迁移,造成各类环境要素的间接污染。由于重金属不能被微生物降解,在环境中只能发生各种形态之间的相互转化,所以重金属污染的消除往往更为困难,对生物的影响及引起的危害也是人们更为关注的问题。

7.1 汞与人体健康

7.1.1 汞污染的来源

汞可以通过自然和人为活动排放进入大气、土壤和水体。其自然来源主要包括火山、地热等地质活动,以及水体挥发和土壤释放等;其人为来源主要包括燃煤电厂、工业锅炉、有色金属冶炼和水泥生产等。

汞在自然环境下存在的形式有:在空气、土壤和天然水中,汞可以金属形态吸附于颗粒物上,土壤中的汞可以释放进入大气,大气中的汞能够通过沉降进入土壤、河流和海洋并最终进入沉积物中,土壤或水体微生物作用下的无机汞可以转化为有机汞(如甲基汞),有机汞能够通过食物链传递作用进入鱼类等水产品中。此外,大气中的汞可以通过蒸馏作用、大气环流和冷凝等过程被输送到高纬度地区,极端时会导致"极地汞雨"现象(图 7-1)。

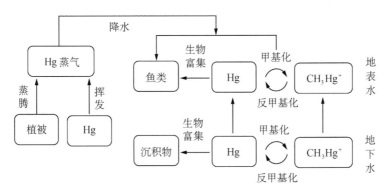

图 7-1　环境中汞迁移转化的示意图

7.1.2　汞对人体的危害

（1）汞进入人体的途径

来自不同环境介质中的汞,可以通过消化道、呼吸道、皮肤等不同途径进入人体;汞蒸气能够经呼吸道进入肺泡;汞可以通过皮肤进入人体,当含汞化妆品和脂溶性物质同时使用时更易导致汞吸收;在水体中,无机汞经微生物转化为甲基汞,而后经水生生物富集进入食物链,再通过鱼虾等水生生物进入人体。被吸收进入人体血液的汞能够迅速向全身扩散,大部分分布在肝脏和肾脏,部分进入脾脏、甲状腺和脑部,部分通过尿和粪便排泄到体外。

（2）汞在机体中的反应

在机体中,汞极易与胱氨酸和半胱氨酸中的含硫功能基结合,汞可以与巯基发生特异反应,致使蛋白质空间构象发生改变、蛋白质电子传递受到阻碍而使蛋白质失去活性;巯基广泛地存在于蛋白质中,这样几乎所有蛋白质都可不同程度地与汞成键,因而大多数酶也可因汞而导致活性降低或丧失。汞还能够作用于细胞膜中的巯基而改变膜结构,同时可以妨害细胞中线粒体和溶酶体的功能而产生不正常染色体;还可以与核酸碱基和磷酸根成键而改变核酸构象,从而影响细胞的遗传功能;可以使脑神经系统受损而引起耳聋、视力障碍、言语困难、行走失调、嘴部和手足痉挛等,使植物神经系统损害引起精神失常、意识障碍等。汞对人体具有较高毒性,0.1 g 汞就能够使人中毒而死,一支普通水银体温计中的汞就能够杀死近 1×10^5 m³ 池塘中的鱼;相对于无机汞来说,甲基汞具有高脂溶性、难生物分解性和高神经毒性等特征,能够对人体的大脑、小脑和神经末梢造成损害。

（3）汞中毒症状

汞中毒后,一般情况下症状出现较慢,早期症状表现为手指麻木、唇舌麻痹、说话不清、步态失调和吞咽困难等,而后可能出现耳聋、视觉模糊和视野缩小等症状,如果早期能够遏止汞吸收,则机体能够实现自我恢复。晚期症状表现为大声说话、无节制发火、精神紊乱等症状。汞可以通过母体传递给下一代,母体汞可以通过血液和母乳传递给胎儿和婴儿,胎血甲基汞要比母体血中高出 20%,胎儿脑组织甲基汞也比母体要高,汞的传递作用可以导致流产、畸胎、死胎以及儿童神经障碍等。

日本水俣病事件

　　20世纪50年代，日本熊本县水俣湾曾经暴发过一次震惊世界的"水俣病"环境公害事件，患者因为脑中枢神经被侵害，轻者口齿不清、手足麻痹，重者精神失常甚至死亡，当地畸形婴儿出生率也有所升高。经三年调查，确定罪魁祸首是当地氮肥工厂未经处理直接排放的剧毒甲基汞。"水俣病"的罪魁祸首是当时处于世界化工业尖端技术的氮（N）生产企业。氮可用于肥皂、化学调味料等日用品以及乙酸（CH_3COOH）、硫酸（H_2SO_4）等工业用品的制造。日本的氮产业始创于1906年，其后由于化学肥料的大量使用而使化肥制造业飞速发展，甚至有人说"氮的历史就是日本化学工业的历史"，日本的经济成长是"在以氮为首的化学工业的支撑下完成的"。然而，这个"先驱产业"的肆意发展，却给当地居民及其生存环境带来了无尽的灾难。

（来源：环境教育. 1999(S1)）

7.1.3　汞污染治理与人体健康防护

（1）汞污染的治理

大气汞污染防治是我国履约工作的重中之重。在环境汞污染及《水俣公约》履约压力下，汞排放控制成为我国大气治理中继脱硫、脱硝之后的下一目标。大气汞污染防治有以下几个措施：明确燃煤电厂总量控制目标，从替代性措施和控制技术应用两个方面控制大气汞排放；推动燃煤电厂大气汞排放限值的修订；强化多污染物控制技术的协同脱汞效果并提高技术的稳定性，同时开展高效低价专门脱汞技术的研发。

（2）汞污染对人体健康危害的防护措施

机体中摄入一定量硒，可以降低脑组织中甲基汞的蓄积能力，抑制汞对大脑组织导致的脂质过氧化作用；硒还可以阻止汞在肾脏中的蓄积，从而降低肾脏中汞的含量。锌能够诱导机体产生结合汞的金属硫蛋白而解除汞的毒性，醋酸锌对氯化汞所致的非特异性免疫和细胞免疫功能的抑制有明显保护作用。含硫氨基酸能够与汞紧密结合，膳食中补加蛋白质具有汞解毒作用，疗养院进行的硫化氢浴和硫黄浴也具有降汞作用。此外，在营养膳食中添加维生素E、维生素B_{12}、叶酸果胶以及维生素A都有益于汞污染防治。

7.2　铅与人体健康

7.2.1　铅污染的来源

（1）汽车废气

大气中的铅污染源主要是汽车废气。汽油中通常加入抗爆剂四乙基铅，据检测每升汽油中含铅量为 200～500 mg,若以汽车每小时行驶 60 km、每 15 km 消耗 2.6 L 汽油计算,每秒钟可排出 0.6～1.5 mg 铅。

(2) 燃煤产生的工业废气

煤燃烧产生的工业废气也是大气铅污染的一个重要来源。煤炭燃烧后灰分占 20%,其中约 1/3 灰分进入大气中形成飘尘,这些飘尘含铅量为 100 ppm。

(3) 油漆涂料

油漆涂料也是环境铅污染的来源。这些涂料在建筑物上经日晒雨淋沉浇到地面,这对靠近地面空气含铅量有一定的影响。这种来源的铅量可达 0.02 $\mu g/m^3$。

(4) 含铅水管

含铅水管的使用也可造成铅污染。弱酸性的水能将含铅金属水管中的铅缓缓溶解。

此外,铅来源又可分为自然源和人为源,不同环境介质中铅含量有所不同。火山活动、风力扬尘、森林火灾、植被排放和海水喷溅等自然过程可以生成含铅污染物,化石燃料燃烧、铅冶炼过程、汽车尾气等人为活动也使大量铅进入大气、水体和土壤中(图 7-2)。

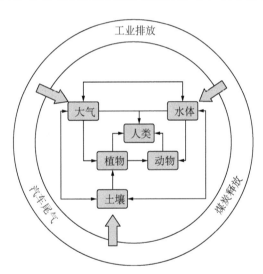

图 7-2　环境体系中铅的迁移途径

7.2.2　铅污染对人体健康的危害及作用机理

7.2.2.1　铅污染对人体健康的危害

(1) 铅对儿童神经行为和智能的影响

由于铅可选择性地蓄积于脑海马部位,损害神经细胞的形态和功能,如干扰神经递质的摄取和释放,抑制其与受体结合,影响神经突触的传递功能,影响神经钙调素、蛋白激酶活性等,所以在铅所致的各种亚临床损害中,智能受损尤其明显。儿童因胃肠对铅吸收率比较高,血脑屏障和多种机能发育尚不完全,对这种损害更为敏感。在血铅浓度为

10 μg/dL 或更低时,就可出现学习记忆能力降低,而且血铅每增加 10 μg/dL,认知能力受损即减少 2～3 个 IQ 得分,呈现明显的剂量-效应关系。临床表现为注意力不集中、记忆力降低、缺乏自信、抑郁、淡漠或多动、强迫行为等,与同龄儿童相比,学习能力较低。

（2）对视觉和听觉的影响

铅暴露可使儿童视觉运动反应时值延长,视觉分辨力降低。铅暴露影响儿童听觉系统的发育,听力降低,脑干听觉诱发电位改变,听觉传导速度降低。

（3）孕妇铅暴露对子女的影响

胎儿正处于各个器官系统发生、发育阶段,对铅极为敏感,会造成不可逆的损害。孕妇长期暴露于低铅环境,致使胎儿神经系统发育迟缓,出生后可表现神经行为和智能发育落后。如果孕妇暴露于高铅环境,影响更大,可能导致新生儿贫血、低体重、出生缺陷、先天性痴呆,甚至死产。

（4）对心血管和肾脏的损害

铅对心血管和肾脏的损害表现为细小动脉硬化,可能是铅作用于血管壁引起细小动脉痉挛的结果。铅中毒者往往伴有视网膜小动脉痉挛和高血压。急性中毒时出现肾小动脉硬化及痉挛,肾血流减少,发生明显中毒性肾病。

（5）对消化系统的损害

铅对肝脏的损害程度,与接触铅量的多少、时间长短以及中毒的途径有关。铅中毒导致的肝脏损害多见于铅经消化道吸收的中毒者。可引起肝肿大、黄疸,甚至肝硬变或肝坏死。铅中毒对肝脏的损害,除了直接损伤肝细胞外,也可能是肝内小动脉痉挛引起局部缺血所致。铅引起小动脉痉挛是由于引起卟啉代谢障碍,抑制含巯基酶,干扰植物神经。

（6）对生殖的影响

铅中毒对男女双方生殖功能都有危害,铅对卵细胞和精细胞遗传具有损伤作用。较高含量的铅可引起死胎和流产。

7.2.2.2　铅污染对人体健康造成危害的作用机理

① 铅是作用于全身各个系统和器官的毒物,根据近年来研究证明,铅可与组成体内蛋白质和酶的氨基酸的某些官能团（如巯基）结合,干扰机体生化和生理活动。

② 目前认为卟啉代谢紊乱,是铅中毒主要和较早的变化。卟啉是血红蛋白合成过程的中间产物,而血红蛋白合成过程要受体内一系列酶的作用,当机体受到铅毒作用后,该合成过程中的一些酶便受到抑制。

③ 中枢神经系统功能状态,在铅中毒病程中起着主导作用。早期可使皮层兴奋和抑制过程发生紊乱或发生皮层-内脏调节障碍。晚期可发生器质性脑病和周围神经麻痹（图 7-3）。

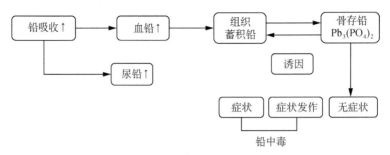

图 7-3　铅吸收和铅中毒

贝多芬可能死于铅中毒

美国研究人员发现,导致著名作曲家贝多芬常年饱受疾病困扰并早逝的原因是铅中毒。

他们用 4 年时间研究了贝多芬的头发,发现贝多芬头发中的铅含量是健康人的 100 多倍。贝多芬于 1827 年去世,时年 57 岁,此前他曾因为自己患有多种疾病而拜访过多位名医,症状包括消化不良、慢性腹痛、精神沮丧、脾气暴躁、脱发等。研究人员认为,这些都是铅中毒的症状,贝多芬生前喝的矿泉水和经常洗浴的矿泉水中可能含有过量的铅。

曾有很多人认为梅毒是贝多芬早逝的主要原因。这项研究否定了这个看法。如果贝多芬真的患有梅毒,那么他的头发内应该含有大量的汞成分,因为在当年,汞被视作治疗梅毒最有效的物质,但在实验中,研究人员未发现贝多芬的头发里有超出正常值的汞。

对贝多芬死因的揭秘,引起了许多人对铅中毒问题的关注。

(来源:环球时报,2000.10.27)

7.2.3　铅污染治理与人体健康防护

7.2.3.1　铅污染的治理

(1) 加大宣传力度,提高人们对铅污染的认识。铅是广泛用于多领域的有色金属,如果管理不好,无论是以固态、气态、液态存在,都会产生污染,危害环境和人体健康,应充分利用广播、电视、报刊等媒体,广泛宣传其危害性。

(2) 在治理铅企业污染问题上要采取经济的、行政的各种措施,坚决贯彻国家有关文件精神,凡不能达标的铅企业,必须取缔、关停,决不手软。对如何发展我国铅企业,国家要有近期和长远规划,这是发展经济、保护生态环境的前提。

(3) 为保护环境,充分利用铅资源,应淘汰落后设备和工艺,推广和应用先进的无污染铅工艺技术,对研究使用新技术、新工艺设备和消除污染的单位,在政策、资金等方面应给予支持和鼓励。

(4) 大力改革排污收费制度,尽快建立铅污染治理的良性运行机制。在提高污染物排放标准时,要与各地的环境保护目标和铅环境质量标准结合起来,地方环境标准可严于国家标准。排污要收费,超标排放要罚款。提高收费水平,其总体幅度要高于治理铅污染的全部成本,这样才能刺激企业治污的积极性。

7.2.3.2 铅污染对人体健康危害的防护措施

对于儿童铅中毒的预防,在加大环境治理力度之余,必须加强宣传以提高其自我预防意识。在生活中,可以多食用大枣、牛奶、虾皮、海带、木耳、猕猴桃等具有排铅作用的食物和水果,少吃松花蛋和爆米花等高铅食品,不吃劣质罐头和饮用劣质饮料等,儿童要培养勤洗手、不吮指、不啃咬玩具、不咬学习用品等良好习惯。

7.3 砷与人体健康

7.3.1 砷污染的来源

在环境中,砷污染的主要来源有自然源和人为源。自然源主要为岩石和矿物源,人为源主要有含砷农药喷洒、含砷肥料施用、燃料燃烧、砷矿开采、砷矿冶炼等过程,例如作为杀虫剂或除草剂的砷酸钠、砷酸钙、亚砷酸盐等大量使用导致土壤含砷量大大增高。

砷在环境中的迁移转化:在环境中,砷通过风化、沉降、吸附、氧化还原、生物甲基化、生物富集等作用在大气、土壤、水体之间迁移转化。岩石风化、冶金废气及生物甲基化等过程使砷进入大气,部分吸附于固体颗粒物上的砷通过干沉降进入地表,部分砷随降雨等湿沉降进入地表,水体砷通过吸附、氧化还原和生物富集等作用在水体、沉积物和生物体之间发生迁移转化(图7-4)。

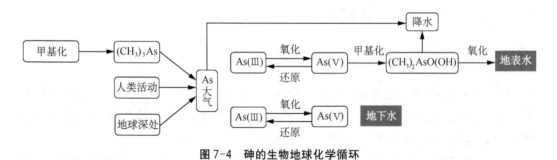

图7-4 砷的生物地球化学循环

7.3.2 砷污染对人体健康的危害及作用机理

7.3.2.1 砷污染对人体健康的危害

砷不是金属,但其毒性及某些性质类似重金属。单质砷因不溶于水,进入体内几乎不被吸收就排出,所以无害;有机砷除砷化氢衍生物外,一般毒性也较弱;三价砷离子对细胞毒性最强,五价砷离子毒性较弱,当吸入五价砷离子后,只有在体内被还原成三价砷离子,才能发挥其毒性作用。砷的化合物如砒霜(As_2O_3)、三氯化砷($AsCl_3$)、亚砷酸(H_3AsO_3)、砷化氢(AsH_3)都有剧毒。

砷的存在形态不同,其对人体的毒性效应也不同。砷可以导致多种器官发生功能异常,并具有致畸和致癌作用。在生物体内,砷对巯基具有特殊亲和力,可以稳定结合体内多种酶而使酶失活,从而影响细胞代谢导致细胞死亡。在三价砷中,砒霜、三氯化砷、亚砷酸等都是剧毒物质,三价砷可以导致糖代谢紊乱、血和组织中丙酮含量升高、细胞呼吸发生障碍、神经末梢功能紊乱、破坏心肌细胞溶酶体膜等毒性作用。急性砷中毒患者常出现疲乏、头痛、头昏、腹痛、腹泻、呕吐等症状;慢性砷中毒患者常表现为神经衰弱症、多发性神经炎、皮肤色素沉着、手脚皮肤角质化等症状,严重者还会产生皮肤癌和肺癌等疾病。

7.3.2.2　砷污染对人体健康造成危害的作用机理

① 砷及其化合物对体内酶蛋白的巯基具有特殊的亲和力,特别是与丙酮酸氧化酶的巯基结合,成为丙酮酸氧化酶与砷的复合物,使酶失去活性,影响细胞正常代谢,导致细胞的死亡。代谢障碍首先危害神经细胞,可引起神经衰弱综合征和多发性神经炎等。

② 砷进入血液循环后直接作用于毛细血管壁,使其通透性增强,麻痹毛细血管,造成组织营养障碍,产生急性和慢性中毒。

森永奶粉事件

日本的"森永奶粉"砷中毒事件是历史上规模最大、受害程度最深的砷中毒事件之一。1955—1956 年,日本森永奶粉公司在制造奶粉时无意混入了砒霜。在奶粉投放市场后,日本 27 个府县先后出现 12 159 名砷中毒患者,患者主要表现为发热、咳嗽、贫血、肝脏肿大、皮肤色素沉着等。由于奶粉砷含量较低、发现较晚而导致大范围长时间中毒事件的发生。很多婴儿一出生就开始食用这种含砷奶粉,几岁后才发现,这时已经造成严重的身体畸形等危害。

(来源:大辞海.上海辞书出版社,2009)

7.3.3　砷污染治理与人体健康防护

7.3.3.1　砷污染的治理

治理砷污染以防为主,即严格控制工农业生产过程中的砷进入环境。包括限制农药的使用;改革生产工艺,开发新的低毒或无毒砷产品及对含砷烟气、烟尘进行治理。

(1)废水中砷的处理

沉淀法:砷能与许多金属离子形成难溶盐。由于生成难溶盐时大多是在较高 pH 下进行的,此时金属离子本身会形成氢氧化物沉淀,因此砷酸根或亚砷酸根还会与金属氢氧化物共沉淀,使得除砷率大大提高。钙盐沉淀法常用的沉淀剂是氧化钙或氢氧化钙、电石渣等。此法最大的优点是成本低、工艺简单、处理效果好。其他沉淀法还有铁盐沉淀法、铝盐沉淀法、镁盐沉淀法、磷酸盐法、硫化法等。除沉淀法之外,还有吸附法、离子交换法、离子洗涤法、电凝聚法、萃取法等。

（2）含砷废气的处理

在含砷的有色金属冶炼中,进入烟气中的砷多以 As_2O_3 形式存在。气态的 As_2O_3 随温度的降低迅速冷凝为 As_2O_3 微粒。通过完善的收尘系统烟气中的大部分砷进入烟尘中。处理含砷烟尘主要有挥发法、硫酸化焙烧法、碱性浸出法等。

（3）高砷土壤的治理

为防止土壤中的砷溶解,可以施入铁、铝等盐类来吸附砷,也可施入氯化镁使其形成难溶盐。在旱作条件下施用堆肥(马粪为主)可降低砷有效态含量。

7.3.3.2 砷污染对人体健康危害的防护措施

在砷生产和使用中,预防砷中毒必须加强个人防护,在工作中工人首先必须使用防毒口罩、防护服、工作鞋等,其次必须定期体检以及时预防。在日常生活中,要注意合理的饮食和用药以避免砷中毒事件发生。例如,牛黄解毒片是一种具有良好清热解毒功效的中成药,但由于其含有雄黄成分而不能大量和长期服用,否则将可能导致人体慢性砷中毒。

7.4 镉与人体健康

7.4.1 镉污染的来源

在环境中,镉来源有自然源和人为源两种,自然源主要指岩石和矿物源,在自然环境中,镉主要以正二价形式存在。最常见的镉化合物有氧化镉(CdO)、硫化镉(CdS)、碳酸镉($CdCO_3$)、氢氧化镉[$Cd(OH)_2$]、氯化镉($CdCl_2$)、硫酸镉($CdSO_4$)、硝酸镉[$Cd(NO_3)_2$]等。其中硝酸镉、氯化镉、硫酸镉都溶于水(表7-1)。人为源主要指镉的应用带来的镉污染。镉的主要污染源有:有色金属采选和冶炼、镉化合物工业、电池制造业、电镀工业、染料工业等排放的废水、污泥和废气;农业生产、交通运输和居民生活也可以向环境排放含镉污染物。

表 7-1 自然界中镉含量

名称	含量	名称	含量
地壳	$0.15\sim0.20$ mg/kg	海水	0.11 μg/kg
土壤	0.5 mg/kg	大气	$0.002\sim0.005$ μg/m^3
河水	$1\sim10$ μg/kg		

矿山废水的镉污染特别严重,由于硫化矿床中镉的主要形态是硫化镉,硫容易被氧化形成酸性环境,有利于镉的溶解,提高了镉的活性,某些矿山的酸性废水中含镉量高达100 mg/L 以上。

化学工业生产中经常用镉及其化合物作为原料,也造成镉污染。例如硫酸镉可作为原料生产塑料热稳定剂,以黄铁矿生产硫酸的工厂由于矿石中含镉而使废水中含有镉,以金属镉为原料生产碳酸镉催化剂所生产的"三废"中都含有镉。

镉污染源还有镍镉干电池、彩电以及电脑等电子产品所使用的以 CdO 为原料的彩色荧光粉的生产,其过程中的硫酸镉和硫化镉中间产物、生产过程所产生的漂洗水、混合水等都含有镉。

在商品消费过程中也容易造成金属镉的污染。如陶瓷工业、印刷墨水、颜料和涂料工业所使用的硫化镉、硫化硒镉等镉类颜料;聚氯乙烯树脂盐基稳定剂、电视机、电脑、示波器等阴极射线管、整流器中的镉材料;不锈钢工艺以及不锈钢制品、易熔合金如保险丝、轴承合金等都是使用镉类污染物的潜在污染源。

在环境体系中,镉能够通过沉降、溶解、络合、吸附、沉淀、生物富集等作用在大气、水体、土壤、生物之间迁移转化。在大气中,镉以单质、氧化物、镉盐等形态存在,大气镉可以通过沉降作用进入土壤和水体;在土壤中,镉能够以水溶态和非水溶态等形态存在,水溶性镉易被植物吸收,非水溶性镉则不易被植物吸收和不易迁移,土壤中的水溶性和非水溶性镉可以随着环境改变而相互转化;在水体中,悬浮物和沉积物对镉具有较强的亲和能力,水体环境中的镉大多存在于水体悬浮物和沉积物中,离子态镉的迁移能力强于络合态和难溶态,酸性环境能够促进难溶态镉的溶解和络合态镉的离解。

7.4.2　镉污染对人体健康的危害及作用机理

镉可通过多种途径进入人体,早期不易察觉,从人体排出则十分缓慢,在人体内的半衰期长达 10～35 年。镉不是人体必需的元素,其毒性作用除干扰人体中微量元素铜、钴和锌的代谢外,还直接抑制某些酶系统,特别是需要锌等微量元素来激活的酶系统。镉是人体多器官、多系统的毒物,对肾脏、骨骼、呼吸系统、心血管系统、生殖系统、免疫系统均可产生毒性。联合国粮农组织和世界卫生组织专家委员会认为,镉的容许含量以人的体重计不得超过0.007 5 mg/kg,每人每周摄入量不得超过 0.5 mg,饮用水中镉含量不得超过 10 μg/L。

（1）对骨功能的影响

镉最严重的健康效应是对骨的影响。1968 年日本发现的骨痛病(又叫痛痛病),是镉中毒的典型范例,其主要特征就是骨软化和骨质疏松。最新研究表明,即使是较低的镉暴露含量也会影响到骨功能。

（2）对肺功能的影响

急性或长期吸入氯化镉可引起肺部炎症、支气管炎、肺气肿、肺纤维化乃至肺癌。肺的炎症反应和活化的炎症细胞释放的细胞因子产生的氧化损伤是镉引起肺损害的一个重要机制。镉的急性吸入毒性主要是肺损害,由职业接触高浓度镉尘引起。大量吸入镉蒸汽后,在 $4\sim10$ h 内出现呼吸道刺激症状,如咽喉干痛、流涕、干咳、胸闷、呼吸困难,还可有关节酸痛、寒战、发热等类似流感表现,严重者出现支气管肺炎、肺水肿,病理分析为肺泡增殖性病变。

（3）对肾脏的影响

肾脏是镉最重要的蓄积部位和靶器官,肾损伤是慢性接触镉对人体的主要危害,一般认为,镉所致的肾损伤是不可逆的,是由在肝脏形成的镉-金属硫蛋白引起的。进入人体内的镉,在肝脏中诱导 MT 的合成并与之结合成 CdMT,该复合物可通过血液运输到肾脏,经肾小球滤过后大部分被肾小管重吸收,通过胞饮作用 CdMT 进入肾小管细胞溶酶体,在溶酶体中降解,分离并释放出游离镉产生毒性。一次注射 CdMT 主要造成肾小管细胞的坏死;而慢性镉污染造成的损伤可波及整个肾脏,包括肾单位主要的重吸收部分和滤过部分,而结构和功能的损害与食入剂量有明显的依赖关系。尿钙升高是镉引起肾损伤中最明显且最早出现的一种征象(表 7-2)。

表 7-2　可能产生不良肾效应的镉水平

标志物	临界水平	标志物	临界水平
日摄入量 $m(\mathrm{Cd})/(\mu\mathrm{g/d})$	50	肾皮质镉 $\omega(\mathrm{Cd})/(\mu\mathrm{g/g})$	50
尿镉 $\omega(\mathrm{Cd})/(\mu\mathrm{g/g\ cr})$	2.5	发镉 $\omega(\mathrm{Cd})/(\mu\mathrm{g/g})$	0.8
血镉 $\rho(\mathrm{Cd})/(\mu\mathrm{g/L})$	10		

（4）对神经系统的影响

镉可直接抑制含巯基酶,亦可导致去甲肾上腺素、5-羟色胺、乙酰胆碱水平下降,对脑代谢产生不利影响。儿童脑组织发育不够完善,中枢神经系统对镉的敏感性比成人高,在相同的污染环境中,镉对儿童神经系统的危害比成人严重。研究发现,接触镉的儿童智商水平和视觉发展水平及学习能力均较低。

（5）镉的致癌及致突变作用

近年来的研究发现,镉化合物与人类肺癌密切相关,镉可引起肺、前列腺和睾丸的肿瘤。在美国炼镉工人中,肺癌的发病率增高。镉的毒性和致癌性可能与降低和抑制肝内 MT 的合成有关。镉也是弱致突变物,专家对 12 对非整倍体细胞显著高于对照的痛痛病患者进行细胞遗传学研究,发现有 8 例病人的染色体结构异常。

镉中毒——痛痛病

20 世纪 50 年代,日本发生了震惊世界的环境污染公害病——痛痛病。痛痛病发生于日本富山县神通川流域,该流域的居民因长期饮用被镉污染的河水和食用污水灌溉的含镉稻米而导致慢性镉中毒,出现背部、腰部、下肢和手足等关节疼痛,严重者发生神经痛、骨骼软化乃至骨折,甚至在剧痛难忍中丧生。

经调查,该地区的镉污染系位于神通川上游的日本三井金属矿业公司炼锌厂排放大量含镉污染物所致。锌矿中含有一定量镉,企业在炼锌过程中没有完善的污染防治设备,常年向神通川流域排放大量含镉废水,导致镉在水稻中大量富集而后通过食物链进入人体,当人体内积累到一定浓度时就引发了痛痛病。

(来源:易宗娓,何作顺.镉污染与痛痛病.职业与健康,2014)

7.4.3 镉污染治理与人体健康防护

(1) 大气镉污染的治理

针对大气的镉污染,目前主要用电除尘器捕集废气中含镉飘尘,然后再用化学方法除尘。

(2) 含镉废水的治理

我国环保法规定,镉是第一类污染物,不能用稀释法代替必要的处理,而一般工厂的含镉废水在处理前镉的浓度都远高于国家制定的标准,所以含镉废水在排放前必须进行处理,实行达标排放。目前,用于含镉废水的处理主要有下列方法,它们存在各自的优缺点。

化学沉淀法:在含镉废水中采取加入氢氧化钠、氢氧化钙、碳酸钠、石灰或硫化钠的方法将镉沉淀,例如在 pH 为 6.5 的条件下,氢氧化铁共沉淀可以降低镉的浓度,但在配合物存在的情况下,镉是不能被沉淀的。此方法的优点是可处理大量的高浓度的含镉废水。

离子交换法:离子交换法是比较先进的方法。利用 Cd^{2+} 与阳离子交换树脂较强的结合力,优先与树脂中的钠离子发生交换反应,从含镉废水中除去镉离子。当树脂中镉离子饱和后,可用氯化钠饱和溶液进行再生。含有巯基的离子交换树脂对镉特别有效,但是离子交换处理不适用于氯化镉混合液的回收。用此法处理含镉废水,净化程度高,可以回收镉,无二次污染,但一次性交换容量有限,成本较高。

浮选法:在处理较低浓度的含镉废水时,可以采用向上浮选分离法,如离子浮选法。离子浮选是在含镉废水中加入一种与镉离子具有相反电荷的表面活性剂,使其生成水溶性和不溶性配合物而悬浮在气泡上,最后将泡沫和浮渣分别加以回收。

漂白粉氧化法:此法常用来处理电镀厂的含镉废水。镉以氯镉络合离子形式存在($[Cd(CN)_4]^{2-}$),加漂白粉处理时,将氰根离子(CN^-)氧化,镉离子则形成氢氧化镉沉淀。但含镉废渣后处理是一个有待进一步研究的问题。

铁氧化法:在碱性介质中,亚铁盐和铁盐混合水溶液会生成 Fe_3O_4,即磁性体。在有其他金属离子存在时,在足够碱性条件下,形成亚铁离子和其他金属离子的氢氧化物悬浮胶体,此时通入空气氧化,其他金属离子能与铁一起结晶沉淀,生成 $M_xFe_3O_4$ 铁磁性氧化物,即铁氧体。然后利用过滤、气浮或磁分离去除镉离子。

(3) 土壤镉污染治理

工程治理:是指用物理或物理化学的原理来治理土壤镉污染。土壤中镉元素的形态是可逆的。随着酸性污水的侵袭，被固定的镉又被活化为交换态。因此对镉污染土壤最彻底的改良方法是铲除其表土。此外还可以在污染的土壤上加上未污染的新土或将污染的土壤移走换上新土等。

生物治理：是指利用生物的某些习性来适应、抑制和改良镉污染。主要有：动物治理，即利用土壤中的某些低等动物如蚯蚓、鼠类等吸收土壤中的镉；微生物治理，即利用土壤中的某些微生物对镉产生吸收、沉淀、氧化和还原等作用，降低土壤中镉形成难溶磷酸盐。

化学治理：是向土壤投入改良剂、抑制剂，增加土壤有机质、阳离子代换量和黏粒的含量，改变 pH、Eh 和电导等理化性质，使土壤镉发生氧化、还原、沉淀、吸附、抑制和拮抗等作用，以降低镉的生物有效性。①施用石灰，增加土壤表面对镉的吸附，使镉的毒性降低。②施加有机物，增大土壤的吸附能力或生成 CdS 沉淀，从而减轻危害。③化学沉淀，指土壤溶液中金属阳离子在介质发生改变（pH、OH^-、SO_4^{2-} 等）时，形成金属的沉淀物而降低土壤镉的污染，如向土壤中投放钢渣易被氧化成铁的氧化物，对镉的离子有吸附和共沉淀作用，从而使镉固定。④离子拮抗作用，利用 Mn^{2+}、Ca^{2+} 等阳离子对 Cd^{2+} 的拮抗作用，减少植物对镉的吸收。

农业治理：是指因地制宜地改变一些耕作管理制度减轻镉的危害，在污染土壤种植不进入食物链的植物。主要途径有：通过控制土壤水分来调节其氧化还原电位，达到降低镉污染的目的；在不影响土壤供肥的情况下，选择最能降低土壤镉污染的化肥；增施有机肥固定土壤镉的化合物以降低土壤镉的污染；选择抗污染的植物和不在镉污染的土壤种植进入食物链的植物。

7.5　铬与人体健康

7.5.1　铬污染的来源

铬广泛存在自然界中，每千克土壤中的铬从痕量到 250 mg，平均约为 100 mg。由于风化作用进入土壤中的铬，容易氧化成可溶性的复合阴离子，然后通过淋洗转移到地面水或地下水中。在水体和大气中均含有微量的铬，天然水中微量的铬通过河流输送入海，沉于海底，海水中的铬含量不到 1×10^{-9} mg。

铬的污染主要由工业引起。铬的开采、冶炼、铬盐的制造、电镀、金属加工、制革、油漆、颜料、印染工业以及燃料燃烧排出的含铬废气、废水和废渣等都是铬污染源。

工业排入环境中的铬以三价和六价铬的化合物为主，铬以含铬灰尘排向大气。电镀时，铬又以铬酸雾的形式进入大气。在金属冶炼中煤燃烧时产生的含铬废气（煤中含铬量平均约为 10 mg/kg）进入大气造成大气环境的污染。

含铬废水是主要污染来源。电镀废水的铬主要来自镀件钝化后的清洗工序，由于工艺技术的要求，一般水体中其他成分的含量较少，主要污染物为铬。镀铬工艺只有约 10%

的铬真正附在镀件上。一次使用的电镀液中有 30%～70% 的铬随生产废水排放。废液中最高含铬量可达 600 mg/L,一般在 10 mg/L 左右。工业生产冷却废水中含铬量为 10～60 mg/L。废水中的铬若不经处理,最终都将排入水体,严重污染地表水体和生活饮用水源。用含铬工业废水(浓度为 0.01～15 mg/L)灌溉农田,可使蔬菜和粮食作物受铬污染,农产品中铬的含量可能成倍增加。使用含铬底质也能污染环境。

铬渣中的有害成分主要是可溶性铬酸钠、铬酸钙等六价铬离子。当铬渣在露天堆存时,经长期雨水冲淋后大量的六价铬离子随雨水溶渗、流失、渗入地表,从而污染地下水,也污染了江河、湖泊,进而危害农田、水产和人体健康,且不容易降解。在生产中含铬电镀废渣没有专门的储放场所,任意堆收弃置,任其风吹、雨淋,致使大量六价铬溶出和流失,造成大气、水体和土壤污染,成为又一个重要的铬污染来源。

此外,在生产铬酸盐和使用铬及其化合物的工厂中,铬酸雾也是铬污染的一个来源。

7.5.2　铬污染对人体健康的危害及作用机理

铬是人体中不可缺少的一种微量元素,是维持人体糖和脂肪代谢的必需物质,能增加人体胆固醇的分解和排泄,是机体内葡萄糖能量因子中的一个有效成分,能辅助胰岛素利用葡萄糖。如食物不能提供足够的铬,人体会出现铬缺乏症,影响糖类及脂类代谢。但是铬超过一定的限量,便对人体健康有害。

铬有多种价态,其中仅三价铬与六价铬具有生物意义。在铬化合物中,六价铬毒性最强,三价铬次之,二价铬和铬本身毒性很小或无毒。近几十年来,随着科学技术和环境医学的发展,通过对生产铬酸盐和使用铬及其化合物工厂的调查和动物实验,已证实接触装饰镀铬用的铬化合物和吃了被铬污染的食物,都有致病或癌作用。

铬污染危害人体的机理是:

(1) 铬的化合物,尤其是六价铬的化合物,具有强氧化作用,而且水溶性强,对皮肤(表皮)、呼吸道黏膜等人体组织有强烈的刺激性、腐蚀性和毒性。人体通过呼吸铬尘、铬酸雾或接触铬化合物,食用被铬污染的食物,饮用被铬污染的水、饮料,使铬的化合物通过皮腺、呼吸道、食管、皮表组织进入机体,影响体内物质(原生质)的氧化、还原、水解过程。

(2) 铬的化合物可使体内蛋白质变性而使核酸、核蛋白沉淀,干扰酶系统,抑制酶的活性,从而破坏人体正常的新陈代谢过程。

(3) 六价铬在还原环境下转变为三价铬,三价铬与蛋白质形成抗原-抗体复合物,导致过敏反应。

电镀工人呼吸含铬尘或铬酸雾的典型表现是鼻中穿孔,无疼痛,偶尔伴有鼻黏膜溃疡和鼻骨的萎缩。短时间内呼吸含高浓度铬尘或铬酸雾会使人休克,刺激上呼吸道,产生胸闷、难受等不舒服的感觉。长时间内呼吸含低浓度铬尘或铬酸雾,因不溶解的铬尘或铬化合物可长时间存留在呼吸道或肺泡内,导致呼吸道和肺部发生慢性炎症、喉头充血、呼吸道息肉、支气管慢性炎症,甚至演变为呼吸道癌症或肺部癌症。食用被铬及其化合物污染的食物、饮料,可引起口腔炎、胃肠道烧伤、肾炎或继发性贫血等。经皮肤浸入可引起接触性皮炎、湿疹、溃疡、"铬疮"。含 Cr^{6+} 溶液溅入眼睛可引起结膜炎和角膜炎。

> **云南南盘江铬渣水污染事件**
>
> 　　2011 年 8 月 13 日,有媒体报道云南曲靖重金属污染事件,称因 5 000 吨铬渣倒入水库,致使水库致命六价铬超标 2 000 倍,当地大批牲畜死亡。事后云南将 30 万立方米受污染水,铺设管道排入珠江源头南盘江。
>
> 　　在历史堆存的渣场监管方面,曲靖市督促涉事企业对南盘江边历史堆渣场、老厂区堆渣场实施了一系列污染扩散防治措施:增高堆场挡墙,新建堆场四周防护设施和雨污分流沟渠 260 米,采用石棉瓦和彩钢瓦对渣场全覆盖防雨淋,建堆场渗滤液收集池 94 立方米,污水积蓄池 630 立方米,完成 350 米河堤灌浆加固南盘江与堆场间的防渗系统,并及时抽取渣场污水至厂内污水处理站进行处理,防止污水进入南盘江。
>
> 　　12 月 6 日,曲靖市组织环保、水务、工信等部门的专家对历史堆存渣场污染防扩散措施落实情况进行了验收,并形成验收报告上报省环保厅。在南盘江历史铬渣堆场下游 20 米、1 000 米、3 000 米和天生桥各设一个监测断面对六价铬每周一至周五持续动态监测,之后,未检出该企业出境断面六价铬超标。
>
> (来源:新浪网,2012.01.05)

7.5.3　铬污染治理与人体健康防护

7.5.3.1　水中铬污染的治理

　　去除水中铬的常见方法有吸附法、离子交换法、化学还原法、膜处理技术法、铁钡盐沉淀法、电化学法等。

　　吸附法:利用具有高比表面积或表面具有高度发达的空隙结构的物质作为吸附剂,除去废水中的铬。目前,常用的吸附剂有磷酸铝、水合二氧化钛和活性炭等。其优点在于操作简单,处理效果好,但价格昂贵且吸附容量小,较少用于工业废水处理。

　　离子交换法:该法用强碱型阴离子交换树脂和强酸型阳离子交换树脂除去废水中的六价铬和三价铬,是较为成熟的方法。

　　化学还原法:①$FeSO_4$ 还原法:此法利用二价铁离子的还原性,反应时调节 pH 为 3～4,为除去还原生成的 Cr^{3+},可加石灰,以形成 $Cr(OH)_3$ 沉淀。各试剂的用量比(重量计)为:Cr^{6+}：$FeSO_4 \cdot 7H_2O$：$Ca(OH)_2 = 1：30：(15\sim40)$;②$SO_2$ 还原法:SO_2 由燃烧硫黄生成,还原生成的三价铬也用石灰沉淀除去。

　　铁钡盐沉淀法:该法是一种综合治理方法,它不仅可以除去铬离子,还可除去镉、汞、铝、锌、钒等金属离子和 S^-、SO_4^{2-} 等非金属离子。本法以 $FeCl_3$、BaS 为主要处理试剂,按实验计量加入上述试剂反应后,再用废碱液调 pH 为 7~8,使之生成沉淀。

电化学法:处理含铬废水的电化学方法主要是指电解法。电解法包括电解还原和电解氧化。前者把六价铬还原为毒性较小的三价铬,以达到消除有毒物质的作用;后者把废液中的三价铬氧化成六价铬,回收利用。

7.5.3.2　铬渣的治理

铬渣是铬盐生产中熟料煅烧后浸取所得到的副产物,其有害成分主要是可溶性铬酸钠、酸溶性铬酸钙等六价铬离子。铬渣的常见处理方法有干法解毒、湿法还原解毒以及铬渣的无害化处理。

干法解毒:利用一氧化碳与硫酸亚铁为还原剂,将铬渣与适量煤炭或锯末、稻壳混合,铬渣与还原煤按 100∶15 的比例混合后送入回转窑中煅烧,煅烧温度为 900℃ 左右。向炉中喷入煤粉,过程产生的一氧化碳和氢气为还原剂,并在密封条件下水淬,使六价铬还原成三价铬。煅烧后迅速冷却即可,既能提高解毒效果,又能提高堆存稳定性,解毒效果取决于铬渣粒度、窑内温度、铬渣在窑内的停留时间等。

湿法还原解毒:常利用含有硫酸和硫酸亚铁,硫酸亚铁等酸性物质和呈碱性的铬渣进行中和,达到还原六价铬使铬渣解毒的目的。铬渣湿法还原解毒,成本低、吃渣量大,是典型的"以废治废"、使铬渣资源化的治理办法。

铬渣的无害化处理主要包括:堆贮法、化学法解毒、微生物法解毒和微波法解毒。其中微生物法解毒是指采用能有效还原六价铬的菌株对铬渣进行微生物治理。铬渣渗滤液经该菌处理后,其中的六价铬可达排放标准,沉淀物中 Cr 含量达 3 218%,具有实际回收价值。将铬渣进行微生物柱浸,7 天后溶液中检测不出六价铬,解毒后铬渣中六价铬达到国家危险废物毒性鉴别标准。微生物解毒的优点是成本低,解毒彻底,但该铬渣处理方法目前只是实验室阶段,尚未对大量铬渣进行中试实验。

7.5.3.3　铬污染土壤的修复

电动力学修复是在土壤中插入阴、阳电极,施加直流电,在电场作用下,铬酸盐阴离子(CrO_2^-)向阳极迁移,将阳极富集的铬酸盐溶液抽送至地面处置,净化后的水回灌,继续对土壤中铬酸盐进行溶解、处置,如此循环,使土壤得以修复。

植物修复术也称为植物萃取术,即种植所谓超积累植物,利用其吸收污染土壤中的有毒物,将有毒物移至植株,然后收割植株将污染物带离土壤。

细菌及有机物还原法:动物排泄物和动植物遗骸长年累积形成的泥炭、腐殖土,既含有大量活的细菌,也含有为细菌生存繁衍所必需的营养物,还含有大量强还原性的其他有机物,能将六价铬还原为三价铬;这些物质中包括腐殖酸在内的多种有机酸还是良好的螯合剂,能与三价铬形成稳定的螯合物,更促进六价铬快速还原。

化学固定化/稳定化法:固定化和稳定化是将被铬污染的土壤与某种黏合剂混合(也

可以辅以一定的还原剂,用于还原六价铬),通过黏合剂固定其中的铬,使铬不再向周围环境迁移。固化/稳定化是控制重金属污染较常规的技术之一,比较适合复合重金属污染,但对于铬污染处理效果不好,主要因为六价铬的水溶性很强,混合不均匀则处理后仍不能达标。但对于轻度污染或其他技术处理后仍不能达标时,可作为最终辅助技术采用。

化学清洗法是利用水力压头推动清洗液通过污染土壤而将铬从土壤中清洗出去,然后再对含有铬的清洗液进行处理。清洗液可能含有某种络合剂,或者就是清水。

电修复法是一种在20世纪90年代后才得到重视和发展的原位土壤修复术,可有效去除土壤中重金属而且总体费用较低。其基本原理是在铬污染土壤两端加上低压直流电场,利用电场的迁移力,主要是电渗和电迁移的作用,将铬迁移到阴极室(Cr^{3+})或阳极室(Cr^{6+}),从而得到分离。电修复法治理铬污染土壤的研究现在主要是Cr^{3+}在电场下的迁移。

生物修复法泛指应用植物和微生物来治理铬污染。现在铬污染的治理主要集中于微生物方面,即利用原土壤中的土著微生物或向污染环境补充经过驯化的高效微生物,在优化的操作条件下,通过生物还原反应,将六价铬还原为三价铬,从而修复被污染土壤。

7.6 锌与人体健康

7.6.1 锌污染的来源

锌的主要污染源有锌矿开采、冶炼加工、机械制造以及镀锌、仪器仪表、有机合成和造纸等工业的排放。车轮胎磨损以及煤燃烧产生的粉尘、烟尘中均含有锌及其化合物,工业废水中锌常以锌的羟络合物存在。

对大气的污染:金属锌本身无毒,在焙烧硫化锌矿石、熔锌、冶炼其他含锌杂质的金属过程中,以及铸铜过程中产生的大量氧化锌等金属烟尘严重污染了空气。对水体的污染:锌不溶于水,但锌盐,如氯化锌、硫酸锌、硝酸锌则易溶于水,全世界每年通过河流输入海洋的锌约400万吨。采矿场、合金厂、机器制造厂、镀锌厂、仪器仪表厂等排放的工业废水中,含有大量锌化合物。对土壤的污染:锌在土壤中富集,必然导致在植物体内的富集,这种富集不仅对植物,而且对食用这种植物的人和动物都有危害。过量的锌会使土壤酶失去活性,细菌数目减少,土壤中的微生物作用减弱。

7.6.2 锌污染对人体健康的危害及作用机理

锌的毒性较小,一般服2 g后才会出现毒性反应,成人硫酸锌的致死量约15 g。锌的排泄主要通过大便。锌在人体内过量之后,会出现恶心、呕吐、腹痛、腹泻等胃肠道的症状,也会引起发热、贫血、生长受阻、关节出血、骨骼分解等病症。过量的锌很难被排出体外,体内锌含量过高,还会抑制机体对铁和铜、钙等元素及维生素 C 的吸收,并引起缺铁性贫血;影响钙吸收的结果是使免疫力下降、抗病能力差。

锌中毒的表现为:口腔及消化道黏膜损伤,腹痛腹泻,恶心呕吐,呕、便血,偶可发生急性胰腺炎及穿孔性腹膜炎,重者急性期后可有食管及胃狭窄;严重者呼吸急促,瞳孔散大,甚至抽搐、昏迷、休克而死亡;肾脏损害,偶引起急性肾功能衰竭;因锌可减少体内铁贮存量,可致顽固性贫血;损害免疫反应;实验室检查血、尿锌增加,白细胞、血清铁、碱性磷酸酶降低,肝功异常。

过量锌对人体健康产生危害的机理有以下几点。

① 对免疫功能损害的作用机理:锌是参与免疫功能的一种重要元素,但是大量的锌能抑制吞噬细胞的活性和杀菌力,从而降低人体的免疫功能,使抵抗力减弱,而对疾病易感性增加。

② 对铜代谢的作用机理:长期大剂量摄入锌可诱发人体的铜缺乏从而引起心肌细胞氧化代谢紊乱,单纯性骨质疏松,脑组织萎缩,低色素小细胞性贫血等一系列生理功能障碍,特别是缺铜造成的血管韧性降低而出现的血管破裂,对中老年人危害很大。

③ 对铁的作用机理:过量补锌可降低机体内血液、肾和肝内的铁含量,出现小细胞低色素性贫血、红细胞生存期缩短、肝脏及心脏中超氧化物歧化酶等酶活性下降。有学者提出,过量锌主要竞争性抑制铁与铁蛋白的结合和释放,影响铁蛋白的储铁能力。导致肝铁含量下降,从而使人体发生顽固性缺铁性贫血,并且在体内高锌情况下,即使使用铁制剂,也难以治愈贫血。

锌污染的实际案例

2017 年 3 月初在绍兴市环保局的统一部署下,嵊州市环境监察大队对全市范围内的喷塑加工企业进行集中整治行动,发现有三家企业厂外排放口的水样不达标,其中一个指标"总锌"超过了国家排放标准 10 倍以上。

据了解,该三家涉案企业主要经营金属配件表面喷塑。在对金属配件喷塑前会有一道前置工序,叫作磷化工序,需要使用磷化液。这三家企业使用的均是含金属锌磷化液,因此在磷化工序中排放出的清洗废水中含有重金属锌。而这三家企业对这些废水只是简单地经过沉淀池沉淀,并没有通过专门的净化污水设备进行去重金属处理,就直接将这部分污染水源排入外环境中,对水、植被、土壤等造成严重污染。在对这三家企业厂区内污水排放口抽取的水样进行检测后,发现水样中的重金属总锌含量高出允许排放浓度的限值 10 倍以上,涉嫌违反了《中华人民共和国刑法》第三百三十八条的规定,已构成污染环境罪。

(资料来源:搜狐新闻,2017.04.06)

7.6.3 锌污染治理与人体健康防护

7.6.3.1 含锌废水的处理

对人体健康和工农业生产活动来说，含锌废水的排放具有严重危害，持续时间长、毒性大、污染严重，一旦进入环境后不能被生物降解，大多数参与食物链循环，并最终在生物体内累积，破坏生物体正常生理代谢活动，危害人体健康。

对于含锌废水的处理方法有很多，从沉淀法、交换法、吸附法等角度，常见的处理方法有以下几种（表7-3）。

混凝沉淀法：其原理是在含锌废水中加入混凝剂（石灰、铁盐、铝盐），在 pH 为 8～10 的弱碱性条件下，形成氢氧化物絮凝体，对锌离子有絮凝作用，而共沉淀析出。

硫化沉淀法：利用弱碱性条件下 Na_2S、MgS 中的 S^{2+} 与重金属离子之间有较强的亲和力，生成溶度积极小的硫化物沉淀而从溶液中除去。

离子交换法：与沉淀法和电解法相比，离子交换法在从溶液中去除低浓度的含锌废水方面具有一定的优势。离子交换法在离子交换器中进行，借助离子交换剂来完成。

吸附法：是应用多孔吸附材料吸附处理含锌废水的一种方法，传统吸附剂是活性炭及磺化煤等，近年来人们逐渐开发出具有吸附能力的吸附材料，这些吸附材料包括陶粒、硅藻土、浮石、泥煤等及其各种改性材料，目前，有些已经应用在工业生产中。

生物吸附法：由于许多微生物具有一定的线性结构，有的表面具有较高的电荷和较强的亲水性或疏水性，能与颗粒通过各种作用（比如离子键、吸附等）相结合，如同高分子聚合物一样起着吸附剂的作用。

生物沉淀法：以硫酸盐还原菌为代表的生物沉淀法处理含锌废水具有处理费用低、去除率高的优点。在研究取得进展的同时，也暴露了营养源不能被生物充分利用，导致出水的 COD 值高的缺点。

表 7-3 含锌电镀废水处理方法的比较

处理方法	出水水质	耗酸碱	处理多种重金属离子	污泥量	二次污染	成本	其他
化学沉淀法	差	耗	难	大	有	低	—
离子交换法	好	耗	难	少	有	高	—
吸附法	尚可	耗	难	少	有	高	周期短再生困难
电解法	差	耗	可	大	有	高	耗电板
液膜法	好	不	可	少	无	高	需再生
生物法	好	不	可	少	无	低	金属可回收
活性污泥法	好	不	可	少	无	极低	金属可回收

7.6.3.2　土壤锌污染的治理

工程措施主要包括客土、换土、翻土和去表土等措施。客土是在锌污染土壤上,加入未污染的新土;换土是将锌污染的土壤移去,换上未污染的新土;翻土是将锌污染土壤翻至下层;去表土是将锌污染的表土移去。深耕翻土常用于轻度污染的土壤,而客土和换土多用于重污染区。通过这些措施,可以降低土壤中锌的含量,减少过量的锌对土壤植物系统产生毒害,从而使农产品达到食品卫生标准。工程措施是比较经典的土壤重金属污染治理措施,它具有彻底、稳定的优点,但实施工程量大、投资费用高、破坏土体结构,引起土壤肥力下降,并且还要对换出的污土进行堆放或处理。

（1）物理化学修复措施

电动修复是指在污染土壤中插入电极对,并通以低压直流电,形成直流电场,由于土壤颗粒表面具有双电层,孔隙水中重金属离子带正电,引起孔隙水及水中的重金属离子(如 Zn、Pb、Cd、Cr 等)在电场作用下向电极运输,从而对其集中收集处理。电动修复效果的好坏,取决于土壤 pH、缓冲性能、土壤组分(如黏土和腐殖质及污染金属种类等)。电动修复是一种原位修复技术,不搅动土层,并可以缩短修复时间,既可用于饱和土壤水层,也可用于含气层土壤,特别是低渗透的黏土和淤泥土,可以控制污染物的流动方向。

（2）土壤淋洗技术

土壤淋洗技术是利用淋洗液(可以提高重金属可溶性)来淋洗重金属污染的土壤,使其吸附固定在土壤颗粒上的重金属,呈可溶性离子或金属-试剂络合物,然后收集淋洗液回收重金属,并循环利用淋洗液的土壤修复方法。该方法的技术关键是寻找一种淋洗液,既能提取各种形态的重金属,又不破坏土壤的结构。目前,用于淋洗土壤的淋洗液较多,包括有机或无机酸、碱、盐和螯合剂。常用的提取剂主要有:硝酸、盐酸、磷酸、硫酸、氢氧化钠、柠檬酸、苹果酸、乙酸、EDTA 和 DTPA 等。

（3）改良措施

改良措施是向土壤中投加改良剂(石灰、沸石、碳酸钙、磷酸盐、硅酸盐等),以增加土壤有机质、阳离子交换量和黏粒含量,以及改变 pH、Eh 和电导率等理化性质,使土壤中的锌发生氧化、还原、沉淀、吸附、抑制和拮抗等作用,以降低 Zn 的生物有效性。如向土壤中投放硅酸盐钢渣,对 Zn、Cd、Ni 离子具有吸附和共沉淀作用。

（4）生物修复措施

生物修复措施是利用生物的某些特性来适应、抑制和改良锌污染土壤的措施。由于该法具有花费较少、对技术及设备要求不高等优点,日益受到人们的重视,已成为重金属污染土壤修复研究的热点。

（5）微生物修复

该方法是利用某些微生物对锌具有吸收、氧化还原等作用,从而降低土壤中锌的毒性。其一般包含两个方面:生物吸附和生物氧化还原。前者是锌被活的或死的生物体所吸附的过程;后者则是利用微生物改变锌离子的氧化还原状态,来降低土壤中锌的含量。研究表明,微生物细胞内大量存在的金属硫蛋白,是一种对 Zn、Cd 等具有强烈亲合力的细胞蛋白质,它们对 Zn、Cd 等重金属有富集和抑制毒性作用。

(6) 植物修复

该方法是利用有些植物能忍耐和积累重金属的特性,来清除土壤中的重金属,以实现修复重金属污染为目的的措施。

锌中毒的治疗包括:①催吐洗胃,可用 1%鞣酸液,1∶2 000 高锰酸钾液或 0.5%药用碳悬液;内服或胃管内注入 50%硫酸镁 50～60 mg 导泻。②静滴维生素 D,因其在体内转化成草酸盐,可阻碍肠道对锌的吸收。③驱锌治疗,促排灵、二巯基丁二酸钠、依地酸钙钠、1-青霉胺。④饮食治疗,内服蛋白水、牛奶、米汤、橄榄油等。慢性中毒者多食富含纤维素及植酸盐的食物如芹菜、菠菜、韭菜、枸橼汁等。纤维素可刺激肠蠕动,所含的羧基、羟基通过离子交换作用可减少锌的吸收。植酸盐与锌形成不溶性化合物亦减少其吸收。排骨汤含多量的钙,抑制锌的吸收。锌中毒后含锌多的食品应避免食用,如牡蛎、猪肝、牛肉、花生、大白菜、萝卜以及茄子、土豆、黄瓜、西红柿、苹果、橙子、柠檬等。

思考题

1. 简述重金属污染的含义及特点。
2. 简述汞污染对人体健康的危害。
3. 简述铅污染危害人体健康的作用机理。
4. 简述砷在环境中迁移转化的规律。
5. 简述镉污染对人体器官产生的负面影响。
6. 简述铬污染危害人体健康时的防护措施。

参考文献

[1] 刘新会,牛军峰,史江红,等.环境与健康[M].北京:北京师范大学出版社,2009.

[2] 贾振邦.环境与健康[M].北京:北京大学出版社,2008.

[3] 刘春光,莫训强.环境与健康[M].北京:化学工业出版社,2014.

[4] 程胜高,但德忠.环境与健康[M].北京:中国环境科学出版社,2006.

[5] 冯新斌,史建波,李平.我国汞污染研究与履约进展[J].环境污染与人体健康,2020,35(11):1344-1350.

[6] 张正洁,李东红,许增贵.我国铅污染现状、原因及对策[J].环境保护科学,2005(4):41-42+47.

[7] 冯德福.砷污染与防治[J].沈阳教育学院学报,2000(2):110-112.

[8] 陈健,毕娜.环境中镉污染的危害及其治理方法[C]//中国环境科学学会.辽宁省环境科学学会 2009 年学术年会论文集,2009.

［9］环境保护部.国家污染物环境健康风险名录:化学第一分册[M].北京:中国环境科学出版社,2009.

［10］董安信.铬污染治理方法探讨[J].环境污染与防治,1983(6):19-25.

［11］孟凡生,王业耀.渗透反应格栅修复铬污染地下水的试验研究[J].地下水,2007,29(4).

［12］赵守城.锌中毒及处理[J].实用儿科临床杂志,1989(3).

［13］白中兰.补锌过量对人体的危害[J].现代医药卫生,2001,17(9):727-727.

［14］管宁,吴建岚.微量元素锌与老年性疾病[J].微量元素与健康研究,1995(2):62.

［15］杨肖娥,龙新宪,倪吾钟,等.超积累植物吸收重金属的生理及分子机制[J].植物营养与肥料学报,2002,8(1):8.

［16］秦俊法,李增禧.镉的人体健康效应[J].广东微量元素科学,2004(6):1-10.

［17］方艳,闵小波,唐宁,等.含锌废水处理技术的研究进展[J].工业安全与环保,2006(7):5.

第8章

新兴污染物与健康防护

近年来,环境中出现了越来越多的新污染物,为了将其与传统的污染物相区别,特将此类物质界定为新兴污染物(emerging contaminants,简称 ECs)。新兴污染物的共同特质为"法规尚未规范或规范不全""城市传统污水处理厂难以处理""对人类健康与生态存在潜在危害既深且远"。美国环境保护署(EPA)对新兴污染物做出了如下定义:新兴污染物是指那些已经被注意到的、对人体健康或环境存在潜在或现实威胁的、尚未对其制定健康标准的化学品或其他物质。最早记录在案的对新兴污染物的认识可追溯到 1962 年蕾切尔·卡逊出版的《寂静的春天》一书。二氯二苯基三氯乙烷的广泛使用对环境产生了危害,引起了人们对化学品使用的警惕。根据《中华人民共和国国民经济和社会发展第十四个五年规划和 2035 年远景目标纲要》,应"重视新污染物治理""健全有毒有害化学物质环境风险管理体制"。《新污染物治理行动方案》(国办发〔2022〕15 号)和《重点管控新污染物清单(2023 年版)》已实施。

短期毒性研究表明,由于浓度低,ECs 对暴露环境没有急性毒性作用或可疑作用,因此区别于常规污染物,ECs 较少受到监管。但是,由于 ECs 的持续释放,其形成复合物的趋势和生物蓄积潜力可能对长期暴露的环境、人类和动物产生严重的慢性影响。由于这类污染物在环境中存在或者已经使用多年但一直没有相应法律法规予以监管,当发现其具有潜在有害效应时,它们已经以不同途径进入各种环境介质中,如土壤、水体、大气。目前,人们关注较多的新兴污染物主要有包括全氟化合物、有机氯农药、溴系阻燃剂等在内的多种持久性有机污染物(Persistent Organic Pollutants,POPs)、内分泌干扰物、药物及个人护理品、人造纳米材料等(图 8-1)。

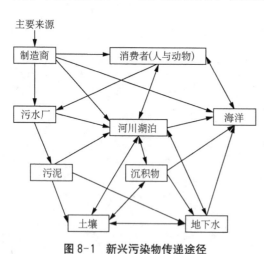

图 8-1 新兴污染物传递途径

8.1　持久性有机污染物与人体健康

1976 年 7 月在意大利塞维索发生了化学污染事故,化工厂的 TBC(1,2,3,4-四氯苯)加碱水解反应釜突然发生爆炸,二噁英等污染物冲破屋顶,时隔多年后,当地居民中畸形儿数量仍在增加。化工业蓬勃发展以来,大量 POPs 被制造出来,它们不仅从烟囱涌出、污水管流出或喷洒到田里,还存在于计算机、油漆、家具用品等消费品。POPs 一经释放,便随着气流和水流传到千里外,也就是说,POPs 不但污染附近的环境,还祸及遥远而未受污染的地方,如北极、山脉、海洋,对人类和环境具有破坏性的影响。与常规污染物不同,POPs 在自然环境中极难降解,并能在全球范围内迁移,被生物体摄入后不易分解,能沿着食物链浓缩放大,最终严重影响人类健康。为推动 POPs 的淘汰和削减、保护人类健康和环境,2001 年 5 月 23 日,在瑞典首都斯德哥尔摩,127 个国家签署《关于持久性有机污染物的斯德哥尔摩公约》(以下简称《公约》),正式启动了人类向 POPs 宣战的进程。我国最新提出的《新污染物治理行动方案(征求意见稿)》规定,2025 年年底前,逐步禁止十溴二苯醚、短链氯化石蜡、五氯苯酚及其盐类和酯类、六氯丁二烯、得克隆等的生产、加工使用和进出口;严格限制 PFOS 类、PFOA 类的生产和加工使用;禁止壬基酚用于农药助剂;基本实现二噁英类全面达标排放。

8.1.1　持久性有机污染物概述

POPs 是一种具有长期残留性、生物积蓄性、长距离迁移性、高毒性的一种天然或人工合成的有机污染物质,这种物质对环境和人类生产、生活造成了严重危害,可以通过各种介质(大气、土壤、水、沉积物等)在环境中长距离迁移并长期残留。POPs 具有长期残留性、生物积蓄性、长距离迁移性、高毒性等特性。尽管 POPs 在水环境中处于较低的浓度水平,但可能会随着食物链在生物体内累积、转化和迁移,对人体健康和地球生态安全产生巨大威胁。POPs 物质具有抗光解、抗化学降解和抗生物降解的特性,在土壤、沉积物、生物体内的半衰期少则几年,多则几十年,即使现在立即停止生产和使用 POPs,最早也要到未来第七代人体内才不会检出 POPs。

多数 POPs 都曾于 20 世纪被广泛应用于各领域与行业,如滴滴涕与六氯苯应用于农药生产与使用,PCBs 应用于变压器、电容器以及绝缘体等的生产,PBDEs 用于阻燃剂以及表面活性剂等,PFOS 和 PFOA 应用于服装织物、地毯、食品包装、润滑剂、表面活性剂和灭火器的防油或防水剂等。研究发现 POPs 不仅具有"三致"效应(致癌、致畸、致突变性),而且具有内分泌干扰素的作用,对生殖系统、免疫系统、神经系统等产生毒性,是生殖障碍、出生缺陷、发育异常、代谢紊乱以及某些恶性肿瘤发病率增加的潜在原因之一。

1995 年,联合国环境规划署对首批 12 种优先控制的 POPs 物质进行评估,分析这些物质对人体的危害,这 12 种物质是艾氏剂、狄氏剂、异狄氏剂、DDT、氯丹、六氯苯(HCB)、灭蚁灵、毒杀芬、七氯、多氯联苯（PCB）、二噁英和苯并呋喃。2009 年,又有 9 种化合物被添加到了 POPs 名单中,其中包括开蓬、α-六六六和 β-六六六 4 种有机氯农药以及全氟辛基磺酸及其盐类（PFOSs）、全氟辛基磺酰氯、五氯苯、多溴联苯醚和六溴联苯。随着《公约》的生效,这些 POPs 逐渐被禁止或限制使用,使得其影响逐渐减弱,但是由于其自身的特殊性质,至今仍然对环境与人群健康具有潜在的负面影响。

8.1.2　环境中典型的持久性有机污染物

8.1.2.1　全氟化合物

2012 年世界知名运动品牌服装被曝含有有害化学物质——全氟化合物（PFCs）,可能导致人类生育率下降以及其他免疫系统疾病。PFCs 全球污染已是不争的事实,目前已经有越来越多的品牌商给出了全面禁用 PFCs 的时间表。2017 年,亚洲地区首次报道 PFCs 与孕前女性的相关研究,《环境与健康展望》有文章证实,上海地区孕前女性月经周期异常与体内全氟化合物物质的暴露量呈正相关。

（1）全氟化合物概述

20 世纪 50 年代,美国 3M 公司利用电化学氟化法首次生产出全氟化合物（perfluorinated compounds,PFCs）。至今为止,PFCs 作为重要的工业材料已经被应用几十年。全氟化合物（PFCs）是指化合物分子中与碳原子连接的氢原子全部被氟原子所取代的一类有机化合物,主要有全氟辛烷磺酸（perfluorooctanesullfonate,PFOS）、全氟辛烷酸（perfluoroocatanoic acid,PFOA）、全氟壬酸（PFNA）、全氟十一酸（PFU-nA）和全氟烷基化合物（PFASs）等。因具有优良的化学稳定性、热稳定性、高表面活性及疏水疏油性能等优点,PFCs 被广泛应用于防水剂、防油剂、防尘剂和防脂剂（如纺织品、皮革、纸张、毛料地毯）及表面活性制剂（如灭火器泡沫和涂料添加剂）等诸多工业和生活用品中。

PFCs 是一类具有持久性、蓄积性、长途迁移性以及潜在毒性的新兴污染物质。PFCs 具有高表面活性、高耐热稳定性、高化学惰性,以各种途径进入水系的各种环境介质及沉淀物,造成严重的环境污染。动物实验表明 PFCs 具有肝毒性、胚胎毒性、生殖毒性、神经毒性和致癌性等,能干扰内分泌,改变动物的本能行为,对人类特别是幼儿可能具有潜在的发育神经毒性。随着全氟有机化合物被大量使用,这类物质现已广泛存在于环境、人体和动物体内,甚至在偏远的北极海域也已发现 PFCs 的存在,因而 PFCs 也受到越来越多的关注,尤其是 PFOS 和 PFOA,近年来在环境健康领域颇受关注。

（2）环境中的典型全氟化合物

全氟辛烷磺酸和全氟辛酸是目前受到较多关注的全氟化合物,并且也是环境中较常检测到的两种全氟化合物。水体中的 PFCs 源于工业生产的直接排放、大气沉降以及排放到水体中前体物质的转化。

大气是 PFCs 进行长距离迁移的重要介质。PFCs 可与大气气溶胶和颗粒物结合进行远距离迁移,并最终通过干湿沉降进入地表环境。从全球范围来看,大气中 PFCs 主要分布在人口稠密和工业发达区域,且城市区域的浓度分布显著高于乡村,陆地高于海洋。

在水体环境中,PFCs 可以随地下水远距离迁移,在地下水和表层水中容易被检出。PFCs 进入浅层地下水系统中,主要以两种形式存在,一种是直接进入含水层,溶解在地下水中;另一种是残留在渗流区。大气中的 PFCs 会直接通过降雨降雪进入水体中,雨水冲刷也会将土壤中的 PFCs 带入河流中。水体中的 PFCs 会随着蒸发作用再次进入大气中,也会迁移到地下水中。同时,水生生物也会直接摄入 PFCs,使之进入生物链循环,这也是水体中 PFCs 进入人体的主要途径。工农业活动是水体中 PFCs 的主要来源,废水被直接排放到河流、湖泊中,PFCs 会被动植物摄食和吸收进而残留在体内,还会通过食物链进入人体。当前在世界各个国家和地区的地表水、地下水、海水和污水处理厂出水中均检测到了不同浓度的 PFCs。

沉积物和土壤对有机污染物具有较高的富集能力。世界各地土壤中均存在较高的 PFCs 检出率,土壤中的 PFCs 会直接被农作物根系吸收并被人体食用,这会直接威胁到人类的生命健康。人体主要通过四种途径接触 PFCs:呼吸直接吸入、皮肤接触、食物链循环和饮水暴露,其中食物链摄取是主要途径之一。环境介质中的 PFCs 进入动物体内,会发生生物蓄积作用并通过食物链被逐级放大,最终在人体内富集产生生物毒性。进入人体中的 PFASs 不仅难以排出,还会影响发育、引发疾病等。表 8-1 所列是人体肝脏中 PFOA 和 PFOS 的浓度。

表 8-1　不同地区人体肝脏中 PFOA 和 PFOS 的相关研究

采样地点	样本量	项目	PFOA(ng/g)	PFOS(ng/g)
中国	31	平均值	1.74	40.87
		检测范围	<LOQ~7.03	4.69~133
美国	31	平均值	NA	18.8
		检测范围	17.9~35.9	4.5~57.0
意大利	7	平均值	NA	NA
		检测范围	LOQ~3.1	1.0~13.6
西班牙	12	平均值	NA	26.6
		检测范围	0.5~1.45	NA
澳大利亚	75	平均值	NA	NA
		检测范围	0.10~2.25	0.38~42.5
丹麦	NA	平均值	NA	NA
		检测范围	NA	NA

注:NA 表示未检测或未给出相关数据。
来源:谢蕾,等.环境化学,2020.

不粘锅涂层中的致癌物——PFOA

《纽约时报》发表的文章 *The Lawyer Who Became DuPont's Worst Nightmare*,记录了罗伯特·比洛特对化工巨头杜邦公司提起的环境诉讼,从而揭露了几十年来杜邦公司化学污染的历史。电影《黑水》由该事件改编。1998 年,帕克斯堡的农场主发现自家的牛群离奇死亡。他怀疑这和杜邦公司建在附近的垃圾填埋场有关。律师 Robert 接受诉讼委托,通过调查,发现垃圾填埋场里有一种叫 PFOA 的物质,其作为活性剂,用于生产不粘锅涂层。这场漫长的诉讼从 1998 年开始,一直持续到 2015 年。Robert 为此案奔走十几年,原告家庭超过 3 500 个,杜邦被索赔 6.707 亿美元。

(来源:澎湃新闻,2020.05.09)

8.1.2.2 氯代有机物

中国质量新闻网报道称,上海质监发布婴幼儿塑料浴盆产品质量安全风险预警,称塑料浴盆存在短链氯化石蜡(SCCP)风险。对于短链氯化石蜡的产品召回的新闻近些年来屡见不鲜,发达国家一直以来持续关注产品中的 SCCP。2014 年,瑞典化学品管理局就曾对塑料产品中的有害物质展开检测,检测物品包括手袋、钱包、铅笔盒和手机壳等日常用品,其中受到最高关注的两种物质之一就是 SCCP。

(1)氯代有机物概述

氯代有机物(COCs)是指脂肪烃、芳香烃及其衍生物的分子结构中一个或多个氢被氯取代后的产物。氯代有机物种类繁多,是重要的化工原料、中间体和有机溶剂,在化工、医药、农药、电子、制革等行业中得到广泛的使用,结果导致含氯有机物的大量排放,它们通过挥发、容器泄漏、废水排放、农药和杀虫剂使用及含氯有机物成品的燃烧等途径进入环境,严重污染了大气、土壤,特别是地下水和地表水,以直接或间接的方式对人类的健康造成危害。氯代有机物多数是有毒、有害且难降解物质,具有"三致"效应,环境持久性、生物蓄积性、长距离迁移能力和生物危害性,对微生物和人体健康有很大毒性,因此被美国、欧盟和我国列为优先控制污染物。

(2)环境中典型的氯代有机物及环境分布

① 二噁英

自从 1977 年 Oliel 等人在荷兰阿姆斯特丹垃圾焚烧炉的飞灰中检测到了二噁英,这类物质才逐渐引起人们的关注。之后学者们开始对以往事件展开回溯研究,发现以往的污染事件中一个主要元凶就是二噁英,典型的污染事件是越南战争时期,美军大量喷洒"落叶剂"(也称"橙剂"),其主要成分是二噁英,导致当地居民的健康至今仍受影响的事件。20 世纪 90 年代以后,关于"二噁英污染"的报道频度增加,报道相对较多的是食品中二噁英超标,这说明人们对其关注度有了明显提高。

二噁英通常指具有相似结构和理化特性的一组多氯取代的平面芳烃化合物,目前,木材防腐和防止血吸虫使用氯酚类造成的蒸发、工业和固体废物焚烧的排放、落叶剂的使用、杀虫剂的制备、纸张的漂白和汽车尾气的排放等是环境中二噁英的重要来源。二噁英及其类似物包括氯代苯并二噁英/多氯代苯并呋喃(PCDD/Fs)和二噁英样多氯联苯

（dl-PCBs）。该类化合物都属于持久性有机污染物，具有生殖毒性，神经免疫毒性，内分泌干扰和致癌性。鉴于二噁英及其类似物对人体健康的严重威胁，2004 年生效的《公约》将其列入首批受控名单。研究发现，二噁英类物质的毒性作用主要是通过芳香烃受体（AhR）介导，激活下游一系列信号通路，从而影响生物体内的基因表达水平，最终引起各种毒理和健康效应。目前认为 AhR 的作用机理包括经典和非经典 AhR 信号通路，其中经典信号通路是二噁英对机体产生毒作用的主要途径。

二噁英类化合物均是脂溶性的，在水中的溶解度最低，易在食物链中富集，特别容易富集于食物链的脂肪组织中。目前，主要在肉品和乳品如牛肉、奶制品、牛奶、鸡肉、猪肉、鱼及鸡蛋)中检出了二噁英类。美国环境保护署估计美国人体内的二噁英类化合物来自食物，对于一个典型的美国人来说，其通过食物摄入的二噁英类中，又有四分之三来自所食用的牛肉和牛奶。世界卫生组织和联合国粮农组织的食品添加剂联合专家委员会（JECFA）提出这类物质的暂定每月耐受量为 70 pg TEQ/kg(毒性当量 Toxic equivalent，TEQ)。从不同国家的数据来看，二噁英及其类似物的膳食摄入水平和主要膳食来源各有不同。总体上欧美发达国家的膳食摄入水平较高，但是已处于下降趋势。母乳、血液和脂肪组织是最常被用作评估二噁英及其类似物人体负荷的生物样品。相较于血液和脂肪组织，母乳因采集时对人体无损伤且易于大量获取，从而成为评价二噁英及其类似物人体负荷水平的理想生物样品。世界卫生组织指导众多国家制订实施计划在全球范围内开展了 4 次以母乳为介质的 POPs 人体负荷监测工作，我国也于 2007 年参与了第四次全球母乳监测工作。

大气作为一种开放的体系，能够接受来自不同途径释放的二噁英，包括污染源排放，远距离迁移，水体、土壤中挥发的二噁英等。因此，大气中污染物的含量在较大程度上能够代表所研究地区整体的污染状况。大气中的二噁英可以被人们经过呼吸道吸入，也可以通过沉降以及在生物体内蓄积，从而进入食物链，经饮食摄入危害人体健康。大气中的二噁英浓度易受许多因素影响，如温度、风速、颗粒物浓度等。二噁英在大气中的浓度呈现明显的季节性，冬季大气中二噁英的浓度明显高于夏季，春季和秋季的浓度则处于前两者之间。根据美国环保局（EPA）规定的城市中大气二噁英浓度限值（1.0 pg TEQ/m^3），我国污染较严重的典型城市是广州市，其浓度已经远超上述限值标准，可能会对人体产生不良影响。我国其他城市如北京、沈阳等，相对于日本、美国等发达国家的城市来说，大气中二噁英的毒性当量浓度也偏高，这说明我国对于二噁英等有毒污染物的控制力度不够，急需加强（表8-2，表 8-3）。

表 8-2 不同地区二噁英类物质膳食摄入量的含量及变化

以 TEQ 计，单位：pg/(kg·d)

国家	地区	年份	摄入量	膳食来源
法国		2012	成年人：0.57 青少年：0.89	

续　表

国家	地区	年份	摄入量	膳食来源
西班牙	加泰罗尼亚地区	2008	0.60	鱼和海鲜类(58.6%),乳类食品(8.9%)
芬兰		2000	1.5	
比利时		2008	0.72	对于成年人群,奶制品的贡献率接近50%
日本	大阪	2000	2.08	鱼肉和鱼肉制品是主要来源(77%～92%),其次是肉类和蛋类
		2001	1.45	
		2002	1.74	
奥地利		2005—2011	成年男性:0.61 成年女性:0.75 儿童:0.77	乳、鱼肉是儿童(65%和15%)和成年女性(67%和14%)的主要摄入来源,成年男性则是肉类和内脏(63%和19%)

来源:王向勇,等.食品安全质量检测学报,2014,5(2):437-446.

表8-3　部分国家和地区大气中二噁英毒性当量浓度(pg I-TEQ/m³)

国家	地区	时间	区域类型	毒性当量浓度范围(平均值)
中国	重庆	2011.1—2011.10	城市	0.017～0.21
中国	北京	2014.4—2015.1	焚烧厂	0.11～1.8
		2011—2012	城市	0.25
中国	上海	2012	居民区	0.255
			工业区	0.227
			郊区	0.123
中国	沈阳	2013	工业区	0.57
			城市	0.37
中国	广州	2010—2011	住宅区	0.08～1.528(0.323)
			交通区	0.171～1.157(0.461)
			工业区	0.265～10.676(2)
中国	杭州	2016		0.34
中国	台湾(南部)	2012		0.0113
韩国		2008	国家	0.028
西班牙		1994—2004	工业区	0.005～1.196(0.14)
			城市	0.010～0.357(0.072)
			农村	0.005～0.045(0.028)
日本		2007	国家	0.04
美国	休斯敦	2002.9—2003.4	城市	0.004～0.055
葡萄牙		1999.1—2004.12	国家	0.001 7～0.456 8
希腊	雅典	2000.7	城市	0.042 0.007 8
澳大利亚		2002.9—2004.2	城市/工业区	0.009～0.017
英国		1991—2000	城市	>0.10
		2005—2008	城市	<0.05

来源:任洋洋,等.上海预防医学,2020,32(4):340-346.

② 多氯联苯

多氯联苯(PCBs)是联苯苯环上的氢原子被氯原子取代的化合物的总称。多氯联苯是一种无色或黄色的油状物质,有稳定的物理化学性质,属半挥发或不挥发物质,具有较强的腐烛性,难溶于水,但是易溶于脂肪和其他有机溶剂中。多氯联苯具有良好的阻燃性,低导电率,良好的抗热解能力,良好的化学稳定性,抗多种氧化剂。PCBs 因其理化性质高度稳定,耐酸、耐碱、耐腐蚀和抗氧化,对金属无腐蚀,耐热和绝缘性能好、阻燃性好,被广泛应用于工业和商业等方面,已有 40 多年历史,曾被开放使用和密闭使用多年。但是,由于过去使用不恰当,已经造成了 DL-PCBs 的环境污染。

多氯联苯有多种毒理效应,其主要表现为:影响生殖系统,促发男性隐睾症,降低精子数量和质量,动物生殖能力减弱;干扰内分泌系统,对生物机体内的雌激素和甲状腺激素分泌产生干扰,影响正常发育;神经毒性,多氯联苯的结构类似于体内激素,低水平的暴露会引起儿童学习和记忆能力降低,逐渐导致生长发育缓慢、肌肉张力不足、行动笨拙、智商偏低等,对人有致癌性,国际癌症研究中心已将多氯联苯列入人体致癌物质。

目前人们主要对 19 种 PCBs 异构体展开研究,包括 6 种指示性 PCBs 和 12 种共平面的类二噁英 PCBs,同时 PCB-11 作为一种典型的非残留 PCBs(nonlegacy PCBs),在最近几年受到了环境工作者的注意。气相 PCBs 一般以低氯代同分异构体为主。大气中 PCBs 存在现状的一般规律是:都市地区或大量应用的区域浓度普遍更高,夏季污染程度显著高于冬季。中国东部胶州湾空气中 $\sum_5$PCBs 含量在 $166\sim551$ pg/m^3,与以前的调查结果相比略有提高。对中国南海北部空气中 $\sum_{12}$PCBs 进行调查,其含量在 $32.3\sim167$ pg/m^3,平均值为 (98.4 ± 36.0)pg/m^3,主要受到周围大规模电子垃圾拆解、船只分解燃烧活动影响,其浓度水平与世界其他地区海域相当。被动大气采样结果表明冬季 80%以上长江三角洲地区监测点 $\sum$PCBs 浓度超过 28.0 pg/m^3,城市或城郊交接地区 EPCBs 普遍高于农村地区。表 8-4 为中国不同环境介质中 PCBs 的浓度水平数据。

表 8-4 中国部分地区不同环境介质中 PCBs 的浓度水平

地点	时间	采样/样品数	环境介质	PCBs 浓度
温州	1999	4	大气气相	$191\sim641$ ng/m^3
台州	1999	3	大气颗粒物	$0.191\sim0.373$ μg/m^3
深圳	2001	8	大气气相	453.19 ± 35.12
厦门西港	1998	9	水体	$0.08\sim1.69$
九龙江口	1999	15	表层水中	$0.36\sim150$
		13	间隙水	$209\sim3\,869$
闽江	1999	13	水体	$0.20\sim2.47$
		5	间隙水	$3.19\sim10.86$
珠江四大入海口	2000	NA	虎门河口水体	2.701
		NA	横门河口水体	0.999
		NA	蕉门河口水体	2.828
		NA	斗门河口水体	1.161
大亚湾海域	1999	14	次表层水	$91.7\sim1\,355.3$
太湖	2000	NA	底泥	0.983
青岛近海	1997—1999	9	表层沉积物	$0.65\sim32.9$

来源:韩见龙.浙江大学,博士学位论文,2011

德国毒鸡蛋事件

2012年8月初,德国北莱茵-威斯特法伦州(Nordrhein-Westfalen)的一家养殖场生产的有机鸡蛋中再度发现了有毒物质二噁英。不久德国下萨克森州(Niedersachsen)也出现了类似的有毒鸡蛋,当地两家养殖企业被关闭。据下萨克森州消费者权益保护部称,卖出的鸡蛋都已经被召回,不过,不排除已经有部分有毒鸡蛋到了消费者手中。据悉,有毒鸡蛋是当地时间周四发现的,涉及的养殖企业立即被关闭,有关部门并没有透露这些企业的名字以及发现多少有毒鸡蛋。这些鸡蛋中的有毒物质类二噁英多氯联苯(PCBs)含量超标,而导致这一问题的原因尚不清楚。

(来源:中国畜禽种业,2012,8(5):159)

③ 短链氯代石蜡

氯代石蜡(chlorinated paraffins,CPs),也称多氯代正构烷烃(PCAs),是由链长和氯化程度(质量40%~70%)不同的烷烃组成的工业混合产品。CPs由于具有化学稳定性、阻燃性、黏性、低挥发性和生产成本低的特点,可以作为良好的阻燃剂、增塑剂、冷却剂、润滑剂和密封剂等。根据碳链长度不同,氯化石蜡可以分为3种,短链氯化石蜡(short-chain chlorinated paraffins,SCCPs,C10~C13)含有10~13个碳原子,中链氯化石蜡(C14~C17,MCCPs)和长链氯化石蜡(C18~C30,LCCPs)。SCCPs因为具有持久性、半挥发性、毒性、生物蓄积性,能够长距离迁移,于2017年5月被正式列入《公约》附件A的受控名单。

研究表明,SCCPs具有慢性毒性效应,在致癌性研究中,短链氯化石蜡剂量可增加鼠类肝、甲状腺、肾的腺瘤和癌的发病率。许多研究表明,SCCPs具有高毒性,在环境和生物体中难降解,可以在食物链中富集放大,并能通过多种途径进行区域甚至全球范围内迁移,进而对生态环境和人体健康造成危害。

含有CPs的产品主要为聚氯乙烯塑料(PVC)、橡胶、电缆及金属加工液,据现有的这些产品的生产数据估计SCCPs的释放量,1935—2015年,在美国、欧盟国家、中国、日本等研究地区,共有1560~21900 t的SCCPs被释放到空气、水体和土壤中。目前尚未发现有关CPs的天然来源,空气、水体和土壤中的SCCPs主要源于聚氯乙烯产品、金属加工业中的密封剂或黏合剂,以及塑料和橡胶产品的生产和使用过程(表8-5)。

SCCPs具有半挥发性,通常大气被认为是大多数SCCPs及MCCPs的主要传输介质,且是人体暴露的重要途径。由于SCCPs的疏水性,进入水体的SCCPs可以向沉积物迁移,在河流、湖泊、沿海沉积物中均检测到了SCCPs。而土壤中的SCCPs主要来自大气长距离传输和土壤-空气交换,此外还受工业生产活动的影响,污水灌溉土壤及电子垃圾拆解区附近土壤中的SCCPs主要来自生产活动的排放和释放(表8-6)。

表 8-5　不同国家和地区大气中 SCCPs 的含量

国家	地区	样品类型		浓度范围
中国	大连	城市	2010	15.12~66.44
			2016	65.30~91.00
瑞士	苏黎世	城市	2011	1.8~17
			2013	1.1~42
澳大利亚	墨尔本	城市	夏	28.4
			冬	1.8
中国	北京	城市	夏	112~332
			冬	1.90~33.0
中国		国家		13.5~517
印度		国家		ND~47.4
巴基斯坦		国家		0.37~14.2
日本		国家		0.28~14.2
韩国		国家		0.60~8.96
	南极长城站	地区		9.6~20.8 pg·m^{-3}
	北极斯瓦尔巴德群岛齐伯林	地区		9.0~57 pg·m^{-3}
中国	珠江三角洲	地区	夏	2.01~106
			冬	0.95~26.5
英国	兰开斯特	城市室内		220~17 000 ng·sample^{-1}
中国	北京	城市室内		9.77~966
挪威		家庭室内		128
		学校室内		43

来源:张佩萱,等.环境化学,2021,40(2):371-383.

表 8-6　地表水和沉积物中 SCCPs 的分布

国家	地区	水中含量(ng/L)	沉积物中含量(n/g 干重)	采样时间(年)
中国	北京高碑店湖	$1.6×10^2$~$1.8×10^2$	$1.1×10^3$~$8.7×10^3$	2010
中国	黄河中游		12~$9.8×10^3$	2015
中国	长江中游		4.2~42	2016
中国	珠江流域		46~$1.5×10^3$	2012—2013
中国	珠江口		$3.2×10^2$~$6.6×10^3$	2010
中国	辽河口		65~$4.1×10^2$	2010
中国	渤海和黄海		15~85	2012
中国	东海		5.8~65	2012
中国	深圳沿海		15~$5.7×10^2$	2012—2013
中国	香港沿海		ND~76	2012—2013
中国	辽宁普兰店湾	$4.9×10^2$~$1.5×10^3$		2011
中国	辽东湾		65~$5.4×10^2$	2010
加拿大	北极湖泊网		4.5~$1.4×10^2$	
加拿大	圣劳伦斯河	16~60		1999
西班牙	巴塞罗那河流	$3.0×10^2$~$1.1×10^3$		2003
英国	Darwen 河	$2.0×10^2$~$1.7×10^3$	0.20~65	
西班牙	Besos 河口		$1.3×10^3$~$2.1×10^3$	2003
日本	Ankawa 河、Yodogawa 河	7.6~31	4.9~$4.8×10^2$	2005

国家	地区	水中含量(ng/L)	沉积物中含量(n/g 干重)	采样时间(年)
日本	东京湾		1.3～27	2012—2013
西班牙	巴塞罗那沿海		2.1×10^2～1.2×10^2	2003

注:ND 为未检出。
来源:刘宇轩,等.环境与健康杂志,2019,36(3):272-277.

当某种有机污染物在生物体内的含量高于外界环境介质中的含量时,称其具有生物蓄积效应。人体的 CPs 暴露途径分为食品摄入、呼吸吸收、皮肤接触等,其中食品摄入是最大暴露源之一。

"含毒书包"检测

近期,"含毒书包"的新闻屡见报端,一些地方中小学生背的部分塑料书包存在有毒危险化学品短链氯化石蜡暴露风险。据报道,深圳市计量质量检测研究院对市场流通的 82 批次学生书包样品进行了检测,42 批次检出短链氯化石蜡,含量为 0.007%～9.5%,检出率为 51%;其中,25 批次样品中短链氯化石蜡含量超出欧盟有关法规限制要求,不符合率为 30%。而有关书包的国家标准并没有对短链氯化石蜡含量进行限制,书包生产标准和检测标准都存有较大"漏洞",这无疑给"含毒书包"留下了可乘之机。相关部门有必要进一步完善书包等文具的质量标准,尽快出台法律规范文具生产标准,对违规者严惩,斩断"含毒书包"毒害学生的途径。

(来源:海东日报,2021.04.27)

8.1.2.3　溴系阻燃剂

(1) 溴系阻燃剂(BFRs)概述

阻燃剂又称耐火剂或防火剂,能使合成材料具备难燃性、自熄性和消烟性。美国等工业发达国家自 20 世纪 60 年代起便开始生产和应用阻燃剂,以降低引发火灾及造成人员伤亡的可能性。由于阻燃剂在保护消费者免遭火灾危害方面的切实效果,其在全球得到了广泛应用。溴系阻燃剂因具有阻燃效率高、适用面广、相对用量少、对复合材料的力学性能几乎无负面影响、价格低廉等优点,被广泛应用于塑料、电子、建筑、纺织等材料和产品中,成为目前世界上产量和用量最大的有机阻燃剂之一。

全球每年大约生产 500 万吨的溴,并且自 1975 年以来对溴的需求量在持续增加,其中溴系阻燃剂在溴需求量中占了很大的比重。溴系阻燃剂种类繁多。目前市场上的 BFRs产品主要是四溴双酚 A(TBBPA)、多溴联苯醚(PBDEs)和六溴环十二烷(hHBCDs)三种,除此之外,溴代环氧基树脂、溴代聚苯乙烯、聚溴代丙烯酸酯、溴代多羟基化合物等也被广泛使用。大量的生产使用致使 BFRs 广泛分布于全球各地,在水体、大气、土壤、沉积物、生物体及人体中均能检测到这些物质。根据使用方法的不同,大体上可以将溴系阻燃剂划分为反应型溴系阻燃剂和添加型溴系阻燃剂:反应型溴系阻燃剂与底物通过化学键结合,而添加型溴系阻燃剂与底物通过分子间作用力结合,故添加型溴系阻燃剂更容易逸散到环境中。

溴系阻燃剂作为阻燃剂在阻燃效果、性价比等方面有着突出优势,但同时也有很多缺点。BFRs 具有持久性有机污染物的特征,在环境中难以降解,可以长期存在于环境中,并随环境介质进行长距离迁移。BFRs 还具有高亲脂性、生物累积性和高毒性,也可对生态环境及动物造成伤害。尽管四、五、六和七联苯醚已被《斯德哥尔摩公约》加入禁令清单,美国也于 2013 年进一步加强对 PBDEs 的控制,禁止生产和进口十溴联苯醚(Deca-BDEs),我国在《电气、电子设备中限制使用某些有害物质指令》中也对 PBDEs 的使用进行了限制并计划逐步停止使用,但之前的产品寿命尚未终止,仍持续存在于环境中,进入环境中的 BFRs 在数量和种类上也依然在迅速增加。目前,我国提出《新污染物治理行动方案(征求意见稿)》,规定自 2021 年 12 月 26 日起,禁止六溴环十二烷的生产、加工使用和进出口。

（2）环境中典型的 BFRs 及分布

溴系阻燃剂主要分为溴化双酚、联苯醚、环十二烷、酚和邻苯二甲酸派生物五大类。当前全球具有一定生产规模的 BFR 约有 70 多种,实际上主要生产和使用的溴系阻燃剂仅有 5 种,它们是:四溴双酚-A(TBBPA)、六溴环十二烷(HBCD)以及三种市售 PBDEs 混合物:十溴联苯醚、八溴联苯醚和五溴联苯醚。传统溴代阻燃剂如 PBDEs 中的五溴联苯醚、八溴联苯醚等同系物和 HBCDs 等由于具有环境持久性、生物累积性、长距离迁移和生物毒性等特征,已经被列入《斯德哥尔摩公约》持久性有机污染物名单中,在世界范围内逐渐被禁止生产或使用。为满足市场对阻燃剂的需求,一些新型溴代阻燃剂被相继研发和生产出来,并得到了广泛的使用,如 2-乙基己基-四溴苯甲酸(TBB)和 2,3,4,5-四溴-苯二羧酸双(2-乙基己基)酯(TBPH)。

最常见的 BFRs 污染源是生产 BFRs、阻燃泡沫以及塑料制品的工厂排放的污水。关于 BFRs 其他污染源的信息较少,可能的其他污染源还有市政、医疗或有害废弃物的焚烧,回收塑料和重金属的工厂,垃圾处理场以及火灾。除此之外,电器,比如含有 BFRs 的电视和计算机也是 BFRs 污染源,尤其是它们会对室内空气造成污染。以下介绍几种常见 BFRs。

（1）多溴联苯醚

PBDEs 属于溴系阻燃剂的一类,作为添加型阻燃剂被广泛应用在电子、纺织等领域。PBDEs 作为一种添加型阻燃剂,由于不受化学键的束缚,很容易释放到环境当中。环境中 PBDEs 的主要污染源是生产和使用该化合物的工厂。目前被广泛使用的 PBDEs 大多为高溴联苯醚,其极易被泥土和颗粒物吸附,在环境中比较稳定,在海洋生物体和人体中较少检出。低溴联苯醚与高溴联苯醚相比具有更高的挥发性、易溶性和生物富集性,因此在空气、水体、底泥和生物体内均有存在。我国是 PBDEs 生产和使用大国,珠江三角洲地区不仅拥有世界上最大的电子产品生产基地,同时还存在着大规模的电子垃圾处理回收活动,因此大大增加了该地区的 PBDEs 暴露风险。PBDEs 可引起人体甲状腺的增生,导致甲状腺素代谢改变,同时还具有一定的致癌、致畸毒性(表8-7)。

表 8-7　PBDEs 在不同地区中的含量

	国家	地点	N	含量(ng/g)	年份
水体	伊朗	波斯湾	7	ND~6.91	2016
	澳大利亚	悉尼河口	7	22.1~67.5	2015
	中国	长江中游	9	0.046 1~0.326	2014
	中国	太湖	8	53.55~848.33	2013
	中国	白洋淀	8	0.016~1.18	2016
	中国	武汉东湖	8	0.67~5.54	2012—2013
	中国	南宁邕江	9	5.09	2013
	中国	东莞东江支流	9	7.87	2013
沉积物		白令海		0.007 7	2017
	加拿大	海盆		0.010 7	2017
	冰岛			0.007 1	2017

注:"N"表示监测到的目标化合物的数目;"ND"表示未检出。
来源:穆希岩,等.农药学学报,2016,18(01):12-27.

人工拆解电缆电线、电子垃圾露天堆放和露天焚烧等原始方式是溴系阻燃物对大气环境造成污染的典型途径。PBDEs 很少降解,易沉积于土壤、水及水中的底泥中。土壤中的 PBDEs 是产品挥发进入空气后沉积到土壤中的。随后分子量小的会从土壤回到空气,而分子量大的组分则多沉积于土壤。PBDEs 的污染源主要在城市,而重组分迁移能力弱,所以在城市土壤中占比高,轻组分挥发迁移能力强,会向远离污染源的地区迁移。水和底泥中的 BFRs 分布情况与大气中的分布情况类似,也是工业化程度高的地区和人口密度大的城市附近 BFRs 含量远高于其他地区。

（2）四溴双酚-A(TBBPA)

五种主要生产和使用的溴系阻燃剂中 TBBPA 是产量最大、使用最广泛的。TBBPA 是双酚 A(BPA)的溴化衍生物,室温下为白色或灰白色粉末,可作为反应型阻燃剂用于制造含溴环氧树脂,也可作为添加型阻燃剂用于丙烯腈-丁二烯-苯乙烯塑料(ABS)、不饱和聚酯、胶黏剂以及涂料等。TBBPA 具有热稳定性好、阻燃效率高、水不溶性和耐腐蚀等优点,缺点是燃烧时生成有毒气体和大量烟雾。TBBPA 对生物具有生长发育毒性、肝肾毒性、生殖毒性、神经毒性以及内分泌干扰等毒性效应。

全球范围的调查研究显示,TBBPA 作为普遍存在的有机污染物之一,在空气、水体、土壤、沉积物和生物等多种环境介质中均有不同含量的检出(表8-8)。

表 8-8　不同介质中 TBBPA 的含量

介质	区域	浓度范围	采样时间
空气(ng·m⁻³)	中国(深圳某办公室)	0.006~0.511	2009
	中国(贵屿某电子元件回收厂)	66.01~95.04	2007

续　表

介质	区域	浓度范围	采样时间
空气(ng·m^{-3})	希腊(塞萨洛尼基某工厂)	Nd～2.58	2007
	日本(北海道某家庭室内)	0.008～0.02	2006
	北极	70	2003
	瑞典(斯德哥尔摩某电子元件回收厂)	30～40	2000
	瑞典(斯德哥尔摩某办公室)	0.031～0.038	2000
水体(ng·L^{-1})	中国(渤海、黄海)	57～607	2016
	法国(塞纳河支流)	0.035～0.068	2008
	中国(巢湖)	850～4 870	2008
	中国(北京)	nd～1.91	2006
	德国(埃姆斯河和穆尔德河)	0.2～20.4	2006
	日本(某废料填埋场)	0.3～540	2004
沉积物(ng·g^{-1})	中国(贵屿)	13 700～41 200	2013
	中国(大亚湾)	0.23～9	2012
	中国(巢湖)	22.0～518	2008
	中国(珠江)	0.06～1.39	2019—2010
	英国(斯克恩河)	9 750	2000
	瑞典(污水处理厂)	34～270	1999—2000
土壤(ng·g^{-1})	中国(珠江三角洲·居民区)	1.92	2018
	中国(珠江三角洲·非居民区)	0.07	2018
	越南(某电子元件回收厂)	ND～2 900	2012
	中国(武汉·垃圾回收点)	1 360～1 780	2005
生物(ng·g^{-1}·dw)	韩国(人发)	16.04	2017
	法国(图卢兹·产妇血清)	310	—
	法国(图卢兹·产妇乳汁)	7 000	—
	中国(渤海、黄海·浮游动物)	930～10 165	2016
	中国(贵屿·鲶鱼)	5.6～101	2013
	中国(巢湖·鱼类)	28.5～39.4	2008
	日本(名古屋等·鱼类)	0.01～0.11	2004—2005
	美国(纽约·人脂肪组织)	0.048	
	美国(佛罗里达·宽吻海豚)	1.2	1991—2005
	美国(佛罗里达·鲨鱼)	9.5	

来源:王爽,等.生态毒理学报,2020,15(6):24-42.

(3) 六溴环十二烷(HBCD)

HBCD 是一种非芳香性的溴化环烷烃,主要作为添加型阻燃剂用于热塑性聚合物,并最终应用于聚苯乙烯树脂,同时它还应用于纺织品涂层、电缆、乳胶黏合剂以及不饱和聚酯纤维等的阻燃。HBCD 年产量大约为 16 700 吨,在所有溴化阻燃剂中,它的产量是相对较少的。然而它在欧洲比在美洲使用得更为广泛。与其他主要的溴化阻燃剂类似,HBCD 也具有高脂溶性低水溶性的特质,同时由于其分子大小和卤化特性,它还具有低蒸气压的性质。HBCD 的急性毒性很低,大部分 HBCD 可在较短时间内通过新陈代谢排出体外,但是 HBCD 的慢性毒性却不容忽视,HBCD 对生物的毒性效应主要表现在甲状腺毒性、神经毒性及生殖发育毒性等方面。

HBCD 在环境中的分布是很广泛的，已经在几乎所有环境介质中检测到了它的存在，包括人类的血液和乳汁。有学者研究黄海沿岸水体中 HBCD 的浓度，发现在江苏连云港、启东，山东烟台等地的河流中 HBCD 的含量明显高于我国其他地区，这主要是因为我国 HBCD 生产厂家主要集中在山东、江苏等地区。相对于我国而言，西班牙 Ebro River 沉积物中 HBCD 的污染程度较为严重，其含量水平为 1.6～1 849 ng/g。HBCD 在水生生物体内普遍存在，而且营养级越高，HBCD 浓度也就越高。

（4）TBB 和 TBPH

TBB 和 TBPH 最早是由美国科聚亚公司生产的用于替代 PBDEs 的添加型阻燃剂，主要用于胶卷聚氯乙烯、氯丁橡胶、电线和电缆绝缘层、地毯基布、被单、涂层面料、墙面涂料和黏合剂等的生产。二者的理化性质如表 8-9 所示。TBB 和 TBPH 具有潜在的环境内分泌干扰效应，目前关于二者的甲状腺内分泌、生殖毒性等毒理效应研究相对较多。

表 8-9　TBB 和 TBPH 的理化性质

中文名称	分子式	英文缩写	分子量	25℃水中溶解度 $(mg \cdot L^{-1})$	$\log K_{ow}$	$\log K_{oc}$
2-乙基己基-四溴苯甲酸	$C_{15}H_{18}BrO_2$	TBB(EHTBB)	549.93	1.14×10^{-5}	8.8	5.58
2,3,4,5-四溴-苯二羧酸双(2-乙基己基)酯	$C_{24}H_{38}Br_4O_4$	TBPH(BEHTBP)	706.15	1.98×10^{-9}	12.0	7.40

家用电器、地毯和沙发等产品经常添加 TBB 和 TBPH 作为阻燃剂，因此，室内灰尘中 TBB 和 TBPH 受到普遍关注（表 8-10）。

表 8-10　不同国家和地区灰尘中 TBB 和 TBPH 的中位数浓度（浓度范围）

国家（城市或地区）	采样年份	样本量 n	TBB$(ng \cdot g^{-1})$	TBPH$(ng \cdot g^{-1})$
巴基斯坦（费萨拉巴德）	2011	汽车($n=15$)	0.5(<0.2～175)	6.5(<0.2～105)
科威特	2011	家庭($n=15$)	6.6(0.6～550)	54(7.2～1 835)
科威特	2011	汽车($n=15$)	13(2.0～3 450)	85(12～3 700)
巴基斯坦（费萨拉巴德）	2011	大学($n=16$)	1.3(<0.2～16)	19(3～225)
巴基斯坦（费萨拉巴德）	2011	服装店($n=15$)	0.7(0.2～1.2)	9(<0.2～35)
巴基斯坦（费萨拉巴德）	2011	电子商店($n=30$)	1(<0.2～15)	20(0.6～950)
埃及（开罗）	2013	家庭($n=17$)	0.81(0.11～369)	0.12(<DL～1.77)
埃及（开罗）	2013	工作场所($n=9$)	7.14(0.30～154)	0.09(<DL～0.24)
埃及（开罗）	2013	汽车($n=5$)	5.81(0.39～90.7)	0.60(<DL～8.26)
中国（杭州）	2014	家庭($n=20$)	NA	15(0.1～54.2)
中国（杭州）	2014	办公室($n=20$)	NA	22(<DL～62)
中国（杭州）	2014	教室($n=8$)	NA	56(<DL～172.1)
中国（杭州）	2014	实验室($n=4$)	NA	48(<DL～102)
中国（杭州）	2014	宿舍($n=15$)	NA	30(11～441)
中国（23 个省）	2010	住宅($n=81$)	0.83(<DL～6 300)	29(<DL～1 600)

续　表

国家(城市或地区)	采样年份	样本量 n	TBB(ng·g^{-1})	TBPH(ng·g^{-1})
中国(北京)	2014	住宅($n=30$)	NA	0.571(0.211~5.02)
中国(北京)	2014	办公室($n=27$)	NA	0.315(<DL~3.83)
中国(北京)	2012—2013	家庭($n=21$)	19(<DL~940)	16 00(260~13 000)
中国(北京)	2012—2013	办公室($n=23$)	12(<DL~35)	550(<DL~3 200)
中国(北京)	2012—2013	托儿所($n=16$)	4.1(<DL~6.7)	46(<DL~300)
中国(龙塘)	2013	电子垃圾拆解地附近村庄1室内灰尘($n=9$)	7.5(<DL~192)	88(10~268)
中国(龙塘)	2013	电子垃圾拆解地附近村庄2室内灰尘($n=7$)	29(<DL~75)	160(8.2~652)
中国(龙塘)	2013	电子垃圾拆解地附近村庄3室内灰尘($n=13$)	311(4.9~862)	7 120(<DL~17 600)
中国(大沥)	2013	电子垃圾拆解地附近村庄4室内灰尘($n=13$)	36(7.1~116)	193(<DL~928)
中国(贵屿)	2013	电子垃圾拆解地附近村庄5室内灰尘($n=14$)	60(<DL~178)	49(<DL~779)

来源:邹义龙,等.生态毒理学报,2021.

8.1.3　持久性有机污染物的健康危害

POPs 可通过多种途径进入机体,由于其高亲脂性,易在脂肪、肝脏等组织器官及胚胎中积聚,从而造成肝、肾等脏器及神经系统、生殖系统、免疫系统等急性和慢性毒性,部分种类的 POPs 还有明显的致癌、致畸、致突变等作用。人体暴露 POPs 有呼吸暴露、皮肤接触暴露和饮食暴露 3 大途径,其中饮食暴露是主要的暴露途径。

8.1.3.1　神经毒性

大量的流行病学、体内及体外实验证据表明,POPs 可以干扰神经系统的正常发育,导致神经毒性,且各种 POPs 对神经系统的影响可能具有不同的效应及毒性机制。POPs 也会对相应的神经系统以及免疫系统造成极大的损害,比如使人的记忆力下降、注意力不集中,同时容易感染疾病等。由于神经发育本身存在敏感期,正处于神经发育敏感期的胚胎、婴儿及儿童易受到神经损伤,应引起重视。

8.1.3.2　生殖毒性

POPs 对于某些动物以及人类具有生殖毒性,可以分为雄性生殖毒性及雌性生殖毒性。POPs 可以通过与类固醇受体结合或破坏类固醇的生物合成与代谢过程,干扰机体内激素的平衡状态。POPs 可对生物体生殖能力造成影响和损伤 DNA。如有机氯杀虫剂特别是 DDE(DDT 的一种代谢产物)可影响食肉鸟类蛋壳的厚度。POPs 还可能使卵的孵化率下降,从而影响子代的生存甚至使某些动物灭绝。表 8-11 所示为 POPs 对实验动物和人类的生殖毒性。

表 8-11　POPs 对实验动物和人类的生殖毒性

POPs		实验动物	人类	致毒机制
有机氯	雌性生殖	子宫增重↑ 卵泡发育↓ 排卵↓ 胚胎着床↓	妊娠延迟↑ 早期流产↑	类雌激素效应 氧化损伤↑ 细胞凋亡↑ Bax、Bc1-2↑
	雄性生殖	睾酮↓ 精子数量↓ 精子活力↓ 精子畸形↑	睾酮↓ 精子数量↓ 精子活力↓ 精子畸形↑	氧化损伤↑ 细胞凋亡↑
二噁英	雌性生殖	雌激素↓ 催乳素↓孕酮↑ 排卵↓ 阴道发育↓ 胚胎着床↓流产↑	雌激素↓ 阴道发育↓ 子宫内膜异位↑	激活 AhR 途径 芳香化酶基因表达↓
	雄性生殖	睾酮↓ 精子数量↓ 精子活力↓ 精子畸形↑	睾酮↓ 精子数量↓ 精子活力↓ 精子畸形↑	氧化损伤↑
PCBs	雌性生殖	催产素↑孕酮↓ 早产↑流产↑ 排卵↓	胚胎着床↓流产↑ 妊娠延迟↑	子宫基底细胞凋亡↑
	雄性生殖	睾酮↓ 精子数量↓ 精子活力↓ 精子畸形↑	睾酮↓SHBG↓ 精子数量↓ 精子活力↓ 精子畸形↑	氧化损伤↑
PAHs	雌性生殖	卵泡发育↓ 排卵↓ 子宫重量↓ 胎鼠心脏发育↓	早期流产↑ 新生儿体重↓	卵母细胞凋亡↑ 子宫细胞凋亡↑ 激活 AhR 途径
	雄性生殖	睾酮↓ 精子数量↓ 精子活力↓ 精子畸形↑	E_2、FSH、LH↑ 精子数量↓ 精子畸形↑	StAR、3ß-HSD↓ 生殖细胞凋亡↑ Bax、Noxa、Bad、Bim↑ DNA 损伤↑
PBDEs	雌性生殖	卵泡发育↓ 卵巢重量↓ 胚胎发育↓	妊娠延迟↑	—
	雄性生殖	精子活力↓ 精子数量↓ 睾丸重量↓ 生殖器畸形↑	精子活力↓ 精子浓度↓ 睾丸大小↓ 隐睾症↑	氧化损伤↑

来源：周京花. 中国科学：化学，2013.

（1）肝脏毒性

POPs 对肝脏的毒性作用主要来自对肝细胞的直接毒性作用以及肝外因素的间接影

响。POPs 可以抑制生物体肝细胞 DNA 的合成,阻碍肝细胞的增殖。可能影响肝细胞功能的肝外因素包括干扰内分泌系统及器官环境的因素,这些因素可以使促炎细胞因子进入系统循环激活氧化应激反应,最终影响肝脏的生理功能。

（2）内分泌干扰作用

POPs 属于环境激素的一种,对于生物体而言,会对内分泌系统的运行过程产生一定的影响与阻碍。POPs 会影响生物体的新陈代谢过程,干扰内分泌过程,最终引起如 2 型糖尿病、代谢综合征等慢性代谢性疾病。据报道,狄氏剂、多氯联苯、毒杀酚等还具有雌激素的作用,能干扰内分泌系统,甚至会使雄性动物雌性化。

（3）甲状腺干扰作用

大多数的 POPs 都具有甲状腺干扰作用,能够改变甲状腺激素依赖性过程并破坏甲状腺的功能,对体内原有的内分泌进程进行干扰,引起 T3、T4 的异常,同时可以影响细胞因子的表达,引发炎症反应,从而引起甲状腺疾病。

8.1.3.3　其他毒性

截至目前,已有多种 POPs 被国际癌症研究机构列为 1 类致癌物（对人类有确认的致癌性）,如多环芳烃中毒性最强的苯并[α]芘、TCDD、PCB-126 等。POPs 可能干扰雌孕激素以及催乳素的调节功能,导致激素信号传导和细胞功能失调,从而引起乳腺癌。

不同污染物之间相互作用会引发联合毒性。以 PFOS 和 PFOA 举例,研究发现,当 PFOS、PFOA 与大肠埃希菌接触时,会与大肠埃希菌细胞界面的疏水点位结合,与生物分子发生反应,影响细胞的正常代谢,进而引起氧化损伤。氧化损伤会增加 DNA 和细胞膜的损伤,而细胞膜的损伤会导致细胞内含物的外流,进而造成细胞死亡。此外,POPs 对皮肤也表现出一定的毒性。

流行病学研究与实验证据表明,大多数 POPs 能够表现出以上所述的各种毒性。PCBs、PBDEs、PAEs 等大多数 POPs 都具有内分泌干扰作用,可以改变体内激素水平的稳态,最终引起生殖毒性、内分泌紊乱及致癌性等。上述的 POPs 还能激活氧化应激通路、核因子受体通路等,诱导机体产生多种病理过程,对系统及器官造成损伤。目前,有证据表明 PCDD/Fs、PCBs 等 POPs 与儿童持久过敏症、儿童哮喘、高血压等具有关联。其中儿童持久过敏症是具有过敏体质的儿童及青少年易获得的一种免疫系统疾病。

日本米糠油事件

20 世纪 60 年代,日本爆发米糠油事件,其影响之大、死亡人数之多,在人类食物安全历史上留下重重的一笔。

1968 年 3 月至 12 月,日本九州、四国等地区突发几十万只鸡死亡和多户人家患有原因不明的皮肤病等事件。经跟踪调查发现,日本九州大牟田市一家粮食加工公司食用油工厂,在生产米糠油时,为了降低成本、追求利润,在脱臭过程中使用了多氯联苯（PCBs）液体作导热油,致使 PCBs 混进了米糠油中。由于受污染的米糠油被销往各地,造成了人员中毒或死亡。生产米糠油的副产品——黑油,被作为家禽饲料售出,也造成大量家禽死亡。进一步研究证实,PCBs受热生成了毒性更强的多氯代二苯并呋喃(PCDFs),后者属于持久性有机污染物(POPs)。

日本米糠油事件,是由POPs所造成的典型环境污染与食物安全事件。为了警示世人,避免重蹈覆辙,人们将其列为"世界十大环境公害事件"之一。但是令人遗憾的是,仅仅隔了11年之后的1979年,中国台湾再次上演同样的悲剧,即"台湾油症事件"。

(来源:中华自然科学网)

8.2 内分泌干扰物与健康危害

8.2.1 内分泌干扰物(EDCs)概述

内分泌干扰物(EDCs),也称为环境激素(Environmental Hormone),是一种外源性干扰内分泌系统的化学物质,指环境中存在的能干扰人类或动物内分泌系统诸环节并导致异常效应的物质,它们通过摄入、积累等各种途径,并不直接作为有毒物质给生物体带来异常影响,而是类似雌激素对生物体起作用,即使数量极少,也能让生物体的内分泌失衡,出现种种异常现象。这类物质会导致动物体和人体生殖器障碍、行为异常、生殖能力下降、幼体死亡,甚至灭绝。

内分泌干扰物多为有机污染物,及重金属物质。我们使用的农药大约70%~80%属于内分泌干扰物;我们所使用的塑料,其中大部分的稳定剂和增塑剂也属于内分泌干扰物;日常人们所食用的肉类、饮料、罐头等食品中也都含有内分泌干扰物,其对人类健康的影响具有隐蔽性、延迟性、转代性、复杂性等特征。

8.2.2 环境中典型的 EDCs

8.2.2.1 环境中典型的 EDCs 及应用

(1)天然激素类物质

包括动物和人体内正常合成的激素类物质,如雌二醇、雌酮和雌三醇等,以及一些植物化合物和真菌雌激素。目前研究较多的是植物雌激素。据报道,有超过16个属的300多种植物能够产生至少20种植物雌激素,如异黄酮类(染料木黄酮、大豆苷原)和木脂素。植物雌激素广泛存在于谷物、蔬菜、水果、调味品等多种植物中。人类主要通过食物摄入植物雌激素,适量的雌激素有利于人体的健康,被广泛应用于婴幼儿配方食品。有研究发现,植物雌激素可通过与雌激素受体结合诱导产生弱雌激素作用,尽管这些物质与雌激素受体结合的亲和力相对较低,但对于孕妇和婴幼儿,若大量食用,其安全性值得深入研究。

（2）人工合成化学物

药物：人工合成的药用雌激素及抗雌激素药物。

农药：最初在环境中被认定的 60 余种 EDCs 中，有超过 40 种为农药有效成分或其代谢产物。包括滴滴涕（DDT）及其分解产物、六氯苯、六六六、艾氏剂、狄氏剂等。

废弃物焚烧、燃料燃烧及化学物质合成的副产物：主要为二噁英类化合物，以及多环芳烃类（PAHs）。

工业化合物：包括多氯联苯、多溴联苯、双酚 A、邻苯二甲酸酯类、烷基酚类、硝基苯类等。

本节选取下列五类环境中典型的 EDCs 进行详细介绍。

（1）双酚类

双酚类（bisphenol，BPs）是由两个羟苯基用碳原子、硫原子或氧原子连接在一起的化合物，主要包括双酚 A（BPA）、双酚 F（BPF）、双酚 S（BPS）、双酚 B（BPB）、双酚 C（BPC）和双酚 E（BPE）等，在生产聚碳酸酯塑料、环氧树脂、食品容器、纸制品和牙科密封剂等日常产品中广泛应用，其中应用最广泛产量最高的是 BPA。据统计，2016 年全球 BPA 需求量约为 800 万吨，预计到 2022 年全球 BPA 需求量将增加到 1 060 万吨。由于 BPA 具有较强的毒性，已被欧洲联盟、美国和加拿大禁止用于奶瓶和儿童饮料容器中。

为了满足市场的需求，一些更安全且稳定性更好的 BPA 结构类似物，如 BPB、BPS 和 BPF 等，被用来替代 BPA 添加到材料中。其中由于 BPS 热稳定性和光稳定性较强，在环氧树脂婴儿奶瓶和热敏纸等制造中应用较多。随着对 BPA 使用的受限，BPA 类似物的使用量逐年增多，这在一定程度上促进了 BPS 生产技术的不断更新与优化，但 BPA 类似物已在多种环境介质和人体中都有检出，并且已证实 BPA 类似物也存在一定的毒性效应。BPA 及 BPA 的类似物多用于与人密切接触的日常消费品中，给人类带来很大的潜在健康风险。未来几十年其仍可能在工业生产和日常生活中占据重要地位，因此，BPA 及 BPA 类似物在环境中的污染水平也引起了广泛的关注。

（2）烷基酚类

烷基酚类（APs）是指由酚进行烷基化后的一类化合物，代表物质主要包括壬基酚（NP）和辛基酚（OP）等。APs 类物质具有良好的润湿、渗透、乳化、分散、增溶和洗涤作用，通常用作洗涤剂中的添加剂和生产烷基酚聚氧乙烯醚（APEOs）的主要原料。APEOs 是一种常用的非离子型表面活性剂，具有良好的表面活性，已被广泛用于工业、农业和日常消费品中，已成为全球主要商业用非离子表面活性剂。但是 APs 在环境中不稳定，易被微生物降解为毒性更强的短链 APEOs 和 APs，可通过食物链积累放大，危害人类健康和生态环境，已在全球范围内被限用或禁用。APs 作为一种环境激素引起的环境毒性问题已经得到广泛关注。欧盟 2003/53/EC 指令规定纺织品等商品中 NP 的含量不得高于 0.1%。我国在 2004 年 9 月 1 日起实施的《洗衣粉》（GB/T 13171—2004），规定禁止使用

APEOs 类型的洗衣粉。现在很多 APs 替代品已经相继出现,但从使用性能、原料获取方式和经济性等方面综合考虑能全面替代 APs 的产品几乎没有,且存在不少的问题。因此,为了防止 APs 的滥用,研究出全面替代 APs 的产品迫在眉睫。同时,为了人类和生态健康,针对 APs 已经引起的环境问题,我们应该重视并采取相应的措施来降低其风险。

（3）多溴联苯醚类

多溴联苯醚(PBDEs)是一种溴代芳香烃类阻燃剂,根据溴的个数及位置,PBDEs 共有 209 种同系物。作为一类典型的添加型溴代阻燃剂,已广泛应用于塑料、纺织品、电子工业和汽车等产品中。工业化生产中主要应用五溴联苯醚、八溴联苯醚和十溴联苯醚混合物,其中十溴联苯醚的用途最为广泛。PBDEs 的全球需求量增长迅速,1992 年 PBDEs 的全球产量大约有 40 000 吨,到 2001 年已经增加到约 67 000 吨。中国作为工业大国,2005 年十溴联苯醚的产量达到了 30 000 吨。

大量研究表明,PBDEs 会给环境和健康带来严重问题,五溴联苯醚和八溴联苯醚已被全球禁止生产和应用。随着十溴联苯醚的研究日益深入,加拿大、瑞士和美国已经开始对其生产和使用进行限制。PBDEs 引起的环境及健康问题受到了广泛的关注,因其污染具有持久性、生物累积性和高亲脂性等特点,目前在环境中的检出量仍不容忽视。环境介质中的 PBDEs 可以通过食物链等途径富集到人体,进而危害人类健康。为降低 PBDEs 产生的危害,应制定严格的法律法规来控制 PBDEs 特别是低溴代 PBDEs 的使用,加强对 PBDEs 废弃物的处理,并研究新型无污染替代品。

（4）邻苯二甲酸酯类

邻苯二甲酸酯类(PAEs)是由邻苯二甲酸和不同碳链结构的醇形成的酯,主要包括邻苯二甲酸二(2-乙基己酯)(DEHP 或 DOP)、邻苯二甲酸二甲酯(DMP)和邻苯二甲酸二乙酯(DEP)等。PAEs 作为增塑剂广泛应用于玩具、化妆品、食品包装和医疗器械等产品中。中国是 PAEs 生产和消费大国,每年生产的 PAEs 超过 450 万吨,消费量高达 220 万吨。由于 PAEs 不是以化学键结合到聚合物基质上的,它们容易从塑料制品中释放进入环境,且难以降解。美国环保局(USEPA)将 DMP、DEP 和 DEHP 等 6 种 PAEs 列为优先控制的有毒污染物。随着 PAEs 增塑剂的限用,市场迫切需要大量环保型增塑剂替代品。目前增塑剂行业研究出多种可代替 DOP 的环保型增塑剂,如柠檬酸酯、偏苯三酸酯和脂肪族二元酸酯类等。新型增塑剂的出现减少了对 PAEs 的依赖以及对环境的危害,但其安全性仍需要一个较长的周期来验证。因此,不仅要开展 PAEs 毒性研究,还要开展新型增塑剂的毒性研究并检测其在环境中的暴露水平。为降低 PAEs 的环境危害,除了严格限用 PAEs 并研究其替代品外,还应加强环境介质中已存在的 PAEs 分布和降解方式的研究。

（5）有机磷酸酯类

有机磷酸酯(organophosphateesters,OPEs)简称有机磷,是高产量化学品,主要用作阻燃剂。有机磷酸酯类阻燃剂(OPFRs)除具有阻燃性能外,还具有增塑和热稳定等作用,广泛用于喷涂泡沫保温材料、聚氨酯泡沫塑料、家具、塑料、电子设备和纺织品等产品中。

据报道,全球 OPEs 的生产和使用量急剧增加,从 2004 年的 29.6 万吨增加到 2011 年的 50 万吨,2015 年达到了 68 万吨,2018 年将增加至 105 万吨。与溴系阻燃剂相比,OPEs 除了具有良好的阻燃效果,还有低烟、低毒和低卤等优点,近年来有逐渐取代溴代阻燃剂的趋势。

　　但是,有机磷酸酯类阻燃剂因和材料之间的结合属非化学键结合,易通过挥发或磨损从产品释放到环境中引起不良的环境效应。日本和欧盟等国家开始逐渐禁止生产过程中添加某些 OPEs,并将其列入致癌物质清单。有机磷酸酯类阻燃剂虽然比溴系阻燃剂具有优点,但其在环境中的污染水平也随着其生产量和使用量的增加而逐年增大,同时带来一系列的环境问题。因此,为了人类的健康,研发环境友好型阻燃剂是必然的趋势。电子设备、家具和纺织品等产品中有机磷酸酯类阻燃剂增加了人类室内暴露的风险;另外,电子垃圾处理不当使得环境介质中 OPEs 的污染浓度增加。因此,我们要做好电子垃圾回收及 OPEs 污染治理。

8.2.2.2　内分泌干扰物的分布及来源

（1）土壤/沉积物

EDCs 主要通过污水处理厂系统、畜牧养殖、农业化学药品、施肥、人类排放物、化学实验室等直接来源,以及其他间接来源(如港口船舶活动、降雨径流和农业灌溉等)等方式,渗透于地表水及地下水系统,然后被土壤/沉积物吸附和积累,甚至生物放大,进而对环境造成很大的潜在威胁。EDCs 进入土壤/沉积物的具体途径如图 8-2 所示。

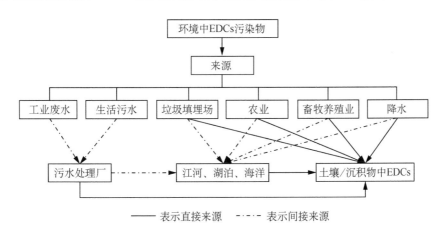

图 8-2　EDCs 进入土壤/沉积物的途径

　　研究发现,大多数 EDCs 均表现出脂溶性、疏水性和化学稳定性,易被强烈地吸附在土壤/沉积物中;同时,其具有较长半衰期和低剂量效应,呈现出难降解和难去除的特点。欧美发达国家土壤/沉积物中 EDCs 主要源于农业灌溉和污水排放;而以我国为代表的发展中国家,人类及动物排泄物和污水排放是土壤/沉积物中 EDCs 的主要贡献源。另外,EDCs 在土壤/沉积物中的分布受土壤自身特性及人类活动的影响,一般近海地区沉积物中 EDCs 浓度水平较河流底泥及土壤低;而在高度工业化、城市化地区,土壤/沉积物中 EDCs 浓度较高。

（2）水体

表 8-12 所列为水环境中内分泌干扰物的定量检测结果,可以看出内分泌干扰物主要分布在沿海地区和中部地区,其中京津冀、渤海湾、大连湾地区分布最为密集。这些地区地处海陆交错带,工农业比较发达,是工业废水排放较多的地区,污染水平也相对较高,由此可以推断我国当前内分泌干扰物的主要来源仍以工业污染源为主,而区域工农业直排入河的废水和降水携带的内分泌干扰物将对人体产生极大的危害。

表 8-12 水环境中内分泌干扰物浓度的空间分布情况(ng/L)

地点	污染水平
太湖	89.8~353.8
松花江	126.0~1 315.0
珠江三角洲河流	8.7~639.0
珠江	23.2~108.0
嘉陵江	1 550.0~6 850.0
湘江	150.0~3 180.0
海河	160.0~429.0
渤海湾	33.0~132.0
宜溧河	156.2~484.0
洞庭湖	362.7~11 908.2
滇池	5.5~39.0
洱海	7.7~33.5
黄河入海口	15.7~148.6
高碑店湖	9.0~30.0
沱江	3.9~198.0
淀山湖	670.0
辽河	25.7~777.0
北京城区地表水	5.5~50.2
盘龙江	3.3~429.0

来源:刘宝印,等.环境保护,2021.

水体中 EDCs 的来源广泛,进入水体的途径众多,可分为外源污染和内源污染。工业废水和生活污水直接或间接地排入水体是 EDCs 进入水体的主要外源途径。常规城镇污水处理厂仅设计为处理氮、磷常规污染物的,并没有专针对持久性有机物的处理工艺,城市生活污水和工业废水进入污水处理厂以后,并不能完全消除 EDCs。除了污水的排入外,垃圾填埋场的渗透液、大气干湿沉降和农药的使用,也是水体中 EDCs 污染物的来源。

水体中 EDCs 污染物除了来自污水等外源途径,内源污染物的释放也会导致水体中 EDCs 类物质含量的增加。EDCs 类污染物大多属于疏水有机物,容易被天然沉积物吸附,但这些吸附是可逆的。EDCs 吸附在沉积物表面,难以转化降解,一旦在雨季或其他因素的影响下便会释放进入水体。持久性有机污染物大都为复杂的有机化合物,其在水体中会逐渐迁移转化,还有可能会降解为 EDCs 污染物。很多持久性有机污染物的分解产物比起母体化合物毒性更强、稳定性更高。

（3）空气/尘埃

由于大气的流动性，空气污染带来的环境问题是全球性的。近年来 EDCs 广泛添加到建筑、家装材料以及电子设备中，在车库、超市、汽车、理发店和医院等气体中都有检出，且不同区域中主要的 EDCs 可能不同，如美发场所空气受 PAEs 污染较重。同时，人类活动频繁，工业化和城市化发展快速的地区，其空气中 EDCs 污染较严重，这可能是被添加到各类产品中的 EDCs 释放到空气中造成的。

空气中的灰尘可能含有较高浓度的环境污染物，并且已被证明是人体暴露于多种有毒物质的重要来源。室内尘埃上附着的污染物能够通过皮肤和吸入等途径对人体健康产生影响，尤其是对于婴幼儿。据报道，收集来自 12 个国家（中国、哥伦比亚、希腊、印度、日本、科威特、巴基斯坦、罗马尼亚、沙特阿拉伯、韩国、美国和越南）的 388 个室内灰尘样品（包括家庭和微环境），结果表明 BPA 在所有室内灰尘样品中均有检出，浓度范围为 9.6～32 000 ng/L，全球中值浓度为 440 ng/L。EDCs 在全球范围内的家庭、办公室、教室和体育馆等室内的尘埃中广泛分布。EDCs 在室内尘埃中分布的种类和含量，与室内产品中添加的 EDCs 和室外周围环境中的 EDCs 有关。另外，经济发展和人类活动也会影响 EDCs 在室内尘埃中的分布。为了健康的生存环境，监测空气中 EDCs 的同时，也要特别重视尘埃中 EDCs 的检出。

8.2.3 EDCs 的环境健康危害及防治

8.2.3.1 EDCs 对健康的危害

虽然 EDCs 在环境中的浓度极小，但 EDCs 为亲脂性化合物，其在生物体内会产生生物累积效应，一旦进入生物体，便可以与特定的受体细胞结合，从而干扰生物正常的生存与繁衍。EDCs 作用的机制十分复杂，目前很多作用机制尚不完全清楚，其作用机制的研究主要源于整体动物或体外实验。

对生殖系统的影响：生殖与发育过程受多种激素（如雄性激素、雌性激素、甲状腺激素等）的精确调控。由于大多数 EDCs 具有雌激素/抗雄激素作用，因此，生殖系统，特别是发育过程中的生殖系统是多种 EDCs 作用的敏感靶部位。有研究发现，BPA、PCBs、PCDDs、有机氯农药等多种 EDCs 均可干扰受精、受精卵植入及胚胎、胎儿发育等过程。

对神经系统的影响：EDCs 可通过多种机制，如通过激素介导途径及非激素介导途径（干扰多种神经递质释放和代谢、干扰激素合成/代谢的关键酶、影响钙离子稳态、氧化应激损伤等）影响神经系统的发育和功能。近年来的研究发现，一些环境中广泛存在的 EDCs，如 BPA、PCBs、PBDEs、有机氯农药、PAEs、甲基汞，以及植物雌激素等，对实验动物的神经系统具有干扰作用，导致神经行为、生长发育、生殖内分泌等多方面的发育及功能改变。人群研究发现，出生前及儿童期暴露于铅、甲基汞、PCBs 等 EDCs 会对儿童神经发育产生不良影响,导致儿童认知障碍、精神发育迟滞等。

对免疫系统的影响:免疫细胞中存在的受体在结构和功能上与神经、内分泌细胞的完全相同,因此 EDCs 有可能通过受体途径影响动物的免疫系统。动物实验和对野生动物的调查发现,EDCs 可造成多种动物胸腺重量减少、T 细胞介导的免疫功能下降。BPA 暴露可以诱导小鼠催乳素的分泌,增加刀豆蛋白(ConA)激发的脾细胞增殖活性,导致细胞免疫反应失衡。人群调查发现,PCBs、PCDDs、DES、有机氯农药等暴露可影响机体免疫功能,表现为免疫功能抑制或过敏。

癌症:环境内分泌干扰物暴露导致的癌症主要出现在对激素比较敏感的器官,如子宫、乳房、前列腺、睾丸、甲状腺等。流行病学的调查表明,在一些工业化国家,或相关内分泌干扰物暴露较多的人群,乳腺癌、前列腺癌、睾丸癌、甲状腺癌的发病率呈增加趋势。1976 年意大利 Seceso 某工厂事故导致 PCBs 污染,数十年后进行受污染人群流行病学调查发现,污染与消化系统癌症、淋巴癌、慢性粒细胞白血病等有密切关系,相对危险高达 6.6 倍。

虽然存在很多争议,但是越来越多的研究证据证明,环境中存在的内分泌干扰物质对人类或实验动物的生殖、发育、行为、智力、免疫等功能造成了负面影响,与癌症等慢性疾病的发病密切相关。随着更多的受体蛋白结构的解析及生物信息学的发展,环境内分泌干扰物在生物体这个复杂体系中的作用机制将更高效地被揭示。

8.2.3.2 EDCs 污染的防治建议

EDCs 的来源途径复杂,其迁移转化方式多样,控制难度大,对生物存在着潜在的危害。欧美已有许多国家制定了法律法规对 EDCs 的使用进行了严格的管控,我国也可以根据国情制定相应的法律法规控制这些物质的使用,完善我国针对环境激素的排放标准,并加强基础研究,强化源头治理,减少含有 EDCs 的"三废"排放,农业生产中减少农药的使用,同时积极寻找对环境危害较大的 EDCs 的替代物质,如使用毒性较小的双酚F(BPF)和双酚 S(BPS)来替代毒性较大的 BPA。

> **双酚 A 的健康危害**
>
> 美国斯坦福大学的科学家对 114 名孕妇的流产史、受孕情况进行了研究,并分析了参试孕妇血液中双酚 A(bisphenolA, BPA)含量与流产率的关系,发现血液中双酚 A 水平较高的孕妇发生流产的危险比正常孕妇高 80%。该研究负责人指出,包装食品是人体摄入双酚 A 的一个重要来源,因为食品包装涂料和罐装食品内壁涂层中含有双酚 A,这些材料在加热后会加快双酚 A 的析出。孕妇是双酚 A 暴露的敏感人群,长期使用含有双酚 A 的容器可能增大其流产的风险。
>
> (来源:网易新闻,2018.01.13)

8.3　药物及个人护理品与健康

随着人们生活水平的提高、城市化进程的加快,各种各样的化学品包括人或动物使用的处方药、消毒剂、芳香剂、防腐剂、人工麝香等被广泛应用。这些日常使用但是含量较低的物质,统称为药物与个人护理品(PPCPs)。据报道,这些人们日常生活中经常使用的物质,绝大部分不能被机体完全吸收,常以原形或者代谢产物的形式排出体外,进入生态环境中。药物和个人护理品中含有较多的化学物质,尽管在环境中浓度不大,但因其种类较多,危害性较为复杂且难以预料,其环境健康风险受到颇多关注。

8.3.1　药物及个人护理品概述

药物及个人护理品主要分为两大类:一类是药物(主要包括消炎止痛药、抗菌药、抗生素、抗癌药、咖啡因等),另一类则是个人护理用品(包括香料、化妆品、香皂、洗发水等,表 8-13)。PPCPs 是为了维持人体卫生和总体健康,或是为了保证禽畜健康、促进生长而使用的物质,包括抗生素类,血压、血脂和血糖调节剂类,非甾体抗炎药,抗抑郁类,抗癫痫类,抗组胺药,抗癌药,防晒霜,防腐剂,塑化剂,麝香类物质等。

大量研究表明多数 PPCPs 不能被污水处理厂完全去除,它们经污水处理厂排出后又进入水环境中。地表水和地下水中的 PPCPs 有可能进入饮用水中,从而直接危害人们的身体健康。研究表明,残留在环境中的这些有机污染物会干扰环境中生物的正常代谢以及生长,增加生物生长的致畸性和突变性,对生态环境健康带来潜在的危害。

表 8-13　环境中常见的 PPCPs

类别	名称		分子式
非甾体抗炎药	布洛芬	Ibuprofen	$C_{13}H_{18}O_2$
	萘普生	Naproxen	$C_4H_4O_3$
	双氯芬酸	Diclofenac	$C_4H_3O_2N$
	水杨酸	Salicylic Acid	$C_7H_6O_3$
	卡马西平	Carbamazepine	$C_{15}H_{12}N_2O$
抗生素	罗红霉素	Roxithromycin	$C_{41}H_{76}N_2O_5$
	环丙沙星	Ciprofloxacin	$C_{17}H_{18}FN_3O_3$
	诺氟沙星	Norfloxacin	$C_6H_8O_3N_3F$
降血脂	氯贝酸	Clofibric Acid	$C_{10}H_{11}ClO_3$
抗癫痫	地西泮	Diazepam	$C_{16}H_{13}ClN_2O$
兴奋剂	咖啡因	Caffeine	$C_8H_{10}N_4O_2$
激素	雌激素酮	Estrone	$C_8H_{22}O_2$
造影剂	碘普罗胺	Iopromide	$C_{18}H_{24}I_3N_3O_3$
个人护理品	佳乐麝香	Galaxolide	$C_{18}H_{26}O$
	吐纳麝香	Tonalide	$C_8H_{26}O$
	三氯生	Triclosan	$C_{12}H_7Cl_3O_2$

续　表

类别	名称		分子式
个人护理品	苯甲酮 麝香酮 壬基酚	Methoxyphenon Muscone Nonylphenol	$C_{16}H_{16}O_2$ $C_{16}H_{30}O$ $C_{15}H_{24}O$

来源:王超,等.生态环境,2005;王丹丹.环境科学研究,2018.

8.3.2　环境中典型的PPCPs及其分布情况

人类或动物服用的药物直接或间接地排入环境是PPCPs最主要的污染来源,这些药物主要有消炎止痛药、抗生素、抗菌药、降血脂药、β受体阻滞剂、激素、类固醇、抗癌药、镇静剂、抗癫痫药、利尿剂、造影剂、咖啡因等。人体或动物摄入体内的药物并不能被完全吸收和利用,未代谢或未溶解的药物成分将通过粪便和尿液等形式排出并进入环境。药物进入环境的途径:一部分是通过人体或动物排泄,另一部分是直接丢弃。

不同地区报道的PPCPs已有上百种,常见的包括8类,分别为抗生素、非甾体抗炎药、杀菌剂、抗癫痫类药物、心血管疾病药物、β受体阻滞剂、抗精神病类药物、人工合成麝香,主要分布于不同环境介质(饮用水、地表水、地下水、沉积物及污泥等)中。

PPCPs为极性化合物,在水中溶解度高,不易挥发,因此水体是PPCPs类污染物的主要汇集地。世界各地地表水中都发现了不同种类的PPCPs,地下水中也有PPCPs的踪迹,研究表明PPCPs进入地下水的主要方式包括垃圾填埋场的渗滤作用、市政污水管道系统中的直接渗滤、受污染的地表水回灌地下水等,极性越大的化合物越易渗透至地下水。研究发现,海河流域中大部分PPCPs在沉积物中的含量高于地表水中的含量。一般而言,同一地点的沉积物中PPCPs含量高于地表水中的含量,这主要是因为PPCPs的辛醇-水分配系数较高,水溶性低,易被有机质含量较高的沉积物吸附。在地表水中,河流中PPCPs检出浓度要普遍高于湿地、水库中的PPCPs浓度,抗生素、烷基酚类化合物、中枢兴奋药、消炎止痛药、抗癫痫药、血脂调节剂、抗过敏药、减肥药、抗菌剂等药物在环境水体中均有检出,其中,抗生素、烷基酚类化合物、中枢兴奋药的检出浓度和检出频率较高,大多与人们的饮食习惯、生产生活、药物使用息息相关。不同地区各介质中PPCPs浓度见表8-14。

表8-14　不同地区各介质中PPCPs浓度水平

单位:水体(ng/L);沉积物(μg/kg)

类别	PPCPs	地区	介质	PPCPs含量
非甾体抗炎药	水杨酸	中国东江	地表水	478~13 750
		中国珠江	地表水	66~14 736
		中国黄河	地表水	ND~35.5
	双氯芬酸	中国珠江	地表水	0.2~150
		韩国汉江	地表水	0.87~98

续 表

类别	PPCPs	地区	介质	PPCPs 含量
非甾体抗炎药	布洛芬	中国东江	地表水	26.6～67.7
		中国珠江	地表水	17.5～685
		中国黄河	地表水	8.5～416
		巴西托斯湾	沉积物	14.3
	萘普生	中国东江	地表水	28～43.6
		中国珠江	地表水	ND～128
		瑞士 Greifensee	地表水	ND～380
		美国路易斯安那州	饮用水	63～68
	磺胺甲恶唑	中国太湖	沉积物	max47.40
		中国珠江	沉积物	ND～248
	甲灭酸	中国东江	地表水	13.50～21.50
		中国珠江	地表水	12～25
	扑热息痛	法国 Herault 河	饮用水	LOD～211
降血脂	吉非罗齐	中国黄浦江	地表水	ND～20
抗生素	甲氧苄氨嘧啶	中国黄浦江	地表水	ND～66
		美国 Tennessee 河	地表水	2.3～63.3
	四环素	中国大辽河	地表水	ND～15
	氧氟沙星	中国巢湖	地表水	max182.7
		中国大辽河	地表水	ND～1 380
	诺氟沙星	中国珠江	地表水	117～251
		中国华南地区	饮用水	2.84
	阿奇霉素	中国徒骇河	沉积物	4.4～1 204.9
兴奋剂	咖啡因	美国印第安纳州	地表水	11～400
个人护理品	三氯生	中国珠江	地表水	LOD～478
		西班牙	沉积物	0.27～130.7
		中国珠江	沉积物	LOD～1 329
	苯甲酮	英国 South Wales 河	地表水	3～371
	佳乐麝香	巴西托斯湾	沉积物	52.5
	驱蚊露	—	饮用水	0.14
激素	双酚 A	中国巢湖	沉积物	0.68～4.82
		中国珠江	沉积物	2.1～429.5

注:ND 为低于检出限浓度;LOD 为检出限。
来源:王丹丹,等.环境科学研究,2018,31(12):2013—2020.

污水中的 PPCPs 会以母体化合物或者代谢产物的形式通过吸附或沉积作用而进入污泥中。据报道,中国 46 个污水处理厂检测到环丙沙星的最高质量浓度为 926 μg/kg,诺氟沙星的最高质量浓度为 21 335 μg/kg,氧氟沙星的最高质量浓度为 7 788 μg/kg,红霉素的最高质量浓度为 55.8 μg/kg,磺胺嘧啶的最高质量浓度为 67.4 μg/kg,磺胺甲恶唑的最高质量浓度为 17.0 μg/kg。三氯生在污泥中被检出的报道也较多,它在上海市、广州市、珠三角等地污泥中的质量浓度为 200.1~1 187.5 μg/kg,但卡马西平及雌激素酮在污泥中的检出质量浓度分别低于 2.9、22.9 μg/kg,这与 PPCPs 在各地区的消费量有关。

目前,PPCPs 暴露日益严重。美国、希腊、中国和比利时等国家人群的尿液中,有 75% 的样本被检出三氯生。美国人群暴露 4-羟基苯甲酸甲酯(MP)的主要来源为个人护理用品。英国和日本河流中 MP 的最高浓度分别达到 400 ng/L 和 676 ng/L;而中国广东珠江地区水体中 MP 的最高浓度高达 1 062 ng/L。

8.3.3 PPCPs 的环境健康危害

PPCPs 是具有强光学和化学活性的极性物质,通常具有亲脂性和生物活性。实验室研究表明,很多 PPCPs 对藻类、水蚤、鱼类等水生生物具有急性毒性(半数效应浓度(EC50)小于 1 mg/L)。在实际环境中,PPCPs 的浓度可能达不到产生急性毒性作用的水平,但其慢性毒性的影响仍然存在。由于 PPCPs 具有生物富集性,可通过食物链从环境介质迁移至动植物及人体中,可能会因 PPCPs 持续输入而造成生物体内的累积,从而对生物体产生不可逆转的伤害。同时,PPCPs 还可能诱导微生物产生耐药性,使环境中抗性基因丰度增加,扰乱生态平衡并威胁人类安全。PPCPs 在生态和健康危害方面目前最受关注的是抗生素和固醇类激素两大类物质。前者主要引起微生物的选择压力和抗药病原菌的选择性存活,后者则主要通过干扰内分泌系统而影响生物的发育和繁殖,类似于内分泌干扰物。

药物类 PPCPs 的主要毒性作用机理为抑制核酸、蛋白质的合成,改变细胞膜的通透性与影响细胞壁的形成,干扰细菌的能量代谢等。PCPs 通常会扰乱生物体内分泌系统,特别是激素类物质会影响生物的生长和发育,导致生育能力降低、雄性/雌性化或双性化等。环境介质中的 PPCPs 并不是单一存在的,其毒性具有复合效应。如有部分研究表明,诺氟沙星与铜复合暴露对小球藻的联合作用类型为协同作用;土霉素与铜复合暴露对斑马鱼的联合作用类型为拮抗作用。

欧美对 PPCPs 的风险评估研究起步较早。我国对 PPCPs 的研究尚处于初步探索阶段。表 8-15 所列是主要国家和组织对 PPCPs 的研究、管控及立法背景。

表 8-15　主要国家和组织对 PPCPs 的研究、管控及立法背景

年份	国家/地区/组织	部门	研究、管控及立法内容
1969	美国	食品和药品管理局(FDA)	针对药品开展环境风险评估
1986	美国	境健康危害评估机构(OEHHA)	制定了《1986 年饮用水安全与毒性物质强制执行法》
2003	欧洲	欧盟委员会联合研究中心(JRC)	发布了《风险评价技术导则》(TGD)
2004	欧洲	兽用药品委员会(CVMP)	发布了《兽医用药环境影响评估第二阶段指南》
2006	欧洲	人用药品委员会(CHMP)	发布了《人类用药环境风险评估指南》

续　表

年份	国家/地区/组织	部门	研究、管控及立法内容
2007	美国	环境保护局(EPA)	发布了《环境监测方法 1694：使用 HPLC/MS/MS 检测水、土壤、沉积物和生物体中的药物和个人护理品》
2011	联合国	世界卫生组织(WHO)	发布了《饮用水中的药品》
2018	澳大利亚	药物管理局(TGA)	新药注册时需评估药品的环境风险

抗生素耐药性已蔓延至深山老林

　　棕熊牙齿 DNA 显示，在 20 世纪 50 年代抗生素被引入后，这种药物几乎立刻就渗透到瑞典最偏远的森林。世界卫生组织称抗生素耐药性是"全球健康、粮食安全和发展的最大威胁之一"。令科学家惊讶的是，即便是生活在距离人类居住地数百公里的熊，其牙齿样本中的耐抗生素细菌也几乎和离人类较近的熊一样多。

　　不过，抗生素耐药性的故事有一个令人惊喜的转变。瑞典从 1986 年开始限制对家畜使用抗生素，并从 1995 年开始规范人类和动物用抗生素的销售。该国的抗生素生产和使用量随后显著下降。这一趋势在熊身上也可以看到：生活在 21 世纪前十年的熊，有关抗生素的耐药性标记更少。

　　　　　　　　　　　　　　　　　　　　　　　　　　　（来源：中国科学报，2021(002)）

8.4　纳米材料与健康

8.4.1　纳米材料概述及典型应用

8.4.1.1　纳米材料的简介

　　纳米材料是指在三维空间中至少有一维处于纳米尺寸(1～100 nm)或由它们作为基本单元构成的材料，这大约相当于 10～1 000 个原子紧密排列在一起的尺度。具有颗粒尺寸小、比表面积大、表面能高、表面原子所占比例大等特点。自 20 世纪 80 年代中期纳米金属材料研制成功后，相继问世的纳米材料有纳米半导体薄膜、纳米陶瓷、纳米磁性材料和纳米生物医学材料等(图 8-3)。现今纳米技术基础理论研究和新材料开发等应用研究都得到了快速的发展，其在传统材料、医疗器材、电子设备、涂料等行业得到了广泛的应用，也引发出对人类健康和环境的潜在影响问题。

纳米金刚石　　富勒烯C$_{60}$　　富勒烯C$_{540}$　　洋葱状富勒烯　　单壁碳纳米管　　多壁碳纳米管　　石墨烯

图 8-3　多样的纳米材料

有关纳米材料在化妆品中的应用

由美国食品药品监督管理局(FDA)法规管理的应用纳米技术的消费品,包括化妆品,给消费者带来了极大的益处,如二氧化钛和氧化锌的纳米级粒子已多年用于防晒剂。在防晒剂中使用二氧化钛和氧化锌微粒,可增强产品屏蔽紫外线辐射功能以达到护肤的作用。在防晒剂中使用这种微粒,可形成一种清透的防护层,这要比使用大粒子更容易涂敷,并赋予消费者的皮肤更多的愉悦感。

有些个人护理用品中可含有二氧化钛和氧化锌纳米级粒子。在 1999 年 FDA 已批准它们在防晒剂中作为活性原料。FDA 于 2012 年 4 月 20 日公布了行业指南草案文件《行业指南:化妆品中的纳米材料的安全性》征求意见稿,它代表了美国 FDA 对化妆品中纳米材料安全性评价的当前想法,旨在帮助行业及投资者鉴别源自化妆品的纳米材料的潜在安全性并发展评价它们的原则。

(来源:FDA 有关纳米材料在化妆品中安全性的报告)

8.4.1.2　环境中典型的纳米材料及应用

(1)纳米材料的常见种类及应用

① 天然纳米材料

纳米材料的研究和发现得益于大自然的馈赠,这些隐藏于自然界中原始的纳米材料可称为天然纳米材料,比如表面具有超强疏水能力的荷叶,依照地球磁场和自身体内的纳米磁性材料进行导航的动物等。海龟在美国佛罗里达州的海边产卵,但出生后的幼小海龟为了寻找食物,却要游到英国附近的海域才能得以生存和长大。最后,长大的海龟还要再回到佛罗里达州的海边产卵。如此来回需 5～6 年,海龟能够进行几万千米的长途跋涉是因为它们有头部的纳米磁性材料为它们准确无误地导航。生物学家在研究鸽子、海豚、蝴蝶、蜜蜂等生物为什么从来不会迷失方向时,也发现这些生物体内同样存在着纳米材料为它们导航。自然界中有太多的物质具有纳米材料的微结构,需要人类用智慧去发掘。

② 纳米磁性材料

在实际中应用的纳米材料大多数都是人工制造的。纳米磁性材料具有十分特别的磁学性质,纳米粒子尺寸小,具有单磁畴结构,矫顽力很高,用它制成的磁记录材料音质、图像和信噪比好。超顺磁的强磁性纳米颗粒还可制成磁性液体,用于电声器件、阻尼器件、旋转密封及润滑和选矿等领域。

③ 纳米陶瓷材料

传统的陶瓷材料中晶粒不易滑动,材料质脆,烧结温度高。纳米陶瓷的晶粒尺寸小,晶粒容易在其他晶粒上运动,是一种表面保持常规陶瓷材料的硬度和化学稳定性,而内部仍具有纳米材料延展性的高性能陶瓷。纳米材料在陶瓷上的应用主要是耐高温、防腐、耐刮花、耐磨等方面,纳米陶瓷粉末涂料在高温环境下具有优异的隔热保温效果,不脱落、不燃烧,耐水防潮,无毒、对环境没有污染。测验证明,将几厘米厚的纳米陶瓷粉末涂料涂在热力管道外,就能有效防止热力向外扩散;涂料涂在炼钢厂等高温炉内,能使炉外表温度控制在50℃以内,适用于冶金、化工工业电厂的热力锅炉及焦化煤气等热力设备和热力管网等高温设备的防腐、炉外降温。

④ 纳米传感器

纳米二氧化锆、氧化镍、二氧化钛等陶瓷对温度变化、红外线以及汽车尾气都十分敏感。因此,可以用它们制作温度传感器、红外线检测仪和汽车尾气检测仪,检测灵敏度比普通的同类陶瓷传感器高得多。

⑤ 纳米倾斜功能材料

在航天用的氢氧发动机中,燃烧室的内表面需要耐高温,其外表面要与冷却剂接触。因此,内表面要用陶瓷制作,外表面则要用导热性良好的金属制作。但块状陶瓷和金属很难结合在一起。如果制作时在金属和陶瓷之间使其成分逐渐地连续变化,让金属和陶瓷"你中有我、我中有你",最终便能结合在一起形成倾斜功能材料,其中的成分变化像一个倾斜的梯子。当用金属和陶瓷纳米颗粒按其含量逐渐变化的要求混合后烧结成形时,就能达到燃烧室内侧耐高温、外侧有良好导热性的要求。

⑥ 纳米半导体材料

将硅、砷化镓等半导体材料制成纳米材料,具有许多优异性能。例如,纳米半导体中的量子隧道效应使某些半导体材料的电子输运反常、导电率降低,电导热系数也随颗粒尺寸的减小而下降,甚至出现负值。这些特性在大规模集成电路器件、光电器件等领域发挥重要的作用。利用半导体纳米粒子可以制备出光电转化效率高的、即使在阴雨天也能正常工作的新型太阳能电池。由于纳米半导体粒子受光照射时产生的电子和空穴具有较强的还原和氧化能力,因而它能氧化有毒的无机物,降解大多数有机物,最终生成无毒、无味的二氧化碳、水等,所以,可以借助半导体纳米粒子利用太阳能催化分解无机物和有机物。

⑦ 纳米催化材料

纳米粒子是一种极好的催化剂,这是由于纳米粒子尺寸小、表面的体积分数较大、表面的化学键状态和电子态与颗粒内部不同、表面原子配位不全,导致表面的活性位置增加,使它具备了作为催化剂的基本条件。镍或铜锌化合物的纳米粒子对某些有机物的氢化反应是极好的催化剂,可替代昂贵的铂或钯催化剂。纳米铂黑催化剂可以使乙烯的氧化反应的温度从600℃降低到室温。

⑧ 医疗上的应用

血液中红细胞的大小为6 000~9 000 nm,而纳米粒子只有几个纳米大小,比红细胞小得多,因此它可以在血液中自由活动。如果把各种有治疗作用的纳米粒子注入人体各个部位,便可以检查病变和进行治疗,其作用要比传统的打针、吃药效果好。

使用纳米技术能使药品生产过程越来越精细,并在纳米材料的尺度上直接利用原子、分子的排布制造具有特定功能的药品。纳米材料粒子将使药物在人体内的传输更为方便,用数层纳米粒子包裹的智能药物进入人体后可主动搜索并攻击癌细胞或修补损伤组织。使用纳米技术的新型诊断仪器只需检测少量血液,就能通过其中的蛋白质和 DNA 诊断出各种疾病。通过纳米粒子的特殊性能在纳米粒子表面进行修饰,可形成一些具有靶向、可控释放、便于检测的药物传输载体,为身体的局部病变的治疗提供新的方法,为药物开发开辟了新的方向。

⑨ 其他应用

家电:用纳米材料制成的纳米材料多功能塑料,具有抗菌、除味、防腐、抗老化、抗紫外线等作用,可用作电冰箱、空调外壳里的抗菌除味塑料。

环境保护:环境科学领域应用功能独特的纳米膜,这种膜能够探测到由化学和生物制剂造成的污染,并能够对这些制剂进行过滤,从而消除污染。在污水处理中,纳米水处理材料以聚丙烯为主要原料,制得的高效纳米水处理材料具有良好的力学强度和大的比表面积,且具有良好的除去重金属的作用。纳米光催化空气净化器采用纳米光催化的机理和大比表面积、高吸附性能的载体,可以发挥高效物理吸附和光催化分解的协同效应,实现对甲醛、苯等有机污染物的持久分解和对病菌的及时杀灭,并且把有机污染物分解成二氧化碳和水,消除了物理吸附饱和及二次污染的缺陷。

纺织工业:在合成纤维树脂中添加纳米 SiO_2、纳米 ZnO、纳米 SiO_2 复配粉体材料,经抽丝、织布,可制成杀菌、防霉、除臭和抗紫外线辐射的内衣和服装,可用于制造抗菌内衣、用品,可制得满足国防工业要求的抗紫外线辐射的功能纤维。

机械工业:采用纳米材料技术对机械关键零部件进行金属表面纳米粉涂层处理,可以提高机械设备的耐磨性、硬度和使用寿命。

纳米材料的研究与应用是人类在材料科学领域的一大突破,在未来的数十年内都将为社会各个领域带来非同寻常的改变,会产生更多超级材料,为人类生活带来更多意想不到的奇迹。纳米材料使很多现实世界中的不可能变为可能,用极微观的办法和量子力学等理论呈现给人类一个超大的创新空间。

(2)纳米材料的环境行为

纳米材料进入环境后,与其他环境污染物类似,也会在大气圈、水圈、土壤圈和生命系统中进行复杂的迁移/转化过程,其迁移途径主要有以下几种:分散和聚集、吸附、生物吸收、生物蓄积和生物降解。人工合成的纳米材料进入环境主要有以下几种情况:①纳米材料的大规模工业生产、运输和处理过程中产生纳米颗粒物进入环境;②个人用品,如化妆品、防晒品、纺品等掺杂纳米尺度物质,在洗脱过程中进入环境;③广泛应用于微电子机械、轮胎、燃料、纤维、化工染料和涂料等许多产品中的纳米尺度物质,可能随产品的使用、分解而释放或流入、渗入大气、水体和土壤中。

纳米材料可能发生的有关环境行为主要有以下几种:纳米材料会通过人类活动向

大气排放,通过大气干/湿沉降等,在地表包括陆面和水面与大气进行交换;大气中的纳米材料还可能随大气环流等进行长距离的迁移扩散;进入土壤的纳米材料可能发生迁移/转化行为,如渗滤到地下水层、通过地表/地下径流等进入水体或被陆生生物(包括动物和植物)吸收积累而迁出土壤;进入水体的纳米材料会发生复杂的水环境行为,可能在水中分散并稳定悬浮,也可能团聚而沉降到底泥中;底泥中的纳米材料会因扰动等原因再悬浮;水体中的纳米材料可能会因物理、化学、生物等作用而转化/降解;转化前后的纳米材料都有可能被水生生物吸收积累。

8.4.2 纳米材料的环境健康危害

8.4.2.1 纳米材料的毒性及环境健康风险

纳米污染物具有较高的毒性,美国著名的毒物学家欧博德瑞斯特(Oberdorster)经过研究提出,在一些聚四氟乙烯材料中,直径低于 20 nm 的颗粒性物质会在空气中飘浮,严重污染环境,并直接或者间接性地渗入生物体。欧博德瑞斯特通过实验证明纳米污染物的危害,将实验用的小白鼠放置在悬浮着纳米颗粒物的环境中,大约 15 min 后,小白鼠就会死亡。但是如果环境中的纳米颗粒物直径超过 120 nm,实验小白鼠就不会产生发病效应,依然存活。

具有纳米尺度的纳米颗粒物活性高,容易穿过细胞膜进入细胞内,会损伤细胞膜,干扰细胞内的生理活性。并且纳米颗粒的表面特性使其容易生物蓄积,可能被生物体脂肪组织、骨骼或体内蛋白质吸收,并通过食物链进一步富集,使得较高营养级生物体内纳米材料的含量达到环境中的数千倍甚至数万倍,导致作为最高营养级的人类面临积累高浓度纳米材料的风险。

环境中的纳米材料可能通过呼吸、饮食、皮肤接触等途径进入人体,危害人体健康。目前,纳米材料被广泛应用于食品包装、牙膏、胶囊、口香糖以及药品添加剂等产品中,经口吞食成为一种常见的接触途径。纳米颗粒经消化道吸收取决于颗粒大小和表面化学特性。小尺寸、具有较高的脂溶性及表面带正电的纳米颗粒可较容易地跨越胃肠道黏膜,进入黏膜下层组织,经淋巴和血液循环转运并损伤人体。纳米污染物融入生态环境中,很容易与人类的皮肤接触。皮肤对于宏观的颗粒物具有阻挡性,但是纳米级的材料粒径仅为头发丝直径的 1‰,纳米碳的直径仅为 0.5 nm,这么小的颗粒通过简单的扩散,就会穿过皮肤屏障和肺血屏障而渗透到人体中。纳米颗粒之小,对于人类的呼吸系统具有强大的侵袭力。纳米污染物进入人体的肺部,就会在肺泡上逐渐沉积下来,透过细胞而扩散到人体的全身,对人体的各项机能具有极大的威胁。

8.4.2.2 纳米环境安全问题防治途径

纳米技术的运用是为了使人类更好地生活,对于其对人体健康和环境的影响,则需要从学术角度以技术性评估,并做出安全评价,这就需要对材料的纳米负面效应进行综合性评价,以针对性地提出安全措施。

(1)纳米材料危险度体系构建

① 建立纳米尺度有毒化学物质数据库

着手建立纳米尺度有毒化学物质的数据库,进一步明确划分纳米尺度有毒化学物质的范围,以利于重点防范这些物质在生产和应用过程中对环境安全造成的危害。

② 纳米改性升级产品环境安全风险评估

过去的二十多年,纳米材料在传统产品升级和高科技领域的应用中获得了很大成功,对科技和产业的进步起到了积极的推动作用;但是,在纳米改性升级产品中,由于纳米材料的存在引起环境安全风险的研究,才刚刚引起人们的注意。从环境安全的角度,我们也必须对纳米改性的产品,特别是与环境关系密切的产品进行环境安全风险评估,提高纳米改性产品使用和进入市场的门槛。通过产品标准的制定,把应用纳米材料可能产生环境安全的风险降低到可允许的范围,这包括报废的有纳米材料的电子光学器件、电池、家用电器、塑料制品、橡胶制品、日用化妆品、抗菌抑菌保鲜包装材料和纺织品等。尤其值得注意的是化工产品,如农药、化肥、杀虫剂,因为这些产品与农业关系密切。从现在开始把纳米技术研究纳入环境安全的轨道,将有利于纳米科技的健康发展。

(2)科学生产使用纳米材料

① 纳米材料分级处理

以环境安全为导向,以循环经济为准则,对纳米材料进行分级处理。第一,严把源头关,在生产应用纳米材料的各个工业环节防止纳米材料的泄漏,发展监控纳米材料泄漏的技术和装置;制定标准,确定安全风险的最低含量;制定安全操作条例和产品保存及运输的方式,提倡造粒和液态保存。第二,对虽然有毒但价值高的纳米材料发展回收、再利用和再处理技术。第三,对不能回收的纳米材料,必须发展对环境友好的绿色处理技术,努力做到不给环境安全带来二次污染。第四,应用纳米材料对环境进行修复治理时,必须确保纳米技术不会给环境带来二次污染。

② 减少不可再生能源中可能引起环境污染的纳米材料的应用

近年来,为了节省资源和能源,人们对提高石油和煤的燃烧效率做出了很大努力。其中,纳米材料在应用的潮流中扮演了重要角色。如纳米氧化铈提高了汽油和柴油燃烧效率,在降低 SO_2、CO 和烷烃的排放上发挥了重要作用;纳米氧化铈和过渡族金属硫化物提高煤燃烧效率,减少硫的排放。但是,这些纳米材料也随之暴露在大气和废渣中;为了治理汽车尾气,应用了多种贵金属和过渡族金属纳米材料,这些催化剂也直接暴露在大气中。如何评估这些纳米材料的环境安全风险,是亟待解决的问题。虽然这类暴露在环境中、散落在空气中的量微乎其微,远远在环境安全剂量之下,还没有对环境安全构成损害,但是随着人工纳米材料裸露使用机会的增加,散落在环境中的量无可避免地随之增加。为了避免环境安全风险,从现在开始着手这方面研究已变得十分必要。

思考题

1．简述持久性有机污染物的特点和健康危害，并举例说明。

2．生活中可接触到的持久性有机污染物有哪些？请举例。

3．简述内分泌干扰物的定义、分类、特征、危害以及生活接触种类。

4．药物及个人护理品的来源有哪些？环境健康危害有哪些？请列举生活中常见的 PPCPs。

5．日常生活品中哪些是用纳米材料制成的,使用纳米材料制品有何风险？

参考文献

［1］刘新会,牛军峰,史江红,等.环境与健康[M].北京:北京师范大学出版社,2009.

［2］贾振邦.环境与健康[M].北京:北京大学出版社,2008.

［3］刘春光,莫训强.环境与健康[M].北京:化学工业出版社,2014.

［4］王金权,王子谦,许艳梅,等.纳米材料潜在危害与防范措施[J].污染防治技术,2013,26(6):5.

［5］刘宝印,荀斌,黄宝荣,等.我国水环境中新污染物空间分布特征分析[J].环境保护,2021,49(10):6.

［6］杨清伟,梅晓杏,孙姣霞,等.典型环境内分泌干扰物的来源、环境分布和主要环境过程[J].生态毒理学报,2018,13(3):14.

［7］李金荣,郭瑞昕,刘艳华,等.五种典型环境内分泌干扰物赋存及风险评估的研究进展[J].环境化学,2020(10):17.

［8］朱永乐,汤家喜,李梦雪,等.全氟化合物污染现状及与有机污染物联合毒性研究进展[J].生态毒理学报,2021,16(2):86-99.

［9］陈蝶,高明,吴南翔.持久性有机污染物的毒性及其机制研究进展[J].环境与职业医学,2018,35(6):558-565.

［10］周京花,马慧慧,赵美蓉,等.持久性有机污染物(POPs)生殖毒理研究进展:从实验动物生殖毒性到人类生殖健康风险[J].中国科学:化学,2013,43(3):315-325.

［11］高秋生,焦立新,杨柳,等.白洋淀典型持久性有机污染物污染特征与风险评估[J].环境科学,2018,39(4):1616-1627.

［12］任洋洋,钱海雷,许慧慧,等.大气中二噁英的污染现状及健康效应[J].上海预防医学,2020,32(4):340-346.

［13］谢蕾,章涛,孙红文.全氟烷基化合物在人体肝脏中的富集特征及其与肝损伤的关系[J].环境化学,2020,39(6):1479-1487.

［14］王爽,路珍,李斐,等.典型溴系阻燃剂四溴双酚 A 和十溴二苯乙烷的污染现状及毒理学研究进展[J].生态毒理学报,2020,15(6):24-42.

［15］张佩萱,高丽荣,宋世杰,等.环境中短链和中链氯化石蜡的来源、污染特征及环境行为研究进展[J].环境化学,2021,40(2):371-383.

［16］刘小燕,李经纬,刘珊,等.六溴环十二烷的环境污染特征及其生态毒理效应研究进展［J］.毒理学杂志,2017,31(2):150-154.

［17］王文.国内外典型新兴环境污染物的进展研究［J］.资源节约与环保,2020(4):8.

［18］王丹丹,张婧,杨桂朋,等.药物及个人护理品的污染现状、分析技术及生态毒性研究进展［J］.环境科学研究,2018,31(12):2013-2020.

［19］王向勇,张磊,李敬光.持久性有机污染物膳食摄入的研究进展［J］.食品安全质量检测学报,2014,5(2):437-446.

［20］刘宇轩,凌欣,闫振华.环境中短链氯化石蜡的分布和蓄积及毒理效应研究进展［J］.环境与健康杂志,2019,36(3):272-277.

［21］穆希岩,黄瑛,李学锋,等.我国水体中持久性有机污染物的分布及其对鱼类的风险综述［J］.农药学学报,2016,18(1):12-27.

［22］邹义龙,吴永明,邓觅,等.新型溴代阻燃剂 TBB 和 TBPH 的生态毒理研究进展［J］.生态毒理学报,2021,16(2):72-85.

第9章 室内空气污染与健康防护

9.1 室内空气污染概述

人们每天大约有 80% 以上的时间在室内度过。随着生产和生活方式的更加现代化,更多的工作和文娱体育活动都可在室内进行,购物也不必每天上街,合适的室内微小气候使人们不必经常到户外去调节热效应,这样,人们的室内活动时间就更多,甚至高达 93% 以上。因此,室内空气质量对人体健康的关系就显得更加密切、更加重要。虽然,室内污染物的浓度往往较低,但由于接触时间很长,累积接触量很高。尤其是老、幼、病、残等体弱人群,机体抵抗力较低,户外活动机会更少,因此,室内空气质量的好坏对其尤为重要。在世界卫生组织《2002 年世界卫生报告》中,室内空气污染就已被列为威胁人类健康的十大"隐形杀手"之一。

9.1.1 室内空气污染的定义

室内空气污染可以定义为:室内引入能释放有害物质的污染源或室内环境通风不佳而导致室内空气中有害物质无论是从数量上还是种类上不断增加,并引起人的一系列不适症状的污染,是日益受到重视的人体危害之一。室内污染通常具有以下几个方面的含义:一是室内污染是由房屋自身或者室内设施、用品释放出的有害物质造成的,即污染源为居室本身或者室内的设施、用品;二是释放的有害物质导致了室内环境质量下降;三是室内环境质量下降达到了影响人们正常生活和身体健康的程度。

室内不仅包括我们居住的空间,而且也包括日常工作、生活的所有空间,如办公室、教室、会议室、旅馆、电影院、图书馆、体育场、健身房、候车室等各室内公共场所以及飞机、客运汽车等交通工具内。

9.1.2 室内空气污染的特点

① 累积性。室内环境是相对封闭的空间,其污染形成的特征之一就是累积性。从污

染物进入室内导致浓度升高,到排出室外浓度渐趋于零,大都需要经过较长的时间。室内各种物品,包括建筑装饰材料、家具、地毯、复印机、打印机等都可能释放出一定的化学物质,构成对人体的伤害。

② 长期性。一些调查表明,大多数人大部分时间处于室内环境,即使浓度很低的污染物,在长期作用于人体后,也会对人体健康产生不利影响。

③ 多样性。室内空气污染的多样性既包括污染物种类的多样性,又包括室内污染物来源的多样性。

④ 污染物排放周期长,衰期长,危害大。

9.1.3 室内空气污染物的分类

人们对室内空气中的传染病病原体认识较早,而对其他有害因子则认识较少。其实,早在人类住进洞穴并在其内点火烤食取暖的时期,就有烟气污染。但当时这类影响的范围极小,持续时间极短暂,人的室外活动也极频繁,因此,室内空气污染无明显危害。随着人类文明的高度发展,尤其进入 20 世纪中叶以来,由于民用燃料的消耗量增加,进入室内的化工产品和电器的种类和数量增多,更由于为了节约能源,寒冷地区的房屋建造得更加密闭,室内污染因子日渐增多而通风换气能力却反而减弱,这使得室内有些污染物的浓度较室外高达数十倍以上。

室内空气污染物的种类已高达 900 多种,主要分为 3 类。

(1) 室内空气化学污染

室内空气化学污染主要为挥发性有机化合物(VOCs)和有害无机物引起的污染。挥发性有机化合物包括醛类、苯类、烯等 300 种有机化合物,其中最为主要的为甲醛、苯、甲苯和二甲苯等芳香族化合物,这类污染物主要来自建筑装修或装饰材料。而无机污染物主要为氨气(NH_3),室内吸烟、做饭等燃烧产物 CO_2、CO、NO_x、SO_x。特别是室内通风条件不良时,这些气体污染物就会在室内积聚,浓度升高,有的浓度可超过卫生标准数十倍,造成室内空气严重污染。

(2) 室内空气物理污染

室内空气物理污染主要包括可吸入颗粒物、重金属和放射性氡(Rn)、纤维尘和烟尘等污染。可吸入颗粒物是指空气动力学当量直径小于等于 10 μm 的颗粒物,多孔、多形,以及因此而具有的吸附性是其主要特点。

其中颗粒的成分较多,除了一般的尘埃外,还有炭黑、石棉、二氧化硅、铁、铝、镉、砷等130 多种有害物质,室内经常可检测出来的有 50 多种。颗粒物一般为物理污染,但有时颗粒物参与化学反应,也会造成化学污染。

按照粒径划分的颗粒物类型有降尘、总悬浮颗粒物(Told Suspended Particulate,TSP)、飘尘、可吸入颗粒物 PM_{10}、细微粒 $PM_{2.5}$(室内主要污染物之一,对人体危害最大)。

（3）室内空气生物污染

室内空气生物污染主要是细菌、真菌和病毒引起的污染。微生物是肉眼看不见、必须通过显微镜才能看见的微小生物的统称。

微生物普遍具有以下特点：

①个体小；②繁殖快，繁殖一代只需几十分钟到几小时；③分布广、种类繁多；④较易变异，对温度适应性强。

自然界中大部分微生物是有益的，少数微生物有害，会引发生物污染。能引起人类传染病的病原微生物一般有以下几种：病毒（virus）、细菌（bacteria）和真菌（fungus）。

9.1.4 室内空气污染物的来源及危害

室内有很多物体和用品，其本身即含有各种有害因子，一旦暴露于空气中，就会散发出来造成危害，主要来自以下几方面。

（1）建筑材料

① 某些水泥、砖、石灰等建筑材料的原材料中，本身就含有放射性镭。待建筑物落成后，镭的衰变物氡（222Rn）及其子体就会释放到室内空气中，进入人体呼吸道，是肺癌的病因之一。室外空气中氡含量约为 10 Bq/m^3 以下，室内严重污染时可超过室外数十倍。美国每年由氡及其子体引起的肺癌超额死亡人数为 1 万～2 万。

② 使用脲-甲醛泡沫绝热材料（UFFI）的房屋，可释放出大量甲醛，有时可高达 10 mg/m^3 以上。甲醛具有明显的刺激作用，对眼、喉、气管的刺激很大；在体内能形成过敏原，引起支气管哮喘和皮肤的变态反应；能损伤肝脏，尤其是有肝炎既往史的人，住进 UFFI 活动房屋以后，容易复发肝炎。长期吸入低浓度甲醛，能引起头痛、头晕、恶心、呼吸困难、肺功能下降、神经衰弱，免疫功能也受影响。动物试验能诱发鼻咽癌。尚未见到人体致癌的流行学证据。

③ 有些建筑材料中含有石棉，可散发出石棉纤维。石棉能致肺癌，以及胸、腹膜间皮瘤。

（2）家具、装饰用品和装潢摆设

地板革、地板砖、化纤地毯、塑料壁纸、绝热材料、脲-甲醛树脂黏合剂，以及用该黏合剂黏制成的纤维板、胶合板做成的家具等，都能释放多种挥发性有机化合物，主要是甲醛。沈阳市某新建高级宾馆内，甲醛浓度最高达 1.11 mg/m^3，普通居室内新装修后可达 0.17 mg/m^3 左右，以后渐减。此外，有些产品还能释放出苯、甲苯、二甲苯、CS_2、三氯甲烷、三氯乙烯、氯苯等不下百余种挥发性有机物。其中有的能损伤肝脏、肾脏、骨髓、血液、呼吸系统、神经系统、免疫系统等，有的甚至能致敏、致癌。

（3）日常生活用品和办公用品

化妆品、洗涤剂、清洁剂、消毒剂、杀虫剂、纺织品、油墨、油漆、染料、涂料等都会散发出甲醛和其他种类的挥发性有机化合物、表面活性剂等。这些都能通过呼吸道和皮肤影响人体。同样,室内使用的复印机、静电除尘器等仪器设备产生臭氧(O_3)。O_3是一种强氧化剂,对呼吸道有刺激作用,尤其能损伤肺泡。家用电器能产生电磁辐射,如果辐射强度很大,也会使人头晕、嗜睡、无力、记忆力衰退。

(4)室内不清洁,致敏性生物滋生

主要的室内致敏生物是真菌和尘螨,主要来自家禽、尘土等。真菌的滋生能力很强,只要略有水分和有机物,即能生长。例如玻璃表面、家用电器内部、墙缝里、木板上,甚至喷气式飞机的高级汽油桶的塞子上也能生长。尘螨喜潮湿温暖,主要生长在尘埃、床垫、枕头、沙发椅、衣服、食物等处。尘螨及其尸体,甚至其蜕皮或排泄物,都具有抗原性,能引起哮喘或荨麻疹。

除了上述有害因子之外,人们在室内进行生理代谢,加上日常生活、工作学习等,这些也会产生出很多污染因子,主要有以下几个方面。

(1)呼出气

呼出气的主要成分是CO_2。每个成年人每小时平均呼出的CO_2大约为22.6升。此外,伴随呼出的还有氨、二甲胺、二乙胺、二乙醇、甲醇、丁烷、丁烯、二丁烯、乙酸、丙酮、氮氧化物、CO、H_2S、酚、苯、甲苯、CS_2等。其中,大多数是体内的代谢产物,另一部分是吸入后仍以原形呼出的污物。尤其是那些患有呼吸道传染病的病人,通过呼气、喷嚏、咳嗽等,可将病原体传播给他人。

(2)吸烟

这是室内主要的污染源之一。烟草燃烧产生的烟气主要成分有CO、烟碱、尼古丁、多环芳烃、甲醛、氮氧化物、亚硝胺、丙烯腈、氟化物、氰氢酸、颗粒物以及含砷、镉、镍、铅等物质,总共约3 000多种,其中具有致癌作用的约40多种。吸烟是肺癌的主要病因之一。

(3)燃料燃烧

燃料燃烧也是室内主要污染源之一。不同种类的燃料,甚至不同产地的同类燃料,其化学组成以及燃烧产物的成分和数量都会不同。但总的来看,煤的燃烧产物以颗粒物、SO_2、NO_2、CO、多环芳烃为主;液化石油气的燃烧产物以NO_2、CO、多环芳烃、甲醛为主(表9-1)。

表9-1　燃料充分燃烧后的厨房空气中污染物浓度

厨房空气中的污染物	蜂窝煤燃烧无烟囱的浓度(mg/m^3)	蜂窝煤燃烧有烟囱的浓度(mg/m^3)	液化石油气燃烧无抽气设备时的浓度(mg/m^3)
SO_2	17	0.05	0.05
NO_2	50	0.6	10
CO	300	6	3~4
颗粒物	2	1.4	0.26
甲醛			0.1~0.4

另外,室外环境中的一部分有害因子,也能通过各种适当的介质进入室内,常见情况

如下。

① 当大气中的污染物高于室内浓度时,可通过门窗、缝隙等途径进入室内。例如颗粒物、SO_2、NO_2、多环芳烃以及其他有害气体。

② 土壤中含镭的地区,镭的衰变物氡及其子体可以通过房屋地基或房屋的管道入口处的缝隙进入室内。也可以先溶入地下水,当室内使用地下水时,即逸出到空气中。地下室或底层房间内空气中的氡浓度可达几百(Bq/m^3),楼层越高,浓度越低。

③ 土壤中或天然水体中可含一种革兰氏阴性菌,称为军团菌。其可随空调冷却水、加湿器用水甚至淋浴喷头的水柱进入室内形成气溶胶,进入人体呼吸道造成肺部感染,称为军团菌肺炎。

④ 人为带入。服装、用具等可将工作环境或其他室外环境中的污染物(如铅尘)带入室内。

总之,室内空气污染物的来源很广、种类很多,对人体健康可以造成多方面的危害。而且,污染物往往可以若干种类同时存在于室内空气中,可以同时作用于人体而产生联合有害影响。

9.1.5　室内空气污染的危害人群

(1) 办公室白领

办公室白领长期工作在空气质量不好的环境中,容易导致头晕、胸闷、乏力、情绪起伏大等不适症状,大大影响工作效率,并引发各种疾病,严重者还可致癌,办公环境变成了看不见的健康慢性杀手。

现在已有越来越多的白领和职员抱怨办公室空气污浊,感到呼吸不畅、注意力不集中,导致工作效率下降。据中国疾病预防控制中心专家调查,办公室空间相对密闭、空气不流通、空气污浊、氧气含量低,容易导致肌体和大脑新陈代谢能力降低。复旦大学公共卫生学院教授夏昭林介绍,长期坐办公室者容易患“白领综合征”。现在卫生部门和越来越多的专家已认识到办公室空气污染的危害性。

(2) 妇女(特别是孕妇群体)

室内空气污染特别是装修有害气体污染对女性身体的影响相对更大。女性脂肪多,苯吸收后易在脂肪内贮存,因此女性更应注意苯的危害。女性在受孕前和怀孕期间应避免接触装修污染。国内外众多案例表明,苯对胚胎及胎儿发育有不良影响,严重时可造成胎儿畸形及死胎。

调查发现,装饰材料和家具中使用的各种人造板、胶合剂等,其游离甲醛是可疑致癌物。长期接触低浓度的甲醛可以引起慢性呼吸道疾病、女性月经紊乱、妊娠综合征,引起新生儿体质降低;高浓度的甲醛对神经系统、免疫系统、肝脏等都有毒害,还可诱发胎儿畸形、婴幼儿白血病。当室内空气中甲醛浓度在 $0.24\sim0.55\ mg/m^3$ 时,有 40%的适龄女性月经周期出现不规则。

新房甲醛超标致孕妇流产

2016年4月，王女士的丈夫杨先生得知某装修公司搞活动，当场签下合同，双方约定由该装修公司对自己房屋进行装修，同时代购主材。2016年11月，房屋装修完毕。2017年2月，杨先生夫妇入住新房。3月，王女士被诊断出怀孕，之后出现流产迹象，经过3次住院都未能保住胎儿。在家休养期间，王女士又出现了各种不适，经医院诊断为甲醛中毒。杨先生夫妇怀疑是装修后甲醛超标引起的胎儿流产，便委托环境监测中心对新房进行了检测，检测报告显示甲醛超标，其中主卧甲醛含量超过国家标准近3倍。同时送检的柜子、床等家具板材皆显示甲醛释放量超标，被判定为不合格。

最后，法院判决装修公司赔偿王女士医疗费、护理费、误工费及精神抚慰金等共计5.6万余元。

（来源：法治日报，2020.01.05）

（3）儿童

2001年，英国"全球环境变化问题"研究小组的报告中提出一个引人深思的结论：环境污染的加剧会导致儿童的免疫力和智力降低。

儿童的身体正在发育中，免疫系统比较脆弱，另外，儿童呼吸量按体重比比成年人高50%，这就使他们更容易受到室内空气污染的危害。无论从儿童的身体还是智力发育看，室内空气环境污染对儿童的危害不容忽视。室内空气污染会对儿童构成以下三大威胁。

① 诱发儿童的血液性疾病：医学研究证明，环境污染已经成为儿童白血病高发的主要原因。根据流行病学的统计，中国每年新增约4万名白血病患者，其中2万多名是儿童，而且以2～7岁的儿童居多。北京市儿童医院统计，该医院90%白血病儿童患者的家庭在半年内装修过。哈尔滨血液肿瘤研究所收治了1 500多例儿童血液病患者，其中白血病患者高达80%，以4岁儿童居多。为什么儿童成了目前白血病的高发人群？该所所长马军说，除了儿童的免疫功能比较脆弱这一内因之外，室内装修材料散发的甲醛等有害气体是"杀手"之一。有关医学专家称，目前家庭装修的各种装饰材料中产生的甲醛、苯等气体以及石材中的放射性物质可以致癌，苯还可以引起白血病和再生障碍性贫血。虽然不能肯定白血病是由于家庭装修所致，但在同样环境中，自身抑癌基因如有缺陷（即缺乏自身免疫力的儿童），那么居室环境污染的刺激则是导致白血病的一个诱因。专家忠告，不能光检查身体，更要注意检测室内环境，达到标本兼治。

② 增加儿童哮喘病的发病率：在第三届中加环境合作联委会会议上，国家环境保护部科技标准司的张化天指出，根据中国与美国合作的项目"空气污染对呼吸健康影响研究"显示：儿童患感冒咳嗽、感冒咳痰、感冒气喘、支气管炎与空气污染浓度呈现显著正比。一方面，儿童的身体正在成长中，呼吸量按体重比比成人高50%；另一方面，儿童在室内生活时间长，更容易受到室内空气污染的侵害。污染程度越严重，儿童肺功能异常率就越高。严重的空气污染可以使儿童肺功能异常的危险增加30%～70%。中国环境监测总站研究

证实,父母吸烟的孩子患咳嗽、支气管炎、哮喘等呼吸系统疾病的比例要比父母不吸烟的孩子高得多。据流行病学对 5～9 岁的 3 528 名儿童调查,父母一人吸烟,儿童患呼吸道疾病者比父母都不吸烟的儿童高 6%;父母都吸烟,儿童患呼吸道疾病的比例高出 15%左右。据法国《科学与生活》杂志报道,微尘对儿童呼吸道的发育有较大影响,而二氧化氮等也会影响儿童肺脏的发育,从而使儿童的肺活量出现严重不足。从美国专家对室内空气污染造成的哮喘病调查中可以看到,在美国儿童中,患哮喘病的占美国儿童总人数的 12.4%。此病影响到每个年龄段的儿童,65%的儿童不同程度地患有哮喘。据统计,中国儿童哮喘患病率为 2%～5%,其中 1～5 岁儿童患病率高达 85%。

③ 影响儿童的身高和智力健康发育:儿童的身体正处在生长发育关键期,长期吸入存在烟尘、有害气体、病菌病毒污染的空气,不仅容易诱发各种疾病,而且将使儿童身体各机能受到慢性影响,进而影响身高和智力的正常发育。据调查,在吸烟家庭里成长到 7 岁的儿童的阅读能力明显低于不吸烟家庭的儿童。在吸烟家庭成长到 11 岁的儿童,阅读能力延迟发育 4 个月,算术能力延迟发育 5 个月。科学家对千余名儿童长期研究发现,家长每天吸烟的量越大,儿童身高所受的影响越大。

(4) 老年人

人体进入老年期,各项身体机能在下降,比较容易受到环境因素的影响而诱发各种疾病。空气污染不仅是引起老年人气管炎、咽喉炎、肺炎等呼吸道疾病的重要原因,还会诱发高血压、心血管、脑溢血等病症,对于体弱者还可能危及生命。

据美国心脏病协会《循环》杂志报道,1982 年有 50 万名成年人志愿参加了美国癌症协会进行的一项有关癌症预防的调查。20 多年后,犹他州杨伯翰大学的研究人员分析了这项调查数据,将调查中呼吸系统疾病和心脏病等心血管疾病的发病率,与来自美国环境保护局 150 多个城市的空气污染数据相联系,数据表明,在空气污染导致死亡的疾病中,心脏病患者居多。

(5) 呼吸系统疾病患者

在污染的空气中长期生活,会引起呼吸功能下降、呼吸道症状加重,有的还会导致慢性支气管炎、支气管哮喘、肺气肿等疾病,肺癌、鼻咽癌患病率也会有所增加。据统计,全球因空气污染导致的急性呼吸系统感染,每年夺去大约 400 万名儿童的生命。国内外调查表明,呼吸道感染是人类最常见的疾病,其症状可从隐性感染直到威胁生命。

室内空气污染物还是多种致癌化学污染物和放射性物质的主要载体。生物活性粒子有细菌、病毒、花粉等,是大多数呼吸道传染病和过敏性疾病的元凶。在室内环境中,特别是在通风不良、人员拥挤的环境中,一些致病微生物容易通过空气传播,使易感人群发生感染。一些常见的病毒、细菌引起的疾病如流感、麻疹、结核等呼吸道传染病都会借助空气在室内传播。山东省疾病预防控制中心人员指出:许多室内空气污染物都是刺激性气体,比如二氧化硫、苯、甲醛等。这些物质会刺激眼、鼻、咽喉以及皮肤,引起流泪、咳嗽、喷嚏等症状。特别是甲醛具有强烈的致癌和促癌作用。

9.2 不同类型的室内空气污染

9.2.1 居室装修污染

在装修过程中,有些材料会释放挥发性的污染气体,对人体健康造成一定的危害。除装修外,有些房屋在建造过程中由于使用或添加了特定的材料,也会释放污染物。

(1) 苯系物

在室内装修中,大量的苯、甲苯、二甲苯等苯系物被用作油漆、涂料中的稀释剂和黏合剂,这些挥发性苯系物很容易释放到空气中,对人的中枢神经系统及血液系统产生毒害作用。长期吸入此类气体,会引起头痛、头晕、失眠及记忆力衰退并导致血液系统疾病。如果接触到高浓度苯系物还会使人昏迷,甚至死亡。

(2) 甲醛

在室内装修和各类家具制作过程中,黏合剂是必不可少的。绝大多数黏合剂中含有的有害物质为游离甲醛,在装修后和家具使用过程中就会被逐渐释放出来。甲醛是一种原生性毒物,被国际医学界认为是一种可疑致癌物。轻度的甲醛污染会让人感觉不适、流泪,重度的则会导致呼吸系统疾病和癌症。令人担忧的是,不少游离甲醛深藏在家具内部,其挥发期甚至长达数十年。

国内首例室内空气污染伤害案

1998 年陈先生购买了位于北京昌平八仙别墅小区的一套住宅,随后以 95 716 元的总价请北京某公司进行装修。工程竣工入住后,陈先生感觉室内气味刺鼻,咽痛咳嗽、辣眼流泪。经医院检查,陈先生查出竟是"喉乳头状瘤",并在协和医院进行了手术。陈先生委托室内环境检测部门进行了实地检测,发现居室内的刺鼻气味乃装修材料所挥发出的游离甲醛所致,室内空气中甲醛浓度平均超过当时的国家卫生标准 25 倍! 陈先生在多次请求装饰公司"停止侵害、恢复原状、赔偿损失"始终未得到答复的情况下,将装饰公司告上了法庭。

2001 年 12 月 30 日,北京市第一中级人民法院对陈先生室内环境甲醛污染案作出终审判决,判被告北京某装饰公司赔偿原告拆除损失费、检测费、医疗补偿费、房租费共计 89 000 元,并在 10 日内清除污染的装饰材料。这是国内首例室内装修空气甲醛污染案,在社会上引起强烈反响,被评为北京市 2001 年十大案件之一。

(来源:中国经济时报,2001.08.02)

(3) 氨气

氨气污染主要来自建筑施工中使用的混凝土添加剂,这种添加剂主要有两种:一种是在冬季施工过程中,在混凝土墙体中加入的混凝土防冻剂;另一种是为了提高混凝土的凝固速度,使用的高碱混凝土膨胀剂和早强剂(用于提高混凝土早期强度的物质)。北方地区近几年大量使用了高碱混凝土膨胀剂和含尿素的混凝土防冻剂,这些含有大量氨类物质的外加剂在墙体内随着温度、湿度等环境因素的变化被还原成氨气从墙体中缓慢释放出来,导致室内空气中氨的浓度不断增高。氨气是一种无色却具有强烈刺激性气味的气体,常附着在皮肤黏膜和眼结膜上,从而产生刺激和炎症,削弱人体对疾病的抵抗力,并可引起流泪、咽痛、呼吸困难及头晕、头痛、呕吐等症状。

北京公寓氨气污染案

　　1999 年业主孙某、张某购买了位于朝阳区现代城公寓 2 号楼房屋,并依约支付了全部房款,当年年底入住后,两业主感觉房间内气味难闻,具有强烈刺激性。后经检测发现,室内空气中氨浓度高出国家参考标准。因此,两业主以开发公司违约为由,要求对自己购买的房屋进行修补,同时提供在此期间相同品质的周转房,并赔偿原告已发生的房租、检测费、体检费、医疗费、律师费等各项损失。可是,被告认为原告房屋内氨气的存在和产生,是由于国家对于建筑材料标准制定的滞后性所导致的,自己对此没有过错。法院经审理后,认为原告所购房屋内存在氨气,对人体有一定损害,确实不宜居住。应按照公平原则对原告给予适当补偿,因此,法院判决被告一次性补偿原告孙某、张某各 5 万元,并负担案件受理费、鉴定费。这就是室内环境污染十大典型案例之一的北京现代城氨气污染案。

(来源:中国法院网,2004.02.23)

　　(4) 氡

　　氡是一种放射性气体,新居中的氡主要来自建筑砌块、装修用的天然石材(如大理石)、瓷砖和砂石水泥等。当人体吸入氡后,衰变产生的氡子体呈微粒状,进入呼吸系统后会堆积在肺部,累积到一定程度后,这些微粒会损坏肺泡,进而导致肺癌。

9.2.2　厨房内空气污染

　　厨房是人们室内生活不可缺少的一部分,也是室内空气污染最为严重的地方。厨房中的污染物主要源于煤灶、柴灶、燃气灶、液化石油气灶、电灶、电磁灶中燃料的燃烧产物和烹调时所产生的油烟。它们燃烧过程中,都产生一氧化碳、二氧化碳、二氧化硫、氮氧化物、醛类、可吸入颗粒物等污染物,烧煤的厨房受有害气体和粉尘的污染最大。中国科学院大气物理研究所对北京 2013 年 1 月雾霾天统计研究发现,餐饮源对当时 $PM_{2.5}$ 的贡献占到 13%,相当于“北京地面扬尘”和“工业排放”占比的总和。

　　炒菜时产生的油烟也是诱发癌症的重要因素之一。这与食用油在高温下的突变有关。比如菜油本身含有较多的亚麻酸、亚油酸等不饱和脂肪酸,当油温升高到 60 ℃ 时就开始氧化,升到130℃时氧化物开始分解,形成多种化合物,这些化合物中有些就是致癌物。当食用油烧到150℃时,其中的甘油会生成油烟的主要成分"丙烯醛",其具有强烈的辛辣味,对鼻、眼、咽喉黏膜有较强的刺激。当食用油加热到200℃以上时,产生的油烟凝聚物如氮氧化物等具有很强的毒性。当食用油烧到350℃"吐火"时,这时的致癌风险是最高的。

厨房是高温环境,中国人的烹饪多喜欢煎炸爆炒类食物,而且跟油的使用有关。研究人员说,以欧洲为代表的国外烹饪多用橄榄油,烹饪值在80℃左右,而国内人们常使用动物油、大豆油等,烹饪值达到200℃,而在这种高温下,油能分解出60多种有害物质,其中包括致癌物,同时有对心血管产生损害的物质。而橱柜板材中的甲醛,在高温下的释放量也远远高于在常温下的释放量,但是甲醛的漂浮高度在80~130 cm,因此受到甲醛伤害的多为儿童。

空气污染是无形的,但是数据却是有形的。WHO的研究报告显示,厨房空气污染导致了全球至少430万人死亡,在这430万死亡人数中,死于肺癌的约占6%,缺血性心脏病和慢性阻塞性肺病分别占据了36%和22%,患脑卒中的占34%。美国的《国家癌症学会杂志》上关于中国农民的研究,同样印证了厨房空气污染对人健康的影响。上海某研究所的一项调查发现,中老年女性因长期接触高温油烟,其患肺癌的危险性增加了2~3倍。在非吸烟女性肺癌危险因素中,超过60%的女性长期接触厨房油烟;有32%的女性烧菜喜欢用高温油煎炸食物,同时厨房门窗关闭或通风欠佳。另有研究发现,长期从事餐饮业的厨房工作者肺癌发病率也比一般职业高。业内人士称,厨房油烟对大气造成的污染甚至超过了汽车尾气。

油烟提高致癌风险

在搜狐焦点家居近期所做的关于"居家安全问题"的调查中,24%的消费者对于家庭中的空气污染问题感到担忧,位居首位。中国室内装饰协会室内环境监测中心的研究表明,厨房是家庭中空气污染最严重的空间。

资料显示,中国女性肺癌的比例明显高于欧洲国家,这与中国厨房油烟大关系密切,超过60%的女性肺癌患者长期接触厨房油烟。油烟问题是厨房环境的首要安全隐患。

(来源:现代装饰(理论),2013)

9.2.3 车内空气污染

车内空气污染指汽车内部由于不通风、车体装修等原因造成的空气质量较差的现象。安装在车内的塑料件、地毯、车顶毡等如果没有严格按照环保要求加工,会释放出大量甲醛、二甲苯、苯等有毒物;如果车主再安装劣质地胶、座套等,会进一步加重污染。我国家庭汽车的旺盛需求使很多汽车下了生产线就直接进入市场,有害气体来不及释放,乘员受到有害气体的伤害几乎不可避免。此外,由于汽车空间窄小,密封性好,空气流通不畅,再加上车内乘客间的交叉污染严重,使得汽车内空气污染比一般居室内的污染更严重。

车内空气污染的主要来源有以下几个方面。

（1）新车本身

我国家庭汽车的市场需求使很多汽车下了生产线就直接进入市场,各种配件和材料的有害气体和气味没有释放期,安装在车内的塑料件、地毯、车顶毡、沙发等如果不按照严格环保要求,会直接造成车内的空气污染。因此,控制车内污染应该从生产厂家入手,对进入车内的每一种材料都要进行严格的气味控制。

（2）皮革制品

甲醛可产生于皮革制造的各个阶段,但大多数甲醛产生于鞣制和复鞣中。

（3）胶黏剂

汽车内饰会使用多种溶剂型胶黏剂,如壁纸胶黏剂、地毯胶黏剂、密封胶黏剂、塑料胶黏剂等。胶黏剂使用过程中会释放甲醛、苯、甲苯、二甲苯及其他挥发性有机物。

（4）车内装饰

大多数消费者买车以后都要进行车内装饰,有的车开了一段时间也要重新进行装饰,还有的经销商也以买车送装饰为优惠条件。一些含有有害物质的地胶、座套垫、胶黏剂进入车内,这些装饰材料中含有的有毒气体,主要包括苯、甲醛、丙酮、二甲苯等,必然会造成车内的空气污染,让人不知不觉中毒,出现头痛、乏力等症状。严重时会出现皮炎、哮喘、免疫力低下,甚至是白细胞减少。

（5）空调蒸发器

若车用空调蒸发器长时间不进行清洗护理,就会在其内部附着大量污垢,所产生的胺、烟碱、细菌等有害物质弥漫在车内狭小的空间里,导致车内空气质量差甚至缺氧。同时,由于汽车空间窄小,新车密封性比较好,空气流通不畅,车内空气量本来就不多,再加上车内乘客间的交叉污染严重,汽车内有害气体超标比房屋室内有害气体超标对人体的危害程度更大。当空气中二氧化碳浓度达到 0.5% 时,人就会出现头痛、头晕等不适感。

（6）车内吸烟

如果司机或乘客吸烟,不仅会大大增加挥发性有机化合物、一氧化碳和尘埃之类的空气污染物水平,它所散发出的气味也可能会长期停留在车厢内。

国内首例新车车内环境污染案

原告卢某于 2002 年 3 月 23 日从北京云龙之星汽车贸易有限公司购买了一辆美国产道奇公羊 5.2 L 汽车,价款为 69 万元。同年 8 月,卢先生驾车时发觉气味刺鼻难忍,头顶开始小片脱发。经检测,车内空气甲醛含量超出正常值 26 倍多。卢先生先后同汽车经销商协商,无效后将北京云龙之星汽车贸易有限公司告到朝阳区法院,最后朝阳区人民法院依法判决被告北京云龙之星汽车贸易有限公司返还卢先生购车价款、车辆购置费、养路损失费、保险损失费共计 75 万余元。这起案件的胜诉说明部分消费者已经开始重视车内空气环境,利用法律维护自己的合法权益。同时该案的胜诉也为今后类似的案件提供了法律依据和判例。

(来源:青岛新闻网,2005.02.24)

9.3 不良建筑物综合征

9.3.1 不良建筑物综合征的定义

不良建筑综合征(SBS),亦称为病态建筑物综合征,是近年来国外有关专家提出的。某些建筑物内由于空气污染、空气交换率很低,以致在该建筑物内活动的人群产生了一系列自觉症状,而离开了该建筑物后,症状即可消退。这种建筑物被称为"不良(或病态)建筑物",产生的系列症状被称为"不良建筑物综合征"。

在国际上,和不良建筑综合征类似的术语还有建筑物相关病(BRI)、密闭建筑物综合征(TRS)、办公室病(office illness)等。人们常常在不同的文献中表达同一概念。

WHO 于 1982 年定义 SBS 为在非工业区的建筑内,主诉急性非特异性症候群(眼鼻和咽刺激症、头疼、疲劳、全身不适)的人群,在离开该建筑物后可得到改善的情况。

1989 年 WHO 又提出新的定义:"SBS 为一种对室内环境的反应,大多数室内活动者的反应不能归因于某一明确的因素,例如对已知污染物或不良通风系统的过度暴露。这种症候群被假定为由若干暴露因素的多因素互相作用引起,并涉及不同的反应机理。"

1991 年欧洲室内空气质量及其健康影响联合行动组织又重新划分了如下定义。

SBS:专指由受到影响的工作人员所主诉报告的,在工作期间所发生的非特异症状,包括黏膜和眼刺激症、咳嗽、胸闷、疲劳、头痛和不适。

BRI:专指特异性因素已经得到鉴定,具有一致的临床表现。这些特异的因素包括过敏原、感染原、特异的空气污染物和特定的环境条件(例如气温和相对湿度)。

TRI:专指在新的、密闭的办公楼中发生的原因不明的症候群。

但上述欧洲室内空气质量及其健康影响联合行动组织的划分并没有被广泛接受。一方面众多的研究者仍然采用 WHO1982 年发表的定义,另一方面有关专家呼吁出台"更好的 SBS 的定义"。

建筑、装饰、家具以及通风造成的室内环境污染引发的"建筑物综合征"是目前国内比较关心的话题,在世界卫生组织公布的《2002 年世界卫生报告》中将室内环境污染与高血压、胆固醇过高症及肥胖症等共同划为人类健康的 10 大威胁,列入人类健康的 10 大杀手黑名单。

9.3.2 不良建筑物综合征的症状

① 对眼角膜、鼻黏膜及喉黏膜的刺激,包括干燥、刺痛、声音嘶哑、咳嗽、鼻塞流涕等。室内空气严重污染时,眼睛感觉到刺痛、流泪、分泌物增多或干燥不适、唇部干裂、口腔溃疡、流鼻血和嗅觉减退等。

② 对皮肤的刺激症状,皮肤经常干燥、刺痛、瘙痒,出现红斑、湿疹等。

③ 有神经毒症状,易出现头痛、头晕、乏力、注意力不集中和精神容易疲劳等,有的出现失眠、记忆力减退等。

④ 皮肤或黏膜过敏症状,包括哮喘、荨麻疹、过敏性鼻炎等。

⑤ 生殖毒或诱癌反应,长期在不良环境下工作,易于发生男女不孕不育症;体质偏差或特异性体质者,甚至会患癌症。据北京某机构调查,有近九成的儿童白血病患者患病与家庭装修不当有关。

⑥ 呼吸道感染症状,易发生咳嗽、气喘、痰多等,经常有胸闷等感觉。

9.3.3 产生不良建筑物综合征的因素

目前认为,SBS 是多因素综合作用而成。建筑物内的污染、通风、温度、湿度、采光、声响等均是影响因素,甚至包括情绪等心理因素(表 9-2)。其特点一是发病快,如果是刚搬进的新房,短则瞬间,多则数月内,便莫名其妙地出现上述不适症状;二是患病人数多,在同一建筑内工作和生活的人,有 20%～80%会患病;三是病因难确定,很难找出症状与污染源的对应关系;四是只要离开现场,症状很快消失或者缓解。

表 9-2　不良建筑物综合征的影响因素

物理因素	气温、相对湿度、通风、人工光照、噪声、振动、离子、颗粒物、纤维
化学因素	吸烟、甲醛、VOC、生物杀虫剂、嗅味物质、其他无机化学污染物、二氧化碳、一氧化碳、二氧化氮、二氧化硫、臭氧
生物因素	霉菌、皮屑、细菌、螨虫
心理因素	精神紧张、忧郁、压抑、烦躁

近年来的研究超出了表 9-2 所述的范围,并且主要集中在以下三方面的危害因素。

（1）建筑物相关因素

建材相关因素:包括建筑和室内装饰材料、室内用品(如家具)等释放的 VOC、甲醛和嗅味物质。

建筑设计相关因素:包括通风量、空调系统(HVAC)、室内气温和相对湿度的调节设备和室内电磁强度等。

（2）人体相关因素

生理素质因素:包括过敏体质和过敏原(例如螨和霉,厕所湿迹等)。

心理素质因素:包括工作负荷和工作压力。

(3) 生活方式和工作方式

生活方式:例如吸烟和喝咖啡嗜好。

工作方式:例如使用计算机和复印机。

9.3.4 处理和预防

大部分 SBS 病人在离开相应的室内环境后其症状常会迅速得到改善,只有少数病人在相应环境质量获得改善或到别的环境后症状仍然存在,一般无须治疗,也没有已知的后遗症,因此应尽量减轻病人的心理负担。

对建筑物的治理以室内质量评价情况为依据,主要有污染源的控制和提高通风系统的功能,尤应以尽量使用低毒、低挥发性的建筑材料为主。通风系统的功能几乎总是影响因素,因此对其随需要而有所改进的效果显著而持久。

通风系统的改进或其他干预措施,不仅对病人及其同事有利,而且不会损失工作时间或造成其他损失。最常见的错误是采取提高空气质量的措施前花费大量的时间、精力和金钱去寻找病因。因为大部分情况下,环境测定通常显示污染物浓度处于可接受水平,所以尽管有明显的症状,却很难明确指出致病因素。其他因素如工作满意度或工作压力也不容忽视。

警惕"不良建筑物综合征"

2001 年 10 月,"室内空气质量国际研讨会"在北京召开,来自中国环境监测总站、中国科学院、中国环境科学研究院、北京市环境保护科研院、清华大学、北京大学、南开大学、北京工业大学的专家学者就室内空气污染的研究、室内空气质量标准的制订、室内空气污染的预防等问题进行了深入的探讨和交流。中国环境监测总站的魏复盛说,大量研究表明某些污染物室内外浓度相差很大,室内空气污染程度往往比室外严重,因为室内空气的污染既有室外空气污染物的贡献也有室内建筑和装修材料以及烹饪、取暖、吸烟等活动产生的污染。因此只对室外空气进行监测并不能正确评价人群对污染物的实际接触水平。有关"致病建筑物"的报道也不断见诸报端。据报道在美国的120 万座办公大楼中有 2 500 万名工作人员患有不良建筑物综合征。英国、西班牙、澳大利亚、美国曾爆发过室内空气污染引起的军团病,造成大量人员死亡。专家警告,长期生活、工作在空气污染严重的房间内,轻者会出现皮肤发痒、眼鼻不适、精神压抑、头晕恶心、萎靡嗜睡、疲乏无力、工作效率下降等,重者会引发支气管炎、肺水肿、癌症等。

(来源:中国环境报,2001(004))

9.4　室内环境保护的措施

9.4.1　合理地控制污染源

首先,在进行城市布局的设置中,要注意从保护环境的角度进行合理的区域引导设置,尽可能将居民区、学校和医院等人口密集的区域设置在城市污染源头的上方,减少这些区域受到污染的几率。其次,对城市中的居民住宅区域和工厂区域要进行分开设置,减少居民受到工厂生产污染的机会。最后,相关的环保部门、卫生检测部门要对人口密集的区域进行环境的监测、卫生的监测,保证人们的生活环境质量,更好地减少室外各种污染对室内污染造成的影响。

9.4.2　加强污染物的防治

首先,针对在建筑设计、施工和装修过程中产生的污染问题,要在设计的过程中,体现出环保、节能的理念,在原有的室内设计理念基础上,增加现代化的绿色设计应用,提高室内设计的整体水平。其次,在进行室内施工和装修的过程中,要注意选择使用符合国家相关标准的材料,要保证在建筑和装修的过程中,按照一定的设计理念进行,全面保证设计中的环保效果。最后,在进行建筑和装修的过程中,要注意加强对各种材料的环保监测。通过工程监理工作的开展,对建筑和装修的材料进行环保合格证书、出厂检测证书等相关资料的检查,减少室内污染产生。

9.4.3　优化通风环境

在室内污染的防治中,通过对室内通风设施的不断优化,实现室内和室外空气间的流通,将室内产生的污染物及时排出。该方法的应用具有良好的效果,经济实用。可以通过门窗位置和大小的选择,提高通风的效果。比如加强室内门窗之间的对流设计,能够更好地改善室内环境。另外,还可以借助整体建筑物的通风设计,更好地保障整个建筑物内部的通风系统实用性,并结合气流检测系统的使用,满足室内环境的通风要求,达到保护环境的效果。

9.4.4　加强物理吸附

针对室内环境中产生的一些污染,可以使用物理吸附的方式进行有效地防治。比如在正式入住之前,可以在室内房间的角落上放置一些具有较强吸附性的材料进行室内污染气体的吸附,一般情况下,可使用活性炭或者竹炭等材料进行物理吸附,不仅直接对室内产生的污染物质进行清除,还方便实用,不会产生次生的污染。也可以使用空气净化器,这也是净化室内化学污染、生物污染和物理污染的一种有效的方法,可以改善室内空气质量、创造健康舒适的办公室和住宅环境,在居室、办公室等许多场所都可以使用。

9.4.5 结合植物净化

随着生活品质的不断提高,在进行室内污染的防治过程中,还可以结合植物的净化功效进行室内空气优化。比如,在室内放置常春藤和菊花,可以更好地吸收空气中的苯物质;放置芦荟,可以更好地吸收二氧化碳,并且释放出大量的氧气;放置吊兰,可以吸收环境中的甲醛、一氧化碳等有害物质。植物不仅净化了室内空气,还可美化环境。

思考题

1. 室内空气污染有哪几种类型?各有什么污染来源和特点?
2. 室内空气污染会带来怎样的健康危害?
3. 室内空气污染的定义是什么?有哪些措施可保护室内空气环境?
4. 室内装修主要的污染物有哪些?各有什么健康危害?如何预防?
5. 何谓不良建筑物综合征?怎样处理和预防?

参考文献

[1] 刘建军,朱玉玲.浅析我国室内空气质量检测与污染治理现状[J].节能与环保,2021(7):52-53.

[2] 张凤.新车内空气污染及防治措施[J].内蒙古石油化工,2009(20):57-58.

[3] 朱蓓丽,程秀莲,黄修长.环境工程概论[M].4版.北京:科学出版社,2016.

[4] 刘洪涛,晁福寰.室内空气物理性因素污染研究[J].中国预防医学杂志,2002,3(3):170-173.

[5] 涛峰.消费者讨回损失75万元 国内首例车内环境污染案判决[J].城市质量监督,2003(4):16.

[6] 黄治平.不良建筑物综合征[J].环境,1998,04:15-16.

[7] 岳小春,杨乾展.室内空气环境污染及环境保护[J].资源节约与环保(1):2.

[8] 王强.新时期我国室内环境检测的发展现状与思考[J].绿色环保建材,2020(3):62-63.

[9] 朱瑞,吴丹.引起不良建筑物综合征(SBS)的污染物及其控制[C]//华北地区职业卫生协作组.华北地区职业卫生学术交流会,2006.

第 10 章
家用化学品与健康防护

随着社会的进步和人类文明的发展，大量的化学物品进入家庭，渗透到人们生活的各个方面，成为生活中不可缺少的必需品。家用化学品泛指在家庭中使用的一大类化学物品。广义上讲，凡进入家庭日常生活和居住环境的化学物品，均可统称为家用化学品。

根据家用化学品的用途可以将其分为 13 类：化妆品、染料、擦光剂、黏合剂、涂料、洗涤剂、消毒剂、食品添加剂、杀虫剂、皮毛和皮革保护剂、家用药品、气溶胶产品及其他。

在生活中，家用化学品的大量使用提高了人们的生活水准，但随着品种、数量的增加和不合理的使用，越来越多的卫生问题产生了，甚至威胁使用者的健康。

10.1 家用化学品的环境污染

许多家用化学品在使用过程中或使用后处理不当产生的废弃垃圾会对环境造成一定的污染。家用化学品还成为室内空气污染的主要来源之一，例如：室内空气中主要的污染物甲醛、挥发性有机物等越来越多地源于空气清新剂、涂料、黏合剂、除害药物等化学品；洗涤剂在生活中的大量使用造成了水土环境的污染，我国一些地区水体的富营养化就与洗涤剂的过量排放密切相关。

10.1.1 洗涤剂的环境污染

据《全国环境统计公报（2015 年）》显示，2015 年我国污水 COD 总排放量为 2 223.5 万吨，其中城镇生活污水排放量为 846.9 万吨，城镇生活污水排放的 COD 中，约 15%（127 万吨）来自洗涤剂，包括洗衣粉、洗衣液、洗洁精、洗发水、沐浴露和肥皂、香皂等。

我国用量最大的阴离子表面活性剂十二烷基苯磺酸钠（LAS）对水生生物毒性为中等，其半致死浓度 LC_{50} 为 4.8 mg/L，浓度为 0.05 mg/L 即对软体动物的繁殖有影响；非离子表面活性剂壬基酚聚氧乙烯醚（NPEO）是一种雌性激素，对水生生物有毒，其降解产物壬基酚（NP）是一种更强的雌性激素，对水生生物高毒；含洗涤剂污水排放后除了各种化合物具有一定的毒性之外,化学物质之间还有增强、协同或拮抗作用。可见,居民生活水平的提高使洗涤剂用量不断增加,含洗涤剂污水的大量排放对水环境造成较大污染。

10.1.2　消毒剂的环境污染

2019 年新冠疫情暴发以后,消毒剂的使用量大幅增长。消毒剂对环境造成的危害因不是立竿见影而常为人所忽视,但研究表明,长期大量使用消毒剂、灭菌剂,会使微生物产生抗药性,灭菌效果大大降低,而且残留在环境中的化学物质越来越多,成为新的污染源。过量的消毒剂直接或间接地进入空气、水体、土壤后,不仅造成酸化土壤、水源,毒害水生生物等二次环境污染,还破坏空气、水体、土壤等环境介质的生态平衡。

10.1.3　杀虫剂的环境污染

蚊香燃烧、电热蚊香挥发以及杀虫气雾剂使用等引起大量挥发性有机化合物浓度升高,容易造成室内空气污染。目前我国仅杀虫气雾罐年产约近 4 亿罐,其中罐体本身占整个气雾剂成本的 1/3～1/2,且多为一次性使用,造成浪费和污染环境。

家用杀虫剂中应用最广的拟除虫菊酯虽用量小、使用浓度低,对人畜较安全,但对鱼类毒性高,对某些益虫也有伤害。大量杀虫剂的使用会导致媒介生物抗性的产生和迅速升高,在媒介生物抗性不断增长的情况下,人们最常见的应对方法就是加大卫生杀虫气雾剂的用量,殊不知,这不仅给人体的健康埋下隐患,也造成环境的进一步污染,严重威胁生态环境。

10.1.4　化妆品的环境污染

化妆品工业比其他产业环境污染少,但仍不可忽视,例如许多企业对化妆品过度包装,包装材料多数为玻璃,而这种玻璃是无法自然降解的,加之没有专业的回收机构统一回收,使得化妆品包装被随意丢弃,造成环境污染;香水被不少国家认为是继香烟之后公共场合的又一大污染源,一些大公司已明令禁止员工使用浓烈的香水,理由是防止空气污染,提高工作效率。

广泛添加于防晒霜中的防晒剂具有持续排放、难降解等特点,通过人类的水中娱乐活动和污水处理厂排水等途径进入海洋环境,造成海洋生物生长抑制、繁殖抑制、致死和致畸等,对海洋生态环境带来不可忽视的威胁,成为一种新型海洋污染物;个人清洁用品,特别是去角质产品中添加的塑料微珠一旦进入水体,将很难移除,在海洋水体中将会吸附有毒物质并聚集,有可能被鸟、鱼和其他海洋生物食用,其对于水体、海洋生物、人类自身和生态系统等存在复杂的影响,因此被许多国家立法禁用。

10.2　洗涤剂与人体健康

10.2.1　洗涤剂及其分类

洗涤剂是指用以去除物体表面污垢,使被清洁对象通过洗涤达到去污目的的专用配方产品。主要组分通常由表面活性剂、助洗剂和添加剂等组成。

洗涤剂按其表面活性剂的来源可以分为天然洗涤剂和合成洗涤剂,按表面活性剂分子构成可以分为阴离子型、阳离子型、非离子型、两性型和特殊型,按酸碱度可以分为酸性、中性和碱性洗涤剂,按去除污垢的类型分为重垢型洗涤剂(多为固体型)和轻垢型(多为液体型),按其应用领域可分为家用洗涤剂和工业用洗涤剂两大类。

其中家用洗涤剂按使用目的可以分为纤维织物洗涤剂(洗衣皂/粉/液等)、硬表面洗涤剂(用于金属、卫生器具、餐具等的洗涤)、个人清洁洗涤剂(香皂、剃须剂、沐浴露等)及特殊用途洗涤剂(如地板清洁剂、墙壁清洁剂、酸性清洁剂等)。

10.2.2　洗涤剂的主要成分

（1）表面活性剂

表面活性剂是去除污垢的主要成分,根据其亲水亲油平衡值(HLB 值)的不同,表面活性剂在洗涤剂中有不同的应用,通常 HLB 值为 7~9 时作润湿剂,8~18 作乳化剂,13~15 作去污剂,15~18 作增溶剂。

去污原理:洗涤剂含有表面活性物质,其分子的一端为亲油基,另一端为亲水基,使洗涤剂在水中能很快溶解扩散,渗透到浸泡在洗涤液中的衣物。洗涤剂中的表面活性物质分子的亲油基与衣物中的油性污垢结合,破坏油性污垢与衣物的结合力,同时与亲水基结合,形成可溶于水的物质,使衣物上的可溶性污垢和固体污垢分解、软化、溶解,从而使污垢与衣物分离,为达到洗涤目的提供了条件。

目前的洗涤剂仍大量使用阴离子表面活性剂,其中直链烷基苯磺酸盐(LAS)用量最大,其次为脂肪醇硫酸盐、脂肪醇聚氧乙烯醚硫酸盐、烷基磺酸盐等。近年来,非离子型表面活性剂如脂肪醇聚氧乙烯醚等的用量有较大的增长,阳离子和两性离子表面活性剂使用量较少。其中,合成洗涤剂的毒性主要取决于表面活性剂的类型,一般来说,阳离子型毒性大于阴离子型,非离子型毒性最小。

（2）助洗剂

根据各种洗涤剂的功能不同,通常助洗剂占洗涤剂含量的 20%~40%,与表面活性剂配合达到最佳去污效果。洗涤剂中的助洗剂应具备以下功能:软化水性能,即有效充分地结合水中的钙、镁离子,使硬水软化;稳定 pH 性能,即提供一定的碱性并稳定 pH 在 12 左右且缓慢释放;分散性能,即抗再沉淀性能,使污物分散悬浮,防止二次污染;能增加漂白剂、加工助剂、载荷液体量的稳定性等。洗涤剂中的助洗剂主要有碱性物质,如碳酸钠、硅酸钠;螯合剂,如三聚磷酸钠、多聚磷酸钠;离子交换剂,如 A 型沸石。

（3）酶

在洗涤剂中加入酶可以提高去污能力,降低表面活性剂和三聚磷酸钠的用量,使洗涤剂朝低磷或无磷化的方向发展。目前在洗涤剂中使用的酶主要有:蛋白酶(如枯草杆菌蛋白酶)、脂肪酶、淀粉酶、纤维素酶。酶作为生物制品,可以生物降解,对环境的生态平衡起良性作用,但也要求洗涤条件温和(温度、压力或 pH)。

（4）杀菌剂

杀菌剂主要应用于具有抗菌或抑菌和洗涤去污功能的消杀类洗涤剂。在日化洗涤剂产品中,常用的杀菌剂种类按化学成分可以分为卤素类、过氧化物类、胍类、中草药提取物等,作用菌种主要为金黄色葡萄球菌、大肠埃希菌和白色念珠菌。洗涤对象从单一的织物向家居生活的各类洗涤用品(如餐具洗涤剂、地板家居清洗剂、洁厕剂等)发展。

（5）泡沫改良剂

泡沫在洗涤过程中具有携带污垢的作用,还能改善手感,因此人们常喜欢泡沫丰富的洗涤剂,但泡沫过多也有难以清洗和占用洗衣机有效空间的问题。常用 $C_{10} \sim C_{16}$ 脂肪酸的三乙醇胺来增加阴离子洗涤剂的泡沫,用 $C_{16} \sim C_{22}$ 脂肪酸和非离子化合物来抑制泡沫。

10.2.3 洗涤剂对人体健康的危害

对人体健康有不良影响的主要是合成洗涤剂,进入人体的途径大致有三种:一是使用时直接与皮肤接触;二是有伤口时,会由伤口进入人体;三是使用过程中由于清洗不彻底,使之附着在餐具和蔬菜水果上,通过消化道进入人体。洗涤剂对人体产生的危害有以下几个方面。

（1）对皮肤的危害

人体皮肤是弱酸性的,它具有抑制细菌生长的作用,而某些洗涤剂如洗衣粉呈碱性,皮肤与之长时间接触后,弱酸性环境遭到破坏,出现皮肤瘙痒、针刺感,此外,洗涤剂中的各种化学物质还会造成皮肤黏膜化学性刺激、光毒刺激、过敏反应、光敏反应,引起皮肤粗糙、皲裂、皮炎、湿疹、色素沉着、化学性烧伤等。

（2）对眼睛的危害

洗涤剂散发的气体或者固体洗涤剂颗粒进入眼睛都会对眼部产生不同程度的刺激作用,引起流泪,结膜、角膜充血,水肿,分泌物增多,甚至灼伤。

（3）对呼吸系统的危害

酸性洗涤剂使用过程中产生的酸性气体会通过呼吸道进入人体而影响呼吸系统;含氯洗涤剂与酸性洗涤剂混用时会生成氯气,氯气主要通过呼吸道侵入人体,并溶解在黏膜所含的水分里,生成次氯酸和盐酸,对上呼吸道黏膜造成有害影响,造成呼吸困难,因此氯气中毒会刺激皮肤、眼睛,甚至还会灼伤呼吸道。明显症状是发生剧烈的咳嗽,严重时会发生肺水肿,使呼吸循环困难而导致死亡;吸入一定浓度含酶洗涤剂粉尘后,机体产生特异性抗体,处于致敏状态,若再次接触便会出现轻微的类似枯草热样过敏症状,如流泪、眼痒、流涕、喉痒等;经常吸入洗涤剂中所含的强刺激性化合物还可能会导致患慢性阻塞性肺疾病。

（4）对消化系统的危害

洗涤剂中的表面活性剂对人体消化系统也有一定影响,它能溶解消化道黏膜的脂肪,改变其渗透性,从而影响消化与吸收功能。

（5）对生殖系统的危害

壬基酚(NP)是合成洗涤剂中常用乳化剂壬基酚聚氧乙烯醚的单体,同时它也是环境雌激素的典型代表,因此 NP 可能对前列腺癌细胞、卵巢癌细胞的增殖有促进作用,与男性睾丸癌、前列腺癌、生殖障碍及女性乳腺癌、卵巢癌、子宫内膜癌等有密切联系;化学洗涤剂大都含有氯化物,氯化物过量会损害女性生殖系统;荧光增白剂会影响生育能力,导致细胞发生畸变等。

10.2.4　洗涤剂危害防治措施

（1）建立评估体系,引导生态洗涤

洗涤剂的管理,主要包括对人体毒性、刺激及生物降解性的毒害物的管控,以及防止水污染,减少对水环境的影响。人们消费水平不断提高,洗涤剂的用量会持续增长,建议推动建立洗涤剂评估体系,修订洗涤行业的标准,根据各地情况,适时制定相应的更严格的地方标准,引导消费者生态洗涤,日化企业改良或改进产品,尽可能减少对人体和水环境的影响。

（2）关注合成洗涤剂中的有毒有害组分,推进洗涤剂绿色化

加强新型表面活性剂的开发,使之保持良好洗涤性能的同时,具备更好的生物降解性能,对水生生物安全。减少洗涤剂中内分泌干扰物三氯生(TCS)、三氯卡班(TCC)、壬基酚聚氧乙烯醚(NPEO)等有毒有害物质的使用,依靠生物技术推进洗涤剂的绿色化发展。

（3）个人安全使用洗涤剂,减少洗涤剂伤害

首先,尽量不用或少用洗涤剂。应选择接近天然成分或无明显损害健康成分的洗涤剂,使用时可以佩戴胶皮手套,清洗充分,减少残留;如果气味刺鼻,应戴好口罩;在使用喷剂时戴上眼镜,以防液体溅入眼中。尽量在短时间内将污垢清理干净,并开窗通风。禁止含氯洗涤剂与酸性洗涤剂混用,如 84 消毒剂和洁厕灵,避免氯气中毒。

儿童误食"洗衣凝珠"

近几年,一种新型洗衣产品"洗衣凝珠"出现。因使用方便、清洁力强而备受市民欢迎。不过,由于颜色鲜艳、手感像果冻的外观,近几年国内多地发生误食事件。2020 年 7 月,德州市人民医院收治了一名 7 个月大女婴,因误食洗衣凝珠引起了肝功能损害、心肌损害、呼吸性酸中毒;2022 年 3 月,深圳 1 岁男童不慎吞下半包洗衣凝珠,孩子妈妈当即为孩子抠喉催吐,并打 120 紧急送医,经反复洗胃 1 000 mL 后,孩子才脱离危险……

"洗衣凝珠"是一种高浓缩洗涤剂,主要成分是一些表面活性剂、稳定剂、中性剂、衣物增鲜剂等,可造成消化道及气道黏膜损伤,甚至引起黏膜坏死。如果孩子误食会导致呕吐或者咳嗽,严重的还会出现昏迷、抽搐、肺水肿、窒息等并发症。专家提醒,发现儿童误吞异物或有毒有害物质时,不要盲目刺激儿童咽部催吐,以免对孩子造成二次伤害,造成喉部损伤、误吸。一定要及时就医,以免错过最佳治疗时机。另外,就诊同时最好将儿童误食的同类物品和药品一起带上,供医生辨别,方便及时处理。

(来源:中国经济网,2020;王海蓉,荔枝新闻,2022)

10.3 消毒剂与人体健康

消毒是切断传染病和感染性疾病传播途径的重要手段,其中化学消毒剂的使用是最简便、最普遍,也是最有效的方法之一。但每次重大传染病流行期间都存在消毒剂使用不科学甚至滥用的现象,只有了解消毒剂中的有毒有害成分及其毒害机理,才能有效避免其对人体健康造成危害。

10.3.1 消毒剂及其分类

消毒剂指可在体外杀灭病原微生物,预防和控制感染性疾病的制剂。

目前使用的消毒剂基本上都是化学制剂,按化学成分可以分为卤素消毒剂、过氧化物消毒剂、醇类消毒剂、酚类消毒剂、醛类消毒剂、杂环类气体消毒剂、季铵盐类消毒剂、双胍类消毒剂、复配消毒剂等。

消毒剂按作用水平分为四类:①高效消毒剂(也称灭菌剂):可杀灭一切细菌繁殖体、病毒、真菌及其孢子等,对抗力最强的细菌芽胞也有一定杀灭作用,包括戊二醛、环氧乙烷、过氧乙酸等。②中效消毒剂:可杀灭真菌、病毒及细菌繁殖体等微生物,包括醇类消毒剂、酚类消毒剂等。③低效消毒剂:仅可杀灭细菌繁殖体和亲脂病毒,包括新洁尔灭、氯己定等。

10.3.2 消毒剂的主要成分

(1)卤素

氯:消毒剂中的氯包括无机氯[$NaOCl$ 和 $Ca(OCl)_2$]、有机氯(二氯异氰尿酸、二氯异氰尿酸钠、三氯异氰尿酸、二氯海因)以及二氧化氯。

病菌小粒带负电,次氯酸是不带电荷的中性小分子,与同样带负电的次氯酸根相比更容易接近病菌,可有效杀菌。无机氯消毒剂中的氯多以次氯酸根存在,水溶液为碱性。有机氯消毒剂属于氯胺结构类,在水溶液中水解生成次氯酸,其水溶液显酸性,因此其消毒杀菌力强于无机氯消毒剂。

二氧化氯消毒剂是＋4 价氯消毒剂,主要是通过氧化作用杀灭病菌,属于中性小分子,其价位高、杀菌力强。

碘:元素碘可以使病原体蛋白质变性,从而使病菌蛋白酶失去活性。含碘消毒剂包括碘酊、碘伏、PVP-I 等,可以进行预防性消毒和伤口预防感染,属于中效消毒剂。

溴:溴的作用原理与氯基本相似,在水中可以生成次溴酸发挥杀菌作用,如二溴海因、溴氯海因、含溴异氰尿酸类等。其杀菌效力与含氯消毒剂差不多,但价格高,除藻性能好。

（2）过氧化物

消毒剂中的氧化剂主要有过氧乙酸、过氧化氢以及臭氧等,属于高效消毒剂,它们是通过氧化作用破坏细胞壁、细胞膜及其酶系统等杀灭病菌的。其中过氧乙酸不仅有氧化杀菌的机理,它的强酸作用也能杀灭病毒,特别是在低温环境下仍有很好的杀菌效果。

（3）醛类

主要包括甲醛（第一代）、戊二醛（第二代）和邻苯二甲醛（第三代）,主要用于金属器械消毒。醛类消毒剂对微生物的杀灭作用主要依靠醛基,作用于菌体蛋白的巯基、羟基、羧基和氨基,使之烷基化,引起蛋白质凝固造成细菌死亡,属于高效消毒剂,缺点是具有刺激性和毒性。

（4）酚类

主要有苯酚、六氯酚、对氯间二甲苯酚、复合酚等。来苏尔和煤酚皂溶液是老式消毒剂,属中效消毒剂。在高浓度下,酚类可裂解并穿透细胞壁,使菌体蛋白凝集沉淀,快速杀灭细胞;在低浓度下,可使细菌的酶系统失去活性,导致细胞死亡。由于新型消毒剂不断出现,加之酚类消毒剂本身固有缺点和环境污染问题,逐渐被淘汰。

（5）醇类

最常用的是乙醇和异丙醇,可凝固蛋白质,导致微生物死亡,属于中效消毒剂,可杀灭细菌繁殖体,破坏多数亲脂性病毒,如单纯疱疹病毒、乙型肝炎病毒、人类免疫缺陷病毒等。家庭常用的医用酒精就是纯度为 95% 或 75% 的乙醇溶液。

（6）季铵盐类

季铵盐类消毒剂有洁尔灭、新洁尔灭（苯扎溴铵）、双长链季铵盐消毒剂等,主要用于皮肤、黏膜类的消毒。杀菌原理是季铵离子带正电,能主动接近带负电的病菌微粒,带有亲油长链的季铵离子能包住有脂质的细胞膜,并穿透膜深入细胞内部,使病菌被窒息、被破坏而死。而对于病毒,只有有脂溶性囊膜的病毒,季铵盐才能将其包裹杀灭。对无囊膜的病毒,季铵盐就无能为力了。季铵盐消毒剂属于低效消毒剂。

10.3.3　消毒剂对人体健康的危害

家用消毒剂多为低毒或中等毒类,且多数消毒剂是稀释后使用,毒性一般不大,但仍会对人体健康造成一定损害。

(1) 可伤及人体组织器官

皮肤黏膜：接触高浓度溶液后，接触部位立即出现局部红斑、水肿，丘疹等，继而出现糜烂、溃疡，自觉有疼痛、烧灼感或刺痒。接触含碘类、醇类、醛类等消毒剂后可发生过敏性皮炎。

眼：消毒剂溅入眼内后，可出现灼痛、畏光、流泪等刺激症状，眼睑肿胀，角膜混浊，结膜明显充血、水肿甚至糜烂坏死，累及角膜可引起视物模糊，严重者发生角膜溃疡甚至穿孔。

消化系统：多数消毒剂对消化道黏膜均有腐蚀作用，尤其以高锰酸钾、酚类、醛类、过氧乙酸等腐蚀性为甚。经口摄入可出现恶心、呕吐、腹痛、腹泻，甚至出现呕血、便血。严重者可出现胃穿孔，甚至循环衰竭和急性肾衰竭。

呼吸系统：吸入大量环氧乙烷、臭氧或含氯消毒剂释放的氯气，会出现明显的呼吸道刺激症状，如咳嗽、少量咳痰、胸闷、气促、发绀等，严重者可出现化学性肺炎和肺水肿，甚至发生急性呼吸窘迫综合征。

神经系统：吸入低浓度臭氧（0.4 mg/m³），可出现头痛、头晕、注意力不集中、视力下降等。环氧乙烷、醇类、醛类消毒剂可引起共济失调、定向障碍，严重者昏迷。接触环氧乙烷后可发生暂时性精神障碍、共济失调、周围神经病变等。

循环系统：多继发于其他脏器或系统损害。环氧乙烷、酚类、醛类消毒剂可引起心肌损伤，出现心动过缓及期前收缩。臭氧、醇类消毒剂可扩张周围血管，引起血压下降。

血液系统：强氧化性消毒剂二氧化氯、氯胺、次氯酸钠等可引起高铁血红蛋白血症，血液中高铁血红蛋白含量达 10%，可出现头晕、头痛、乏力、胸闷等症状及发绀。氯胺、二氧化氯、过氧乙酸、来苏水等可引起溶血、血红蛋白尿，严重者发生肾衰竭。

内分泌系统：长期大量接触含碘类消毒剂可能会发生碘中毒。

(2) 可导致人体正常菌群失调

人体的正常菌群有维护组织器官生理活性，形成生物膜保护屏障，防止致病菌侵入的作用。如果滥用消毒剂，可造成人体多种有益细菌死亡，从而破坏定居在各腔道内正常微生物构成的生物膜保护屏障，给外来致病菌的侵入打开方便之门，造成难以治疗的二重和多重感染。

消毒用品中毒事件

2020 年 2 月，湖北黄冈某地 22 名村民因误食镇疫情防控指挥部下发的二氧化氯消毒片（俗称泡腾片）而致中毒，出现腹部不适，所幸经救治后 22 人身体状况稳定，无生命危险。

美国毒物控制中心协会数据显示，新冠疫情期间，民众因误服家用消毒剂而中毒的情况增多。《时代》周刊 12 日援引美国毒物控制中心协会数据报道，2020 年 1 月、2 月和 3 月，家用消毒剂意外中毒事件同比分别增加 5%、17% 和 93%；4 月意外中毒事件同比增加 121%；5 月前 10 天，情况有所好转，意外中毒事件同比增加 69%。

（来源：新京报，2020；新华社，2020）

10.3.4　消毒剂危害防治措施

严格按照《消毒产品生产企业卫生许可规定》《消毒产品生产企业卫生规范》和相关标准、规定,对生产企业进行卫生许可审核,严把企业准入关。强化消毒产品生产、经营和使用单位的监督,督促消毒产品生产企业落实出厂检验和不合格产品召回制度,监督消毒产品经营、使用单位落实进货查验、索证管理等制度,确保原料来源可追溯、产品流向清晰,严防不合格的消毒产品流入市场。

对于一般家庭,在选择消毒方法时应尽量选用物理消毒的方法,如餐具消毒宜首选煮沸消毒、高压锅消毒或者红外线消毒柜,室内空气主要是通风换气;使用腐蚀性强的消毒剂浓度不宜过高,时间不宜过长,消毒后尽快用清水洗干净;过氧乙酸和次氯酸钠的原液应放在避光阴暗处保存,配制时不要摇晃,现用现配,人在操作时应戴口罩、防护眼镜或游泳眼镜、手套,穿高筒胶鞋,不要用手直接接触原液,以免灼伤皮肤;在密闭的房间进行喷雾消毒时,操作者最好戴上口罩、防护镜和手套,实施消毒 30～60 min 后,通风 30 min 以上;一旦发现自己对某种消毒剂过敏,应当首先停用此种消毒剂。

消毒剂错误使用案例

洁厕灵加 84 消毒液混合使用致人中毒的事件层出不穷。2012 年 3 月,一男子因为将二者混合使用清洁厕所后出现呼吸急促、全身乏力,被诊断为轻度氯气中毒,经救治后脱离生命危险。2018 年 2 月,安徽省蚌埠市几名儿童玩耍将洁厕灵和 84 消毒液倒在了盆中,冒出刺鼻烟雾,最终导致一死三伤。2020 年 9 月,扬州市一名女子在打扫卫生时,误将洁厕灵和 84 消毒液混合在一起使用,导致吸入大量毒气,身体出现严重不适,后来被送到附近医院救治,最终脱离危险。

(来源:新华网,2012;安徽商报,2018;扬州晚报,2020)

10.4　杀虫剂与人体健康

当今世界对人类最致命的动物并非鳄鱼、大白鲨和非洲雄狮,而是蚊子。蚊虫看似微不足道,却可通过吸血传播登革热、疟疾、黄热病、丝虫病、乙脑、基孔肯雅热等疾病。长期以来,在蚊虫等媒介生物的防控中,高效、快速、广谱、方便的化学防控方法被广泛使用。但是长时间、大剂量、频繁地使用化学杀虫剂,使蚊虫等媒介生物对其产生了抗药性,增加了其控制难度。因此而不可避免地增加杀虫剂的使用剂量和使用次数,使安全性问题日益严重,这得到人们越来越多的关注。

10.4.1　杀虫剂及其分类

家用卫生杀虫剂主要用于家庭或公共卫生领域,控制病媒生物和影响人群生活的害虫,主要防治蚊、蝇、蚤、蟑螂、螨、蜱、蚁和鼠等。这类产品与农林领域的杀虫剂不同,家用卫生杀虫用品施用于人类居住的环境,其保护对象是人,能有效地防止媒介生物传播疾病,是人类健康的"卫士"。

我国家用卫生杀虫制品种类繁多,包括蚊香、电热蚊香片、电热蚊香液、杀虫气雾剂、杀蟑饵剂、杀蟑胶饵、蟑香、粘鼠板、驱蚊液(驱蚊花露水)、杀蟑烟片、防蛀剂等,目前我国家用卫生杀虫制品行业形成了以蚊香、电热蚊香片、电热蚊香液和杀虫气雾剂("四大金刚")为主的市场。

① 蚊香是一种传统驱蚊产品,已有 100 多年历史,蚊香的使用在除害驱蚊、灭蚊工作中起到重要作用。它由杀虫剂的有效成分、添加剂(颜料、防霉剂、助燃剂)、榆粉、碳粉、淀粉、粘木粉以及无味煤油等其他溶剂、香精配制而成。

② 电热蚊香片是以可吸性纸质片材为载体,添加杀虫有效成分制成的片剂,与恒温电加热器配套使用,在额定的加热温度下(一般在 165℃±5℃),有效成分以气体状态作用于蚊虫,起到驱(灭)蚊虫的效果。

③ 电热蚊香液与电热蚊香片一样,由驱蚊药液和电加热器组成,当电加热器接入电源后,产生的热量通过热辐射传递到药液挥发芯,挥发芯毛细管的虹吸作用使药液从瓶中吸至芯棒上端,在热辐射加热下增加挥散速度,对蚊虫产生驱赶、麻痹、击倒及致死作用。电热蚊香液凭借安全、健康、清洁、方便等优势,在家用杀虫产品"四大金刚"中独占鳌头。

④ 杀虫气雾剂是将药、乳液或混悬液与适量抛射剂充填于具有特制阀门系统的耐压容器中,使用时借助抛射剂压力突然释放将内容物喷出,产生高速气流,将药液雾化。由于药液雾粒直径很小,可以在空中悬浮、扩散。

10.4.2　杀虫剂的主要成分

(1) 拟除虫菊酯类

这一类药剂是近年来发展速度较快的药剂,也是当下运用较为广泛的药剂成分之一,其具有高杀虫性、广谱、击倒速度快、对人畜无毒害性的特点,主要运用于家庭除虫药剂复配中。

就家用杀虫剂而言,拟除虫菊酯类应用最广。拟除虫菊酯是一类类似于天然除虫菊属中天然除虫菊素的有机化合物,它是由天然除虫菊素改变结构后发展而来,可分为第一代和第二代。第一代拟除虫菊酯是菊酸衍生物和具有呋喃环和末端侧链部分醇的酯,其特征是对光、空气和温度敏感;第二代拟除虫菊酯一般为 3-苯氧基苄醇衍生物,具有优良的杀虫活性和足够的环境稳定性。因此,第一代拟除虫菊酯主要用于防治室内害虫,第二代用于控制农业害虫。拟除虫菊酯杀虫剂杀虫的基本作用原理是对电压敏感型钠离子通道的效应,即破坏轴突中钠离子通道,以此扰乱昆虫神经的正常生理,使之由兴奋、痉挛到麻痹而死亡。现阶段,家用卫生杀虫剂中主要的拟除虫菊酯种类有胺菊酯、丙烯菊酯、氯菊酯、氟氯氰菊酯、氰戊菊酯等,并通过顺反异构体生物酶拆分技术、旋光异构体的消旋、差相异构、无效体转为有效体等技术,不断进行改进优化。

（2）氨基甲酸酯类

此类药剂的主要合成药剂名称为仲丁威（巴沙）、残杀威,能够运用到蚊香中,对蚊蝇类害虫具有良好的灭杀效果,且将其与拟除虫菊酯进行复配,能够提高毒效,提高灭虫速度。

（3）生物杀虫剂

现阶段,我国使用的生物类杀虫剂成分主要为苏云金杆菌、球形芽孢杆菌。生物杀虫剂具有无污染、无残留、生物抗药性较低等特点,能够运用到生物杀虫剂的复配中,对蚊类幼虫的防治具有良好的效果,但是由于多种复杂因素,已经逐渐停止使用。

除此之外,为提高灭虫效果,杀虫剂中还会添加增效醚、增效胺、氧化胡椒基丁醚、八氯二丙醚等增效剂以抑制媒介生物解毒酶,降低有效成分的使用量,节约成本。蚊香液中还有氯仿、乙醚、苯等物质作为溶剂。卫生杀虫气雾剂溶剂包括油基、水基和醇基,油基杀虫气雾剂的溶剂主要包括脱臭煤油、喷气燃料、柴油等挥发性有机化合物;醇基卫生杀虫剂溶剂的主要成分是乙醇,但其成本较高;水基卫生杀虫剂溶剂主要成分是去离子水。

10.4.3　杀虫剂对人体健康的危害

（1）蚊香燃烧对健康的危害

据测算,点一卷蚊香放出的微粒,与燃烧 100 根左右香烟的数量大致相同,释放出的超细微粒,可以进入并留存在肺部,对此较为敏感的人群可能会在短期内受到刺激,引发哮喘,长期则会增加癌症风险。因此,不建议慢性阻塞性肺疾病、支气管哮喘患者使用传统蚊香。且蚊香在不完全燃烧时会产生多环芳香烃、羰基化合物、苯等致癌物质,危害人体健康。

蚊香燃烧时还会产生一定量的香灰,香灰中除了一部分的草木灰之外,还含有少量的铅、铬等重金属。这些香灰扩散到空气中,重金属以及附着在香灰上的细菌就会被人吸入呼吸道,可能会引发多种呼吸道疾病。

而电热蚊香液、电热蚊香片与蚊香相比,虽无须明火点燃,无烟、无灰、无异味,但如果通风不良,挥发有效物质浓度会升高,同时溶剂里面的挥发性有机物也会造成总挥发性有机化合物（TVOC）上升,对人体健康造成损害。

（2）杀虫气雾剂溶剂对健康的危害

目前的卫生杀虫气雾剂溶剂包括油基、水基、醇基。油基杀虫气雾剂的溶剂主要包括脱臭煤油、喷气燃料、柴油等挥发性有机化合物,可能会伤害人的肝脏、肾脏、大脑和神经系统。当居室中挥发性有机化合物浓度超过人体的耐受浓度时,在短时间内人体会有头痛、恶心、呕吐、四肢乏力等临床症状;严重时还会造成抽搐、昏迷、记忆力减退。居室内挥发性有机化合物污染已引起各国重视。水基卫生杀虫剂溶剂主要成分是去离子水,对环境影响较小,但是水基对罐体材料的要求比较高,容易造成罐体的腐蚀,造成泄漏。目前,我国气雾剂绝大多数产品为油基,大量使用油基作为溶剂,既影响生产者和使用者的健康,也会污染环境。

(3)杀虫剂有效成分对健康的危害

有机氯类杀虫剂对人的毒性主要表现在:刺激神经中枢,慢性中毒,临床表现为食欲不振、体重减轻,也可能有小脑失调、造血器官障碍等。有机磷类杀虫剂在动物体内与胆碱酯酶形成磷酰化胆碱酯酶,致使胆碱酯酶活性受抑制,不能起分解乙酰胆碱的作用,组织中乙酰胆碱过量蓄积,同时胆碱能使神经过度兴奋,引起毒蕈碱样、烟碱样和中枢神经系统症状。磷酰化胆碱酯酶一般约经 48 h 即"老化",不易复能,进而造成一系列的临床症状。氨基甲酸酯类与有机磷杀虫剂相同,也能抑制人体内胆碱酯酶,从而影响人体内神经冲动的传递。但氨基甲酸酯类杀虫剂中毒的发病快,恢复也快。

(4)拟除虫菊酯对健康的危害

① 神经毒性及其机制

拟除虫菊酯可以通过破坏轴突离子通道而影响神经功能造成昆虫死亡,这同样可以解释哺乳动物在发育过程中暴露于此杀虫剂的影响,即通过影响神经轴突的传导而导致肌肉痉挛等,进而造成人体的一系列神经症状。拟除虫菊酯杀虫剂不仅对动物具有神经毒性,造成其行为和运动能力异常,还可进一步造成新生儿神经障碍,使其成年后生活和学习困难。

② 生殖发育毒性及其机制

已有研究发现,拟除虫菊酯类杀虫剂可能是内分泌干扰物(EDCs),可以阻碍动物的内分泌系统功能,且有环境雌激素作用,即进入人体和动物体后,模拟雌激素作用或改变雄激素活性从而危害成年男性和孕龄女性的生殖系统,并造成其本身和子代的发育毒性。拟除虫菊酯杀虫剂虽然对哺乳动物的急性毒性较低,但是长期使用仍会对动物和人体的生殖系统有不同程度的危害,造成生育能力和质量下降,并有可能危害后代的健康。

③ 免疫毒性与肿瘤及其机制

毒理学研究发现,拟除虫菊酯杀虫剂对免疫系统的保护有抵抗作用,并且可能造成淋巴结和脾脏的损害。已有的研究机制解释,拟除虫菊酯杀虫剂的使用会引起脾脏抗体生成细胞数量增加,并加强自然杀伤细胞(NK)的活动能力以激活免疫系统;此外也会引起胸腺的重量减轻和肠系膜淋巴结重量的增加。拟除虫菊酯杀虫剂能够通过改变免疫系统的昼夜节律以及细胞因子而发挥作用。

对于拟除虫菊酯杀虫剂与肿瘤的关系,从细胞水平来说,癌症细胞中的间隙连接水平常趋向于低调节,并且已有证据表明间隙连接细胞间通信的缺失是造成癌变的重要步骤。而拟除虫菊酯杀虫剂中化学性质对细胞(小鼠胚胎成纤维细胞 Balb/c3T3)中的间隙连接有抑制作用,可以导致肝肿瘤。

虽然接触拟除虫菊酯杀虫剂可能增加免疫系统疾病和肿瘤的风险,但人类癌症与拟除虫菊酯杀虫剂的暴露资料却是有限的,还没有直接的证据显示拟除虫菊酯杀虫剂直接引发肿瘤,直到目前仍然存在相互矛盾的结果。

10.4.4　杀虫剂危害防治措施

我国是世界上家用卫生杀虫用品最多的国家,室内杀虫剂使用频繁,与人体接触密切,为减少其对人体健康及生活环境的危害,不仅需要相关部门的质量监督,也需要个人正确使用、注意防范。

(1)全面评价室内卫生杀虫剂可能带来的危害,建立科学的适合我国国情的室内卫生杀虫剂安全评价方法,以此优化家用卫生杀虫用品技术标准体系,规范现有技术,并健全监管制度,加强市场监管,确保市售产品质量安全可控。

(2)注重有效成分的选择与含量。目前杀虫剂成分基本大同小异,击倒剂多为胺菊酯等,致死剂多为氯菊酯等,为提高灭虫效果而提高有效成分含量不仅诱发害虫抗性发展,也对健康造成更大威胁,因此不可片面追求过快击倒速度,药效提高应注意限度。在混配杀虫剂的过程中首先考虑各成分之间的相互作用及对人体健康影响的联合作用,禁止在同一剂型或产品中使用 3 种有效成分。以低碳、低耗、节能、环保、生态为杀虫剂发展方向,注重降低杀虫用品的资源消耗,如蚊香生产采用竹炭粉、废木屑替代原料木材。注重引入新材料,开发以天然植物源为主要有效成分的灭虫产品。

(3)注意个人使用方法。首先,选择合适的杀虫用品,如孕妇最好不要使用蚊香液,可以选择使用灭蚊灯或蚊帐等物理防蚊措施;对于有慢性阻塞性肺疾病、支气管哮喘病史的患者,不建议使用传统蚊香;对蚊香或蚊香液等杀虫剂过敏的人并不罕见,如果使用后觉得不适,一定要及时停止使用,必要时就诊。拟除虫菊酯类杀虫剂切不可和碱性农药混合使用,如石硫合剂、松碱合剂、草木灰、肥皂水等。菊酯类农药虽对人畜低毒,但对人体皮肤、眼睛有刺激作用,切不可误食。掌握正确的施药方式,如使用气雾剂时的环境面积、房间的密闭程度、作用持续时间等,持续杀虫 1 h 后,应注意屋内通风。积极做好正确使用室内卫生杀虫剂的科普宣传工作,普及正确的施药方法和科学的用药理念,保证防治效果与使用安全。

杀虫剂中毒案例

2015 年 7 月,江西南昌一居民楼内居民因为放置磷化铝杀虫剂引发了一场悲剧,造成 6 人中毒,中毒的居民均出现了呕吐、头昏、腹痛、抽筋等症状,其中两人在医院抢救无效死亡。磷化铝因杀虫效率高、经济方便而被广泛应用,一般用作粮仓熏蒸较多,但是禁止用于家庭杀虫。事发天气潮湿,磷化铝与水分发生化学作用产生了大量的磷化氢气体,人体吸入后会引起头晕、头痛、乏力、食欲减退、胸闷及上腹部疼痛等,严重者会导致脑水肿、肺水肿、肝肾及心肌损害、心律失常等。

(来源:张瑨瑄,中国日报,2015)

10.5 化妆品与人体健康

10.5.1 化妆品及其分类

《化妆品卫生规范》(2007年版)规定,化妆品是指以涂擦、喷洒或者其他类似的方法,散布于人体表面任何部位(皮肤、毛发、指甲、口唇等),以达到清洁、消除不良气味、护肤、美容和修饰目的的日用化学工业产品。

化妆品按其对人体的作用可分为以下几大类。①护肤类:包括润肤霜、护肤霜、冷霜、珍珠霜、雪花膏等。②发用类:包括护发素、香波、摩丝、发胶等。③美容修饰类:包括爽身粉、胭脂、唇膏、眉笔、睫毛膏、指甲油、面膜等。④芳香类:包括香水、花露水等。⑤特殊用途类:包括脱毛、除臭、祛斑、防晒、烫发等。

10.5.2 化妆品中的有毒物质

化妆品的主要成分是基质和辅料。基质包括油脂、蜡、滑石粉类、水、有机溶剂(如乙醇、甲苯等);辅料有乳化剂、助乳剂、香精、色素、防腐剂、抗氧化剂等。其中含有许多对人体有害的化学物质及微生物污染物。

化妆品中有毒有害物质的来源大致可以分为四类。第一,化妆品生产制作过程中按照国家标准适量加入。第二,为了降低生产成本或达到特殊效果而非法添加。如化妆品中加入廉价的氯化氨基汞以干扰黑色素的生成,迅速提升美白效果。第三,化妆品原料中化学物质的无意带入,如由于一些有毒化学物质难以彻底去除,而极易携带在原材料上。第四,化妆品工艺生产中有害物质的无意带入(主要是重金属),在化妆品生产过程中,设备质量不过关、设备清洗不达标、运输和存储过程不合格以及包装过程中使用的催化剂、氧化剂、包装袋,都有可能混入重金属杂质,导致化妆品重金属超标。

化妆品中含有的主要有毒物质如下。

(1)重金属:引起化妆品中毒或不良反应的主要成分是重金属类物质。调查发现,有将近20%的化妆品存在重金属超标的情况,其中危害性最大的主要为铅、汞、砷和镉。

铅能够增加皮肤的洁白,且有很强的附着和遮盖能力,因此在化妆品的生产工艺中,铅常以氧化铅的形式被过量添加到遮瑕产品和美白产品中。为避免铅中毒,在遮瑕类产品中使用更多的是钛白粉(二氧化钛)、锌白粉(氧化锌)等,但由于氧化铅成本低廉,仍有许多企业非法使用。目前国家规定,铅在化妆品中最高限量为10 mg/kg。

汞在化妆品中的主要存在形式有两种:氯化汞和硫化汞。汞离子可以置换人皮肤内酪氨酸酶的阴离子,使该酶失活,从而干扰酪氨酸变成黑色素,因此氯化汞常被添加到有美白、祛斑功效的化妆品中。硫化汞,又名朱砂,由于颜色鲜艳持久,常添加于胭脂、口红中。

砷是化妆品中除了铅和汞以外危害最大的元素。砷及其化合物广泛存在于自然界中,化妆品原料在化妆品生产过程中也容易被砷污染。砷能促进皮肤对化妆品的吸收,具有美白淡斑的功效,因此常被过量添加到功能性化妆品中。

镉和锌常在自然界中共存。镉及其化合物并没有美容作用,是化妆品禁用物质,但是经常出现在化妆品中。因为粉饼、粉底经常用到的闪锌中有镉的存在,它作为杂质就被带入了化妆品中。

(2) 激素:化妆品中激素主要是指类固醇类激素,也称甾体激素,按药理作用可以分为性激素和肾上腺皮质激素。性激素主要包括雄激素、雌激素和孕激素。激素类化妆品对美白、祛斑等功效有立竿见影的效果。在祛斑类化妆品中,一些活性成分的添加往往容易导致皮肤炎症,而添加雌激素就能在祛斑的同时消除炎症。同时,雌激素也经常会被添加在丰胸等产品中,经皮肤吸收,促进局部乳腺发育。

(3) 抗生素:抗生素又称抗菌素,化妆品中的抗生素一般有磺胺类、硝基呋喃类、喹诺酮类及硝基咪唑类等。这些抗生素主要添加在祛痘除螨类化妆品中。不法商家为达到祛痘效果,在化妆品中违禁加入抗生素会诱发菌群失调,极易引起接触性皮炎、抗生素过敏等疾病。

(4) 防腐剂:防腐剂是可以阻止微生物菌群生长及繁殖的物质,化妆品中添加防腐剂是为了延长化妆品的保质期,保证产品质量,使得化妆品免受或最大限度减少微生物污染,它是化妆品的重要组成部分。防腐剂添加量不足,可能不足以抑制微生物的生长繁殖,反而会使其产生耐药性,致使防腐剂失效;添加的防腐剂超过一定浓度和剂量时,就会对人体皮肤造成一定的伤害,如出现皮肤过敏、皮炎等各类症状,长期的防腐剂积累将会加速黑斑的形成。化妆品防腐剂主要分为五类:醇类,如苯甲醇和苯氧乙醇等;甲醛供体和醛类的衍生物,包括重氮咪唑烷基脲、羟甲基甘氨酸钠等;苯甲酸及其衍生物,如对羟基苯甲酸酯类;季铵盐类,代表产品是苄索氯铵、聚六亚甲基双胍、洁尔灭等;其他有机物,最有代表性的是 3-碘代丙炔基氨甲酸丁酯。

(5) 防晒剂:《化妆品安全技术规范》(2015 年版)中明确指出,防晒剂是指利用光的吸收、反射或散射作用,以保护皮肤免受特定紫外线所带来的伤害或保护产品本身在化妆品中加入的物质。通常,按照防护作用机制可将防晒剂分为紫外线散射剂和紫外线吸收剂两类。防晒剂一般多用于防晒类的产品,主要是为了增强防晒的功效,以防止紫外线对皮肤造成伤害,常用的防晒剂是甲氧基肉桂酸乙基己酯。

(6) 着色剂:着色剂是指利用吸收或反射可见光的原理,为使化妆品或其使用部位呈现颜色而在化妆品中加入的物质(不包括染发剂)。通常化妆品用着色剂根据其作用、性能和着色方式可分为染料和颜料两大类,染料又分为天然染料和合成染料,颜料则分为无机颜料和有机颜料;按其来源则可分为合成色素、无机色素和动植物天然色素三大类。随着合成技术的进步,珠光颜料和高分子粉体也已被广泛使用。大多数的合成色素来自煤焦油产物,是偶氮类化合物,往往会对人体造成不同程度的危害,例如,一些合成色素可引起光敏反应,导致生育能力下降、畸胎,甚至诱发癌症。《化妆品安全技术规范》(2015年版)对化妆品禁用的着色剂种类、准用着色剂的适用范围以及其限量都作了明确的规定。

(7)染色剂:如对苯二胺、间苯二酚、对苯二酚等。对苯二胺常用于染料及其中间体合成,也用作皮毛染色。经呼吸道而引起中毒的可能性几乎不存在,但如不慎经口进入体内,则毒性剧烈。间苯二酚,别名雷琐酚、雷琐辛,含有3%~25%的间苯二酚水溶液或油膏涂在皮肤上可引起局部充血、瘙痒、皮炎、水肿、溃疡等。严重时可引起烦躁不安、高铁血红蛋白血症、发绀、抽搐、心动过速、呼吸困难等,还可以引起致敏作用。氢醌是对苯二酚的别名,用于醌类染发剂,毒理性质属于高毒类,在化妆品卫生规范中,对染发用的着色剂有着严格的要求。

(8)微生物污染:微生物在自然界中广泛存在,而化妆品的原料、添加剂中含有大量微生物生长繁殖所需要的营养物质,如蛋白质、多元醇、油脂、胶质及大量水分,在适宜的温度、湿度等条件下微生物可大量繁殖,造成化妆品的污染。化妆品中微生物的污染主要有两种途径:一种是在化妆品的制造过程中受到微生物的污染,包括设备、原料、生产及包装四个过程,称为化妆品的一级污染;另一种途径是在消费者的使用过程中造成的污染,称为化妆品的二级污染。

(9)其他有害物质:塑料微珠是一类替代天然物质广泛运用于个人护理品和化妆品中的人工合成聚合颗粒,可以起到成膜、定型、黏度控制、皮肤调理等作用,被添加到洗发水、眼影、腮红、睫毛膏等化妆品中,主要分为热塑性塑料和热固性塑料。虽然目前还没有足够的证据证明塑料微珠可以通过皮肤暴露途径对人体造成直接危害,但人类却可能因为食用摄入了塑料微珠的鱼类、贝类等海产食品而致使体内蓄积塑料微珠。

邻苯二甲酸酯是一类起软化作用的化妆品,被普遍应用在头发喷雾剂、香皂、洗发液、指甲油、劣质香水等产品之中。还有一些风险物质可能在彩妆生产过程中被带入,如随甘油带入的二甘醇在唇彩中常见,乙醇带入的甲醇在指甲油中常见,随苯氧乙醇带入苯酚、二噁烷在多种彩妆中可见,随矿物原料或天然原料带入的全氟及多氟烷基化合物(PFAS)在多种化妆品中被检出等。

10.5.3 化妆品对人体健康的危害

(1)皮肤损害

化妆品的使用可能引起不同类型皮肤的损伤,导致皮肤发生红斑、肿胀、水疱、脱屑、色素沉着等异常变化,目前化妆品皮肤病分为6类:化妆品接触性皮炎、化妆品光感性皮炎、化妆品痤疮、化妆品皮肤色素异常、化妆品毛发损害、化妆品甲损害。其中由于化妆品过敏或刺激导致的接触性皮炎约占化妆品皮肤病的90%以上。

① 化妆品接触性皮炎

化妆品接触性皮炎(CD)是皮肤与化妆品接触后诱发的急慢性皮肤炎症反应。根据发病机制的不同通常将其分为两类,分别是通过免疫反应(Ⅳ型变态反应)引起的变应性接触性皮炎(ACD)和因化学性刺激引起的刺激性接触性皮炎(ICD)。

变应性接触性皮炎也称过敏性接触性皮炎,是由 T 淋巴细胞介导的抗原特异性皮肤过敏反应,以抗原刺激后局部皮肤出现一系列的皮肤炎症细胞浸润、炎症介质释放为特征,属于迟发型变态反应。ACD 通常表现为界限清楚的瘙痒性湿疹性皮疹,可以是急性的(红斑、水泡和/或水肿)或慢性的(苔藓化或脱屑性斑块)。刺激性接触性皮炎是即发性过敏反应,指正常皮肤接触刺激而引起的组织细胞损伤,是不产生特异性抗体的皮肤炎症。ICD 患者有明确的化妆品接触史,接触化妆品后在接触部位出现红斑、丘疹、水肿、水疱、糜烂、渗液、结痂等,患处瘙痒、灼热或疼痛。

化妆品接触性皮炎的常见过敏原主要有以下几种:防腐剂是引起化妆品接触性皮炎的最常见成分,在统计的化妆品皮炎致敏物中约有 30%～40% 为防腐剂,特别是甲醛和甲基异噻唑啉酮的过敏率一直处于高水平;香料香精也是引起化妆品皮炎的常见因素,约占化妆品皮炎致敏物的 20%～30%;乳化剂是引起化妆品接触性皮炎的另一主要因素,约占致敏物的 15%。

② 化妆品光感性皮炎

在紫外线照射条件下,化妆品中的光感物质引起的皮肤黏膜炎症性改变称为化妆品光感性皮炎。大多数光感性反应以湿疹为特征,含有光感物质的化妆品主要是防晒剂、染料和香水类等。化妆品中还会有某些物质能增加皮肤对光的敏感性,日光照射后这些物质对皮肤产生毒性刺激导致损伤。

③ 化妆品痤疮

化妆品使用不当还可引起痤疮,皮疹表现与青春期发生的痤疮相似,多发生于面部,以炎性毛囊性丘疹及白头粉刺较多见,黑头粉刺较少见,含有乙酰化羊毛醇、可可脂、椰子油、羊毛脂酸等成分的化妆品容易引起痤疮。油性皮肤的人如经常使用面霜类化妆品,可因皮肤皮脂腺和汗腺阻塞,影响皮脂从皮脂腺导管排出致皮脂积聚于毛囊形成乳酪样物质,出现痤疮。

④ 化妆品皮肤色素异常

化妆品可引起多种炎症反应,其中的炎性介质可通过刺激黑色素细胞分裂合成黑色素,引起皮肤色素暗沉,但并非所有炎症都继发色素沉着,长期、慢性皮炎甚至可继发色素衰退。一些劣质化妆品中铅含量严重超标,可以直接导致面部色素沉着;化妆品中的光感物质介导的光毒及光敏反应也可继发色素沉着;2013 年日本嘉娜宝企业产品造成的"杜鹃醇白斑"事件,就是消费者使用含了氢醌的美白产品后脸部出现了白斑,这是黑色素细胞长期在氢醌的毒害下死亡造成的。

⑤ 化妆品毛发损害

头发由毛干、毛根和毛囊三部分组成。毛干是露出皮肤的部分,主要成分是角蛋白,可分 3 层:毛髓质、毛皮质和毛小皮。毛小皮是毛发的最外层,阻挡来自外界轻微的理化因素损伤。烫发时烫发剂穿过毛小皮到达毛皮质内,通过化学反应令头发膨胀。烫发可以直接损伤毛小皮,令头发表面粗糙甚至剥蚀。染发则是染发剂与毛小皮接触后通过细胞膜进入毛皮质,进一步浸透、扩散至毛髓质,从而改变头发的颜色。染发剂使用时间过长,头发逐渐被剥蚀,从而变得粗糙,失去光泽。因此烫发剂和染发剂对头发均有不同程度的损伤。

⑥ 化妆品指甲损害

美甲化妆品主要分为 3 类:甲修护用品、甲涂彩用品、甲卸妆用品。主要的成分包括有机溶剂、树脂、染料等。对美甲化妆品的刺激性及致敏性反应通常发生在距离指甲油较远的部位,指甲可表现为柔软、断裂、纵裂或横裂。与其他指甲油相比,丙烯酸指甲油更容易引起甲沟炎和翼状胬肉。对指甲化妆品过敏的患者更常发生面部、眼睑或颈部 ACD。

(2)眼部损害

在使用化妆品时,若不注意眼部的保护,眼睛会受到伤害,患各种各样的眼病。

① 睑缘炎

睑缘炎又称眼睑过敏性皮炎,一般少数人经过几天的反复接触后形成过敏状态,当再次接触时,就发生皮炎。发生睑缘炎后,轻者表现为眼睑红斑、轻度水肿;重者可出现溃疡,日后遗留瘢痕,使容颜受损。胭脂中的滑石粉、陶木粉、淀粉、氧化锌、硬脂酸锌等,眉笔笔芯中卡那巴蜡、精炼蓖麻油、鲸油、羊毛脂、白蜡、地蜡、可文白塔油等均可能成为引起睑缘炎的过敏原。

② 角膜炎

由于化妆品都是无机物或有机物,渗透压及酸碱度都不很讲究,进入眼内都会引起损伤,如在画眉或画眼线时黑色的涂料最易掉入眼睑内而引起异物性刺激,未及时处理可损伤浅层角膜或引起结膜炎、角膜炎。如长期使用、多次污染眼睛,则可变成慢性结膜炎、角膜炎,长期痒痛不适,甚至白眼珠变黄,色素沉着。化妆品的粉尘颗粒落入眼内,可产生眼红、疼痛、畏光、流泪。

③ 结膜染色症

一些有颜色的化妆品,如胭脂、口红、眉粉、香水等进入眼内,可将眼结膜染成黄色,或有色素沉着。

④ 角膜真菌病

睫毛膏中常发现有茄病镰刀菌污染,一支新的睫毛膏在使用前污染率仅为 1.5%,而在使用中污染率可急剧上升到 60%。这种病菌可引起人的角膜真菌病,严重者可导致失明。

⑤ 角膜灼伤

造成这种眼病的原因主要是使用染发剂。染发剂毒性较大,由苯胺类物质制成,渗透性较强,对眼的危害也较严重。国内近年来有因染发剂致眼伤或过敏性结膜炎的案例,甚至有致角膜混浊、虹膜炎、晶状体混浊、白内障而失明者。

（3）全身性损害

化妆品中的有毒有害物质主要通过皮肤、呼吸道进入人体,可随血液循环到达身体各处并在体内蓄积,造成全身性的机体损害。

使用重金属含量过高的化妆品可造成体内重金属的蓄积,甚至出现中毒反应。铅中毒患者轻则头晕、恶心、呕吐,重则引起神经炎、中毒性脑病、不孕不育等;人体长期使用汞含量超标的化妆品会造成神经系统与肾脏功能受损,使人感到头晕乏力、失眠、全身酸痛,严重时出现血尿、尿毒症等症状;过量砷元素可导致心肌损伤和肝脏病变,砷也具有神经毒性,可能导致头痛、嗜睡、记忆力下降以及不同程度的脑损伤等。

化妆品中雌激素的滥用会导致激素依赖性皮炎、内分泌失调,长期使用会提升乳腺癌发病率。调查发现,导致儿童青春期提前的最常见原因是儿童无意中接触使用含有性激素的药物,如面霜、洗发水等化妆品。

指甲油中的邻苯二甲酸酯进入人体后,会造成多种多样的危害,其具有致癌性、致畸性以及免疫抑制性。尤其是其含较弱的雌性荷尔蒙活性成分,进入动物及人体后,与相应的激素受体结合,干扰内分泌,造成生殖功能异常和生殖毒性。

染发剂中的氢醌成人误食 1 g 可引起耳鸣、恶心、眩晕、窒息、呼吸加速、呕吐、面色苍白、呼吸困难等症状。染发剂中还有许多致癌性物质如二甘醇、甲醇、苯酚、二噁烷等。

劣质儿童护肤品危害

2021 年 1 月,一起疑似婴儿护肤品引发"大头娃娃"的事件引起了人们对儿童护肤品的关注。目前儿童化妆品被检出的禁用成分主要有抗生素和激素,还有超限添加防腐剂等。检测机构对 8 款热卖的宣称"纯天然"可治疗湿疹的宝宝霜进行检测,结果显示,这 8 款产品中有 4 款明确含有激素,2 款检测到激素,但无法检测出具体含量。记者在国家药监局公布的数批次化妆品抽检通告中,也发现不少婴幼儿护肤产品的影子。如2020 年 9 月,武汉一家公司生产的芷御坊肤乐维肤膏 1 批次婴幼儿护肤类产品中检出禁用物质克霉唑,克霉唑为广谱抗真菌药,具有杀菌止痒的作用,但在儿童护肤品中禁用。

（来源:黄江林,等,春城晚报,2021）

10.5.4　化妆品危害预防措施

（1）建立统一的化妆品安全法律体系和化妆品安全监管机构

化妆品安全法律体系既是企业在化妆品生产流通全过程中所应遵守的准则,也是政府部门执法和监管的依据。只有建立科学、系统、完善的化妆品安全法律体系,才能使企业有章可循、政府监督有法可依,才能真正全面地规范化妆品市场,切实有效地预防化妆品安全事件的发生。

结合我国具体国情,改革和完善我国化妆品安全监管体制,健全化妆品质量和安全控制体系,使我国化妆品安全监管能够尽快从当前的初级阶段迈向"科学高效"模式的更高监管阶段,确保人民的化妆品使用安全,加快与国际接轨的发展进程。

(2) 加强个人对化妆品危害的防护

① 选择化妆品时的注意事项

选择优质化妆品,注意检查化妆品有无商标、生产日期、生产企业名称及卫生许可证编号。选择药物化妆品时,还应注意产品有无卫生部门的特殊用途化妆品批准文号。为防止化妆品中有毒物质(如水银)及致癌物质的危害,应选用经国家卫生健康委员会批准的优质产品。一旦发现化妆品对自己皮肤有不良反应,应立即停用。选用适合的化妆品,如油性皮肤应选用水包油型的霜剂,干性皮肤应选择油包水型的脂剂,敏感型皮肤应选用刺激性小的化妆品。

② 使用化妆品时的注意事项

要防止过敏反应,在使用一种新的产品前,要先做皮肤试验,无发红发痒等反应时再用;应根据气候使用不同类型的化妆品,寒冷干燥的冬季宜用含油性大的化妆品,春夏秋季宜用水分大的化妆品;化妆品只供外用,避免吃进体内,为慎重起见,最好在饮食前擦去口红,以免其随食物进入体内;睡眠时应将皮肤上涂的化妆品洗去,不要涂着化妆品入睡,以免对皮肤造成伤害。

防晒霜成分可经皮肤吸收

美国食品和药物管理局药物评价与研究中心研究人员召集 24 名健康志愿者参与测试。研究中,志愿者连续 4 天、每天 4 次分组使用不同性状和品牌的防晒霜涂抹全身75%的皮肤。志愿者第一天使用防晒霜之后,研究人员即发现其血液中氧苯酮等 3 种化学成分水平持续升高,且超出美国食品和药物管理局有关标准。停用防晒霜后,这些化学成分仍停留志愿者体内至少 24 个小时。研究人员认为,人体全身会吸收防晒霜成分,有必要进一步研究其临床意义,但消费者没必要因此停用防晒霜。

(来源:胡珍,中国妇女报,2021)

思考题

1. 常见家用化学品有哪些? 过度使用家用化学品对环境有什么危害?

2. 洗涤剂主要成分是什么? 对人体健康有哪些危害?

3. 根据消毒成分的不同,化学消毒剂可以分为哪些? 对人体健康有什么危害? 使用时有哪些注意事项?

4. 杀虫剂主要有效成分是什么? 对人体健康有哪些危害?

5. 化妆品中常出现哪些有毒重金属？会对人体造成什么影响？

6. 谈谈如何预防家用化学品对健康的危害。

参考文献

[1] 秦景新,韦献飞.家用化学品与健康[J].中国医学文摘内科学,2005,04:149-153.

[2] 白雪涛.生活环境与健康[J].生活环境与健康,2004.

[3] 刘春光,莫训强.环境与健康[M].北京:化学工业出版社,2014.

[4] 彭焕芝.洗涤剂中的助洗剂[J].中国检验检疫,2004(3):1.

[5] 许秋瑾,应光国,夏青,等.洗涤剂对水环境的风险及防控对策建议[J].环境工程技术学报,2019,9(6):775-780.

[6] 刘子鑫.消毒及消毒剂简介[J].中国兽医杂志,2004,40(7):37-38.

[7] 栗建林.消毒剂危害及其安全使用方法[J].中国全科医学,2006,9(13):1087-1088.

[8] 王海英.家用化学消毒剂的健康使用[J].自我保健,2009,000(6):34-35.

[9] 马业萍,赵小凌.杀菌剂在家用洗涤剂中的应用及研究进展[J].中国洗涤用品工业,2020(3):6.

[10] 麻毅,姜志宽,韩招久.中国家用卫生杀虫制品行业发展概况[J].中华卫生杀虫药械,2015,21(6):550-554.

[11] 魏孝侃.室内使用卫生杀虫气雾剂对人体安全风险评估的探讨[D].北京:中国疾病预防控制中心,2017.

[12] Kaneko H . Pyrethroids：Mammalian Metabolism and Toxicity[J]. Journal of Agricultural and Food Chemistry，2011，59(7)：2786-2791.

[13] 李蓓茜,王安.拟除虫菊酯杀虫剂的毒性和健康危害研究进展[J].生态毒理学报,2015,10(6):29-34.

[14] 王影,王野.浅谈化妆品与健康[J].生物技术世界,2012(5):45-46.

[15] 谭景容,伟刘,张裔婷,等.化妆品中重金属检测方法的调查研究[J].分析化学进展,2020,10(4):122-129.

[16] 王海涛,何聪芬,董银卯.化妆品接触性皮炎的发病机理探究[C]//中国香料香精化妆品工业协会.第七届中国化妆品学术研讨会论文集,2008:282-286.

[17] 曹蕾,范卫新,王磊.烫发和染发对头发损害及护发素对其修护作用[J].临床皮肤科杂志,2008,37(6):351-353.

[18] 倪楠,夏汝山.化妆品接触性皮炎[J].皮肤科学通报,2020,37(2):163-168.

[19] 曲建翘.化妆品中有害物质对人体的危害[J].安全,2013,34(12):33.

[20] 李哲,张煜琳.2016—2018年全国化妆品抽检结果分析[J].日用化学品科学,2019,42(8):30-33.

第11章 食品安全与健康风险

11.1 食品安全

11.1.1 我国食品安全现状

11.1.1.1 食品原料安全状况

食品原料缺乏安全性是引发食品安全问题的主要原因,其具体表现为:食品原料种植或养殖过程中,农药、化肥、复合饲料和兽药等化学药品使用缺乏科学性,导致食品原料残存的激素、抗生素、农药或其他有害物质超标,从而影响食品的质量和安全;一些不良厂家采用的原材料本身就存在严重的污染,例如采用重金属和有毒物质超标的水体,进而严重影响食品的质量。

11.1.1.2 食品生产安全状况

市场经济背景下,许多食品生产企业为谋求更高的经济效益,忽视食品生产过程中的质量和安全控制,使大量不合格、不安全食品流入市场,从而引发严重的食品安全问题。食品生产安全状况不佳主要体现在四个方面:使用劣质食品原料;未按相关规定正确使用食品添加剂,如超量使用增白剂、防腐剂和甜味剂等;私自添加非食品性化学添加剂,如吊白块、二氧化硫和苏丹红等;采用不当的食品包装。

11.1.2 全球食品安全现状

据世界卫生组织估计,全球每年约6亿人因食用受污染的食物而患病,约42万人死亡,其中多数是由食品中致病微生物污染引起的(表11-1,表11-2)。我国研究资料也表明,微生物因素是引起食源性疾病的重要因素,潜在的食品安全隐患不容忽视。食源性疾病是由细菌、寄生虫、病毒或化学物质污染的水或食物进入人体后导致的,具有毒性或传染性。食源性疾病多达 200 种,其中多数由微生物引起,如沙门菌、金黄色葡萄球菌、副溶血性弧菌、大肠埃希菌、产气荚膜梭菌等。发病症状通常以呕吐、腹泻以及腹痛为主。婴儿、老年人和孕妇的抵抗力和免疫力较低,如果发生食源性疾病,其健康会受到更严重的影响。因此,加强对食品中致病微生物的研究与监测,进而采取有效的防控措施显得至关重要。

表 11-1　国外食品安全案例

事件名称	发生时间	波及范围	原因	结果
日本富山镉污染引发"痛痛病"事件	1955—1977 年	日本富山县	食用及使用被含"镉"废水污染的稻米	死亡人数达 200 多,流行该地区 20 多年
日本熊本甲基汞污染引发"水俣病"事件	1956 年	日本熊本县	日本氮肥公司排放含汞污水通过食物链最终被动物和人类食用	确诊 2 265 人,水俣湾的鱼虾不能再食用
伊拉克麦粒汞中毒事件	1971 年	伊拉克	甲基汞浸泡的麦粒被农民误食	大批农民死亡
美国加州李斯特菌污染食物事件	1985 年	美国洛杉矶	婴儿与孕妇食用被单增李斯特菌污染的奶制品	142 个病例,52 人死亡
英国孔雀石绿污染水产品事件	2005 年	英国	渔民与鱼贩用孔雀石绿来预防鱼的疾病,延长鳞受损鱼的寿命	
英国苏丹红事件	2005 年	波及全球多个国家的跨国公司	食品中发现含有致癌性的工业染色剂"苏丹红 1 号"	英国下架食品 500 种,亨氏、联合利华等 30 家企业召回 359 种食品
日本醋酸苯汞农药污染大米事件	2008 年	日本	(残余农药超标及发霉)大米被伪装成食用米卖给酒厂、学校、医院等 370 家单位	
德国 O104:H4 大肠埃希菌感染事件	2011 年	德国	葫芦巴种子被一种新型变异大肠埃希菌菌株污染导致	53 人死亡,3 950 人以上受到影响
欧洲"毒鸡蛋"事件	2017 年	欧洲	杀虫使用含氟虫腈成分并未清除,残留在鸡蛋中	138 家农场被关停。将近百万母鸡被扑杀

表 11-2　国内食品安全案例

事件名称	发生时间	波及范围	原因	结果
高致病性禽流感事件	1997 年	中国、韩国、日本等国	人与鸡密切接触导致人感染病毒	全球约 393 人感染
"瘦肉精"事件	1998 年	中国	"瘦肉精"喂养的猪肉导致人食物中毒	北京、上海、香港近千人出现中毒症状
阜阳劣质奶粉"大头娃娃"事件	2004 年	中国安徽阜阳	婴儿食用"无营养"劣质奶粉出现营养不良综合征	229 名婴儿因食用劣质奶粉发病,189 人营养不良,12 人死亡
"三聚氰胺"事件	2008 年	中国	为提高奶制品中蛋白质检测值,非法添加三聚氰胺	全国范围影响 30 万婴幼儿,造成 6 人死亡,5 万名婴儿被迫住院治疗

续 表

事件名称	发生时间	波及范围	原因	结果
"地沟油"事件	2010 年	中国浙江金华市	屠宰场的废弃物压榨成油脂贩卖给食品油加工企业,制成食品	食用一定量后容易造成腹泻、腹痛,并含有较高致癌风险
老酸奶"工业明胶"事件	2012 年	中国	用皮革厂的皮革屑、边角料来替代动物鲜皮、骨料作为明胶原料	工业明胶含有六价铬离子,过量食用可导致神经系统中毒

11.1.3 食品安全存在的问题

食品安全基本可以归纳为六类问题:营养失调,微生物致病,自然毒素,环境污染物,人为加入食物链的有害化学物质,其他不确定的饮食风险。其中,就较发达国家中涉及人群之多和范围之广而言,营养失调在当代食品安全性问题中已居首位。在食品相对丰裕的条件下,饮食结构失调使高血压、冠心病、肥胖症、糖尿病、癌症等慢性病显著增多。这说明食品供应充足不等于食品安全性改善。高能量、高脂肪、高蛋白、高糖、高盐和低膳食纤维以及忽视某些矿物质和必要维生素摄入,都可能给人的健康带来慢性损害。而有些矿物质和维生素摄入量过多(例如硒、维生素 A 等)也可能引起严重后果。微生物因素导致食品腐败变质、微生物毒素及传染病流行是多年危害人类的顽症。人类历史上一些猖獗一时的瘟疫,在医药卫生及生活条件改善的情况下,已受到一定程度的控制。但事实证明,人类与病原微生物较量中的每一次胜利,都远非一劳永逸,原因是社会经济及文化发展不平衡,食品生产与消费方式改变,病原微生物适应性和抗性在与人类的共同进化中不断提高。营养不平衡问题在很大程度上是由个人行为决定的,而微生物污染致病始终是行政和社会控制的首要重点。

自然毒素是指食品本身成分中含有的天然有毒有害物质,如一些动植物中含有生物碱、氢氰糖苷等,其中有一些是致癌物或可转变为致癌物。食品在人为特定条件下产生的某些有毒物质也多被归入这一类。如粮食、油料等在从收获到贮存过程中产生的黄曲霉毒素,食品高温烹饪过程中产生的多环芳烃类,都是毒性极强的致癌物。实际上天然的食品毒素广泛存在于动植物体内,所谓"纯天然"食品不一定是安全的。

环境污染物在食品成分中的存在有自然背景和人类活动影响两方面的原因。其中,无机环境污染物在一定程度上受食品产地的地质地理条件影响,但是更为普遍的污染则主要是工业、采矿、能源、交通、城市排污及农业生产等带来的,通过环境及食物链危及人类饮食健康。无机污染物中的汞、镉、铅等重金属及一些放射性物质,有机污染物中的苯、邻苯二甲酸酯、磷酸烷基酯、多氯联苯等工业化合物及二噁英、多氯氧芴等工业副产物,都具有在环境和食物链中富集、难分解、毒性强等特点,对食品安全性威胁极大。在人类环境持续恶化的情况下,食品成分中的环境污染物可能有增无减,必须采取更有效的措施加强治理。

　　人为加入食物链的化学物质,包括农牧业生产及食品加工过程中为保障生产、提高质量及安全性所使用的多种化合物,既有人工合成的,也有自然生成的,其应用数量、残留量及稳定性均极不相同。农药、兽药、饲料添加剂及食品添加剂等成为当今人们在食品安全性方面的关注焦点,原因有多方面。科技发展加深了人们对某些化学残留物性质及规律的认识,消费者风险意识、对食品质量及安全性的要求提高了。中国正处于工农业生产迅速发展过程中,这类化学物质引起的食品安全性问题呈潜性上升趋势。从世界范围看,科技界、企业界和管理部门为降低这类物质所致的食品风险,投入了巨大的人力、物力和财力。美国近年提出要对现行各种农药残留限量作重新审定,改变以"良好生产措施"为确定限量标准依据的做法,代之以对人体健康影响为依据的方法,以提高安全性保险系数,并要求在制定残留限量方面对儿童和婴儿这一敏感群体给予特别的保护。此外,为加强致癌化合物的控制,一批农药可能被禁用。这一切都反映了在科技与社会进步过程中,该类化学物质加强管理、减少饮食风险的总趋势。

　　由于科技进步、管理水平及社会发展的不平衡性,食品安全性问题的内涵及轻重缓急在不同国家、不同地区不完全相同,公众对食品安全性的认知也有不同程度的差距。但是从民族健康与繁荣、社会进步与可持续发展的角度来看,充分、全面地理解食品安全性问题的意义与趋势,则是一个普遍的、至关重要的课题。

　　食品污染是影响食品安全的主要问题,按其污染来源分为两大类:食品生物污染、食品化学污染。食品化学污染的来源比较复杂,本书仅从农药污染、食品添加剂污染和食品包装污染三个方面进行分析。

11.2　食品生物污染与健康

11.2.1　食品的细菌性污染

　　食品被致病菌污染后,在适宜温度、水分和营养条件下,致病菌大量繁殖,分泌毒素,食用前不经加热处理会引起食物中毒。细菌性食物中毒主要源于动物性食品,如肉、蛋、鱼等。引起食物中毒的细菌主要有沙门菌、金黄色葡萄球菌、大肠埃希菌、副溶血性弧菌、李斯特菌、肉毒梭菌等(图 11-1)。食用未经加热处理的细菌污染食物尤其是动物性食物,容易引起腹泻、呕吐、发热等症状。

11.2.1.1　沙门菌

　　沙门菌污染食品导致的食品安全事件遍及全球,沙门菌是各国公认的食源性疾病首要病原菌,据 FAO/WHO 微生物危险性评估专家组织报告的资料,沙门菌的发病率分别为:澳大利亚 38/100 000;德国 120/100 000;日本 73/100 000;荷兰 16/100 000;美国 14/100 000。俄罗斯中部城市彼尔姆发生 150 名中学生食物中毒事件,原因是学校食堂的

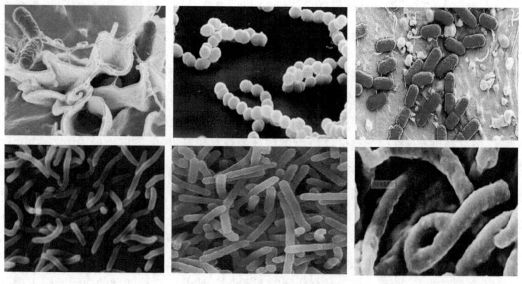

图 11-1 引起食物中毒的细菌

注：从左到右从上到下分别为：①沙门菌，②金黄色葡萄球菌，③大肠埃希菌，④副溶血性弧菌，⑤李斯特菌，⑥肉毒梭菌

肉饼、鸡蛋饼等食物受到了沙门菌的污染。发生沙门菌食品中毒多是由食品原材料污染和加热杀菌不彻底等原因引起的，为避免沙门菌中毒，充分加热是必需的处理方式。

11.2.1.2 金黄色葡萄球菌

葡萄球菌在自然界中广泛存在，绝大多数对人不致病，只有少数可引起人或动物感染，例如金黄色葡萄球菌可产肠毒素污染食品，引起食源性疾病。其常污染蛋白质或淀粉含量丰富的食品，如肉制品、奶制品、糕点和剩饭。金黄色葡萄球菌肠毒素可耐受高温，是引起食物中毒的元凶。

11.2.1.3 大肠埃希菌

大肠埃希菌主要通过污染食物向人类传播，例如生的或未煮熟的碎肉制品和生鲜奶。受粪便污染的水和其他食物以及食物制备期间的交叉污染（与牛肉和其他肉制品、受污染的板面和厨房用具）也将导致感染。

2013 年 4 月美国疾控中心宣布，遍布全美 15 个州的大肠埃希菌 O121 疫情，造成至少27 人感染，超过 1/3 的病患入院治疗，81% 为 21 岁以下，最小的仅 2 岁。本次疫情疑似由"富裕农场"（FarmRich）牌食品中大肠埃希菌污染引发，疫情是因加工环境、加工过程等方面存在严重的安全控制缺陷引发的。2013 年 7 月，肯德基、真功夫被曝冰块大肠埃希菌菌落严重超标。食用这些菌落超标的冰块后，会破坏人体中有益的菌群，引起痢疾、腹泻等疾病。经调查为门店自身卫生措施不佳、缺乏加工环节的卫生控制以及监管不到位造成的菌落总数超标。

11.2.1.4　副溶血性弧菌

副溶血性弧菌是一种海洋细菌,具有嗜盐性,主要源于鱼、虾、蟹、贝类和海藻等海产品。

副溶血性弧菌是沿海国家或地区的重要食物中毒病原菌,在日本引发食物中毒的人数居于首位。在我国的沿海地区,该菌也是当地食物中毒的首要病原菌。近几年来,由于空运业的快速发展,食用新鲜海产品的人群和地域在不断扩增,由此菌引发的食品安全问题也显得越来越重要。副溶血性弧菌中毒多发生在 6～9 月高温季节,海产品大量上市时。中毒食品主要是海产品,主要原因是食用烹调时未烧熟、煮透,或熟制品受污染后未再彻底加热,以及被盛放容器污染的食物。患者临床表现为水样腹泻,常伴有腹部绞痛等症状,病程持续约 3 天,恢复较快。

11.2.1.5　单核细胞增生李斯特菌

单核细胞增生李斯特菌又称为单增李斯特菌或李斯特菌,生存能力较强,特别是在冰箱 4℃ 条件下仍可以生存繁殖,引起严重的李斯特菌病,故该菌被称为"冰箱杀手"。单增李斯特菌常污染冰激凌、肉类、奶制品和水产品等,在生肉和即食食品中检出率较高,主要影响孕妇、新生儿、老年人和免疫力较弱的人。患者一般出现发热、肌肉酸疼、恶心、呕吐和腹泻等症状。单增李斯特菌通常造成孕妇的轻微疾病,出现发热和其他流感样症状,但是怀孕期间感染单增李斯特菌可引起胎儿感染,导致流产或者新生儿严重疾病如脑膜炎,甚至死亡。一般 1/3 感染单增李斯特菌的孕妇可能发生流产。

11.2.1.6　肉毒梭菌

肉毒毒素食物中毒是由于食用了含有肉毒梭菌产生的肉毒毒素的食物而引起,临床上以运动神经麻痹为主要症状。常见的引起中毒的食品有香肠、罐头食品及家庭自制臭豆酱、臭豆腐等,这些食品都可形成密闭的厌氧环境,有利于肉毒梭菌生长繁殖和产生毒素;除此之外,蜂蜜和奶粉也是肉毒梭菌芽孢高污染食品,可引起婴幼儿肉毒毒素中毒。世界卫生组织及美国、英国、加拿大、爱尔兰等各国政府均警告不要喂食 1 岁以下婴儿蜂蜜。

11.2.1.7　预防措施

预防食品的细菌污染,主要还是要从个人出发,尽量避免在没有卫生保障的公共场所进餐,一定要在有卫生保障的超市或菜市场购买有安全系数的食品。不买散装食品对于避免食品细菌污染有显著效果。将新鲜食品经充分加热后再食用基本能杀死绝大部分细菌。

对于卫生部门而言,在细菌性食源性疾病的多发期(主要是气温高、湿度大的夏季)应该迅速采取行动以及控制事态发展。对于事态的发展和病情进行准确的评估。日常也要加强对于小孩和老人的健康教育。对于高危人群提供保护建议。对于食源性疾病的暴发进行总结,为预防提供宝贵经验。

对于食品生产者和制造商而言,在处理微生物污染时应达到破坏、消除或减少微生物污染,防止再次污染,抑制有害微生物的生长和毒素的产生这三个要求。可以采用食品加热防止再次污染。如果微生物污染不能从食品中彻底消除,则应当抑制微生物生长和毒素产生,即借助于食品固有的特性,如 pH、水分活度或通过添加盐和其他防腐剂来抑制微生物生长。食品的包装条件和贮存温度也可用于抑制微生物生长。

11.2.2　食品的真菌毒素污染

真菌毒素(Mycotoxin)是丝状真菌在食品和饲料中生长所产生的一类次级代谢产物,迄今发现的真菌毒素有四百多种,但仍有很多真菌毒素不为我们所认识和了解。据联合国粮农组织(Food and Agriculture Organization of United Nations,FAO)估算,全世界约25%的粮油作物受到真菌毒素的污染,每年所造成的经济损失高达数千亿美元。真菌毒素具有强毒性和致癌性,严重威胁人畜健康。

11.2.2.1　黄曲霉毒素(aflatoxin)

黄曲霉毒素主要由黄曲霉菌(Asperillus Flavus)和寄生曲霉菌(Asperillus Parasiticus)代谢产生,特曲霉也能产生,但产量较少。在湿热地区食品和饲料中出现黄曲霉毒素的概率最高。该毒素有 17 种衍生物。黄曲霉毒素于 1993 年被世界卫生组织的癌症研究机构划定为一类致癌物,其中有两种衍生物毒性较大且与人类生活密切相关:一种是可以在牛奶中产生的 AFM,即黄曲霉毒素 M1(Aflatoxin M1,缩写 AFM1)。另一种是 AFB1,即黄曲霉毒素 B1(Aflatoxin B1,缩写 AFB1)。该物质为二氢呋喃氧杂邻酮的衍生物,含有一个双呋喃环和一个氧杂萘邻酮,其经常出现在农产品中,化学结构式见图 11-2。黄曲霉毒素 B1 是已知的化学物质中致癌性最强的一种。黄曲霉毒素 B1 对人和若干动物具有强烈的毒性,其毒性作用主要是对肝脏的损害。AFM1 的毒性及作用性质与 AFB1 类似。AFB1 被公认为是目前致癌力最强的天然物质。黄曲霉毒素化学性质稳定,但在碱性及加热条件下不稳定。它常常存在于土壤、动植物、各种坚果中,特别是花生和核桃中,在大豆、玉米、奶制品、食用油等制品中也经常发现黄曲霉毒素。大量资料证实,黄曲霉毒素对人及动物的肝脏组织有很强的毒害作用,严重时可导致肝癌,甚至死亡。为此,各国大都制定了相关法律来限定其在食品中的含量。例如,欧盟国家规定,人类生活消费品中的 AFB1 的含量不能超过 2 μg/kg,总量不能超过 4 μg/kg;

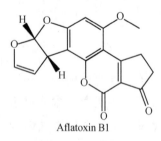

图 11-2　黄曲霉素 B1

牛奶和奶制品中的含量不能超过 0.05 μg/kg。中国也制定了 AFB1 限量标准，中国对食品中黄曲霉毒素 B1 的允许量标准见表 11-3。

表 11-3 中国对食品中黄曲霉毒素 B1 的允许量标准

食品种类	AFB1 的允许量(u)	食品种类	AFB1 的允许量(u)
玉米	20	食用油	10
花生及制品	20	其他粮食豆类及发酵食品	5
大米	10	婴儿代乳食品	不得检出

11.2.2.2 赭曲霉毒素(Ochratoxin)

赭曲霉毒素是赭色曲霉属和几种青霉属真菌产生的一种毒素，包括 7 种结构类似的化合物，其中以赭曲霉毒素 A 毒性最大，它的化学结构式见图 11-3。该毒素主要污染粮谷类农产品：如燕麦、大麦、小麦、玉米和动物饲料。主要危害动物和人的肝脏与肾脏，大量的毒素也可能引起动物的肠黏膜炎症和坏死，并且还具有高度致癌、致畸、致突变的作用。产生赭曲霉毒素 A 的霉菌广泛分布于自然界，导致赭曲霉毒素 A 广泛分布于各种食品和饲料中。在寒带和温带地区如欧洲和北美洲，赭曲霉毒素 A 主要源于青霉属的疣孢青霉；在热带地区，该毒素主要源于赭曲霉。近年来发现，水果及果汁中的赭曲霉毒素 A 主要由碳黑瞌霉和黑曲霉产生。动物食用了含有赭曲霉毒素 A 的饲料，在其内脏、组织及血液中可检出大量的赭曲霉毒素 A。残留在动物产品中的赭曲霉毒素可通过食品链传递给消费者，一些国家已采取强硬的监管措施，以消除消费者对猪肉产品安全性的担忧。例如，欧洲于 1997 年设立了所有食品中赭曲霉毒素的最高允许含量为 5 ppb。德国将这一标准更严格地定为 3 ppb。在丹麦，如果猪血液赭曲霉毒素的水平达到 25 μg/mL，认定为猪的整个胴体被污染，猪肉不得食用。

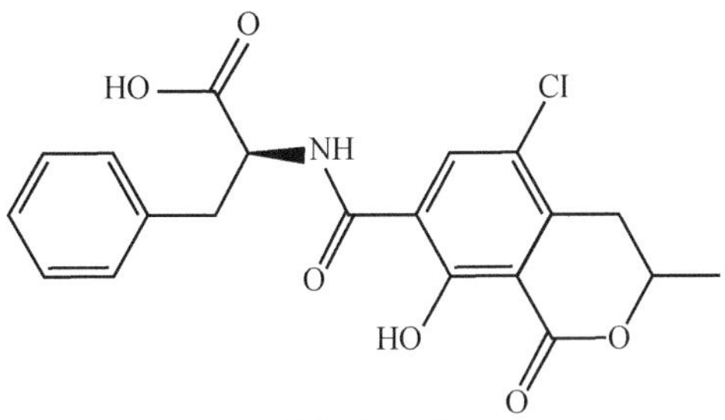

Ochratoxin A

图 11-3 赭曲霉毒素 A

11.2.2.3 伏马毒素(Fumonisin)

伏马毒素是 1989 年发现的一种新型毒素，是由串珠镰刀菌等产生的水溶性的、由不同的多氢醇和丙二酸组成的结构类似的双酯化合物。到目前为止，发现的伏马菌素共 11 种，其中伏马毒素 B1 是其主要组分。伏马毒素 B1 化学结构式如图 11-4 所示。伏马毒素 B1 对食品污染的情况在世界范围内普遍存在，主要污染玉米及玉米制品。伏马毒素 B1 为水溶性霉菌毒素，对热稳定，不易被蒸煮破坏，因此同黄曲霉毒素一样，控制农作物在生长、收获和储存过程中的霉菌污染仍然至关重要。

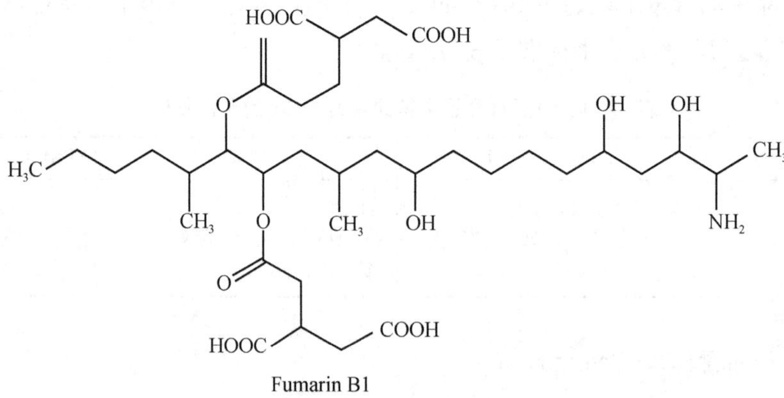

Fumarin B1

图 11-4　伏马毒素 B1

研究证实,伏马毒素可导致马产生白脑软化症和神经性中毒;使猪产生肺水肿综合征;危害灵长类动物的肝脏和肾脏,并被怀疑可诱发人类患食管癌等疾病,因此其对畜牧业及人类的健康构成威胁。1992 年,美国食品药品管理局和农业部伏马毒素工作小组建议马饲料中的伏马毒素应低于 5 mg/kg,猪饲料中应低于 10 mg/kg,牛饲料中应低于 50 mg/kg。对人类消耗品中的含量限制正在研究中。据文献报道,伏马毒素大多存在于玉米及玉米制品中,其含量一般超过 1 mg/kg。研究证实,在大米、面条、调味品、高粱、啤酒中也有较低浓度的伏马毒素存在。我国目前没有制订相应标准。基于我国目前猪养殖多发伏马毒素引起的疾病损害情况,建议养殖管理加强对毒素的防控管理。

11.2.2.4　展青霉素(patulin)

展青霉素又名棒曲霉素、珊瑚青霉毒素,它是由曲霉和青霉等真菌产生的一种次级代谢产物,其化学结构式见图 11-5。能产生展青霉素的真菌有扩张青霉、展青霉、棒型青霉、土壤青霉、新西兰青霉、石状青霉、粒状青霉、梅林青霉、圆弧青霉、产黄青霉、蒌地青霉、棒曲霉、巨大曲霉、土曲霉和雪白丝衣霉等共 3 属 16 种,展青霉素主要污染水果及其制品,尤其是苹果、山楂、梨、番茄、苹果汁和山楂片等。

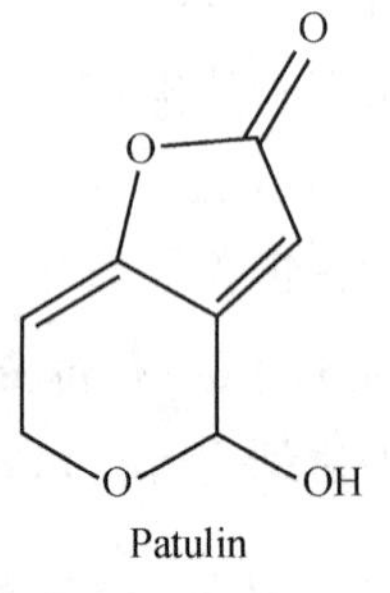

Patulin

图 11-5　展青霉素

毒理学试验表明,展青霉素具有影响生育、致癌和影响免疫等毒理作用,同时也是一种神经毒素。展青霉素具有致畸性,对人体的危害很大,导致呼吸和泌尿等系统的损害,使人神经麻痹、肺水肿、肾功能衰竭。展青霉素首先在霉烂苹果和苹果汁中发现,广泛存在于各种霉变水果和青贮饲料中。制定展青霉素标准的国家在不断增加,但是限量水平基本上集中在 50 μg/kg。少数国家的少数项目有特别规定。我国的《苹果和山楂制品中展青霉素限量》(GB 14974—2003)由原卫生部在 1994 年实施,后经修订后,2004 年实施。比较特殊的是,中国制定了半成品的展青霉素限量标准。考虑到半成品不在市场出售,这一限量可认为是针对生产企业的卫生管理而非针对消费市场。

11.2.2.5　预防措施

由于霉菌的种类和食品的种类都很多,其产生毒素的条件和中毒情况也有所不同,因此防止霉菌毒素中毒的措施也不同,现以防止禾谷类作物被霉菌污染为例介绍如下:选用抗病品种;作物收获时要及时晒干、脱粒,因为绝大多数霉菌的生长要求较高的温度和湿度,夏收时节的阴雨天有利于它们的生长和产毒,所以,及时晒干和脱粒是避免产生霉菌毒素的重要环节;在粮食的贮存管理中,控制粮食的含水量是防止产生霉菌毒素的关键性措施之一;尽可能保持皮壳完整,使霉菌不易侵入。

食品加工前应测定毒素含量。在食品加工前应对贮存的粮食进行霉菌毒素含量分析。因为霉菌毒素在一般的食品加工洗涤、高温等工序中都不能被破坏,无论制作成哪种食品,其毒素仍存留其中。待到成品检验不合格时,已经造成了经济上的损失。此外,用作饲料的粮食如未经检验,也可能通过食物链引起人的食物中毒。研究证明,牛奶中含有黄曲霉毒素往往是因为奶牛的饲料含有黄曲霉毒素。

不吃霉变食品。提高自我保护意识,不吃发霉食品也是避免霉菌毒素中毒的一种方法。因为在一般情况下食品被霉菌污染并产生毒素后,其颜色、光泽、气味、质地等都会发生变化,人们可以用感觉器官加以辨别。对于能用肉眼看到的,如发霉的米粒、豆粒、花生粒等,要将其挑出。发霉严重的食品不能食用,因其营养成分已被霉菌分解利用,对食用者来说,不仅营养价值降低,甚至完全丧失,而且还有可能引起霉菌毒素中毒。但是,用这种方法并不能完全避免中毒,因为在有些情况下,如牛奶、面粉等食品中,虽然已有霉菌毒素存在,但不能用肉眼观察到,而且从颜色、质地、气味上也难以分辨。

11.2.3　食品的病毒性污染

病毒是专性寄生微生物,只能在寄主的活细胞中复制,不能在人工培养基上繁殖。当前对食品中病毒的了解较少,其主要原因有三:一是病毒不能像细菌和霉菌那样,以食品为培养基进行繁殖,这也是人们忽略病毒性食物中毒的主要原因;二是在食品中的数量少,必须用提取和浓缩的方法,但其回收率低,大约为 50%;三是有些食品中的病毒尚不能用当前已有的方法培养出来。尽管如此,与食品有关的病毒报道也逐渐增多,因为在不卫生的条件下可在食品中发现很多肠道病原菌,同样地,也会有病毒存在,即使它们不能繁殖。Cliver 等(1983)指出,实际上,任何食品都可以作为病毒的运载工具,特别是人体食入和排出的方式,如食物来源的病毒性肝炎。Cuker 等(1984)通过实验认为,病毒性胃肠炎出现的频率仅次于普通感冒,占第二位。Lanrkin(1981)列出了因食物污染引起的人类胃肠道病毒的种类:细小核糖核酸病毒(Picorngviruses)、呼吸道肠道病毒(Reoviruses)、细小病毒(Parvoviruses)、乳多孔病毒(Papoyaviruses)和腺病毒(Adenoviruses)等。Cliver、Sobsey 对从食品中回收病毒的方法也有研究报道。近几十年来,由于电子显微镜及相关科学和技术的发展,病毒学研究突飞猛进,发现的病毒感染疾病也日益增多,如病毒性肝炎、病毒性感冒、病毒性痢疾、艾滋病等。而且病毒感染疾病中还有不同的型,如病毒性肝炎有甲、乙、丙、丁、戊等型,从而使病毒的影响受到人们特别关注。

11.2.3.1　诺如病毒

病毒感染性腹泻在全世界范围内均有流行,全年均可发生感染,感染对象主要是成人和学龄儿童,寒冷季节呈现高发态势。在美国每年所有的非细菌性腹泻中,60%～90%是由诺如病毒引起的。荷兰、英国、日本、澳大利亚等发达国家也都有类似结果。在中国5岁以下腹泻儿童中,诺如病毒检出率为15%左右,血清抗体水平调查表明中国人群中诺如病毒的感染亦十分普遍。2013年以来,我国感染性腹泻暴发多以诺如病毒为主,尤其是2014年冬季以来,诺如病毒暴发疫情大幅增加,显著高于历年水平。

保持良好的手卫生是预防诺如病毒感染和控制传播最重要最有效的措施。应按照《消毒技术规范(2002年版)》中的六步洗手法正确洗手,采用肥皂和流动水至少洗20 s。需要注意的是,消毒纸巾和免冲洗的手消毒液不能代替标准洗手程序,各集体单位或机构应配置足够数量的洗手设施(肥皂、水龙头等),要求相关人员勤洗手。此外,还需注意不要徒手直接接触即食食品。

11.2.3.2　朊病毒

疯牛病于1985年4月在英国首次被发现,被正式命名为"牛海绵状脑病"(BSE),由朊病毒引起,根据病牛的表现,人们习惯称其为疯牛病。朊病毒可通过消化道进入人体,在局部消化道淋巴组织中增殖后进入脾脏、扁桃体、阑尾等淋巴器官,最后定位于中枢神经系统。因此,朊病毒污染的食品被认为是疯牛病传播给人的重要发病途径。疯牛病对人类健康的灾难性威胁主要在于海绵状脑病(TSE)可突破种属屏障传播给人,从而引起新型克雅氏病(vCJD)。此病具有危险性大、潜伏期长(从两年到几十年不等)的特点,前期无自觉症状,难以早期诊断,待病人发生痴呆时,脑内的进行性淀粉样病变已经形成,难以逆转,因此死亡率几乎为100%。由于新型克雅氏病病人的高死亡率,且目前几乎毫无任何特异性预防和治疗手段,因此,此类疾病引起的恐慌达到了空前的程度。

我国目前并没有发现有牛海绵状脑病的病牛,但随时有可能从国外传播进入,因此,需要加强对牛群的监控,尤其是从国外进口品种的监控。对本病防制所采取的主要措施是限制进口,要加强对进口牛及其肉制品以及精液等的检疫。尤其是要注意避免从发病国家进口这些产品。严厉打击各种动物及动物产品的走私。对反刍动物入境后加强管理,由于本病的潜伏期相对较长,需要有较长时间的隔离观察期。对这些动物的饲料也要严加管理。如发现有病牛,应当及时隔离和上报疫情。通常对病牛的脑组织进行检查,确诊后需要对病牛以及所有接触过病牛的牛进行处理,对病牛的尸体要彻底地焚烧和深埋。对于可疑病牛也要进行扑杀和销毁,严禁对病牛进行宰杀和出售,对疑似病牛的肉制品也要销毁,不能用于食品和动物饲料的制作。

11.2.3.3　禽流感病毒

禽流感病毒(AIV)属甲型流感病毒。流感病毒属于 RNA 病毒的正粘病毒科,分甲、乙、丙 3 个型。其中甲型流感病毒多发于禽类,一些甲型也可感染猪、马、海豹和鲸等哺乳动物及人类,乙型和丙型流感病毒则分别见于海豹和猪的感染。

禽类的病毒性流行性感冒,是由流感病毒引起的一种从呼吸系统到严重全身败血症等多种症状的传染病。禽流感容易在鸟类间流行,过去在民间称为"鸡瘟",世界动物卫生组织将其定为甲类传染病。禽流感 1994 年、1997 年、1999 年和 2003 年分别在澳大利亚、意大利、中国、荷兰等地爆发,2005 年则主要在东南亚和欧洲爆发。

流感病毒疫苗接种是当前人类预防流感的首选措施,然而,由于流感病毒血清型众多,一旦流感病毒疫苗株和流行株的抗原性不匹配,就会导致疫苗失效,无法提供相应的保护;同时由于流感病毒变异的速度很快,疫苗研发的速度落后于病毒变异的速度,新的流行株出现后,其对应疫苗的制备至少需要 6 个月的时间,造成疫苗制备一直处于被动状态,故无论传统灭活疫苗,还是基因工程疫苗、核酸疫苗等新型疫苗都无法对所有类型的流感病毒提供交叉保护。

因此从自身出发是比较好的预防措施,尽可能减少与禽类不必要的接触,尤其是与病、死禽的接触。勤洗手,远离家禽的分泌物,接触过禽鸟或禽鸟粪便,要注意用消毒液和清水彻底清洁双手。多运动增强抵抗力。尽量在正规的销售场所购买经过检疫的禽类产品。

11.2.3.4　肝炎病毒

人类肝炎病毒有甲型、乙型、丙型、丁型、戊型和庚型病毒之分。甲型肝炎病毒呈球形,无包膜,核酸为单链 RNA。乙型肝炎病毒呈球形,具有双层外壳结构,外层相当于一般病毒的包膜,核酸为双链 DNA。除乙型肝炎病毒遗传物质为双链 DNA 外,其他类型病毒均为单链 RNA。除了甲型和戊型病毒可通过口–粪途径传播外,其他类型病毒均通过性传播、血液传播和母婴传播。

11.2.3.5　预防措施

(1) 搞好环境卫生和个人卫生

办公室、宿舍、厨房、食堂的环境要干净、卫生,做到周围无杂草、无积肥坑、无污染源。食品从业人员要做到勤洗手、剪指甲、勤洗澡、理发、勤洗衣服、被褥、勤换洗工作服。所有人员要做到饭前便后洗手。集体就餐时,要做到分餐或公筷公勺,防止互相传染。

(2) 注意清洁水源

饮用水一定要干净、清洁。对病死的鸡、鸭、鹅等要焚烧或用石灰深埋,严禁病、死禽类流入市场,并注意搞好隔离消毒。防止水被污染或病毒经水污染,必要时请卫生防疫部门对饮用水进行化验。合理处理粪便和污水,防止粪便直接或间接污染食品。

(3)严格处理病人用具

及时消毒处理病人的衣物、餐具、用具等。特别是医院要注意搞好隔离、消毒,对病人用过的注射器、输液用具等,要进行区分,严禁与生活垃圾一起随意处理,或出售给废品收购人员,以防个别企业简单加工后制成再生品,威胁人们的健康。

(4)定期注射疫苗

要根据每个人的具体情况,定期注射疫苗,如甲肝疫苗、乙肝疫苗等。食品从业人员要每年进行 1 次健康检查,发现食源性病毒感染者,要立即调离饮食服务工作岗位,并及时隔离治疗,以防止病毒的传播而对人们的健康产生影响。

11.2.4 食品的寄生虫污染

11.2.4.1 血吸虫

血吸虫,又称裂体吸虫,属扁形动物门,是指所有归类在裂体属下的 19 个同属物种。其具有复杂的生活史,包括成虫、虫卵、毛蚴、母胞蚴、子胞蚴、尾蚴与童虫 7 个发育阶段。血吸虫病是由血吸虫寄生于人体所引起的一种地方性寄生虫病,主要病变为在肝脏与结肠内由虫卵囤积而引起的肉芽肿。

血吸虫分为日本血吸虫、曼氏血吸虫、埃及血吸虫等种类,在亚洲,主要流行病种为日本血吸虫病。不论何种性别、年龄和种族,人类对日本血吸虫皆有易感性。在多数流行区,年龄感染率通常在 11~20 岁升至高峰,以后下降。在传播途径的各个环节中,含有血吸虫虫卵的粪便污染水源、钉螺的存在以及群众接触疫水是三个重要的环节。

根据患者的感染度、免疫状态、营养状况、治疗是否及时等因素的不同;日本血吸虫病可分为急性、慢性、晚期和异位四类。当尾蚴侵入皮肤后,部分患者局部出现丘疹或荨麻疹,称尾蚴性皮炎。当雌虫开始大量产卵时,少数患者出现以发热为主的急性变态反应性症状,常在接触疫水后 1~2 月出现,除发热外,伴有腹痛、腹泻、肝脾肿大及嗜酸性粒细胞增多,粪便检查血吸虫卵或毛蚴孵化结果阳性,称急性血吸虫病。然后病情逐步转向慢性期,在流行区,90%的血吸虫病人为慢性血吸虫病,此时,多数患者无明显症状和不适,也可能不定期处于亚临床状态,表现腹泻、粪中带有黏液及脓血、肝脾肿大、贫血和消瘦等。

一般在感染后 5 年左右,部分重感染患者开始发生晚期病变。根据主要临床表现,晚期血吸虫病可分为巨脾、腹水及侏儒三型。一个病人可兼有两种或两种以上表现。在临床上常见是以肝脾肿大、腹水、门脉高压,以及因侧支循环形成所致的食管下端及胃底静脉曲张为主的综合征。晚期病人可并发上消化道出血、肝性昏迷等严重症状而致死。儿童和青少年如感染严重,使垂体前叶功能减退,可影响生长发育和生殖而致侏儒症。肝纤维化病变在晚期常是不可逆的,并且对治疗反应甚差,从而导致临床上难治愈的晚期血吸虫病。

11.2.4.2　广州管圆线虫

广州管圆线虫病是我国较常见的一种蠕虫蚴移行症,病原体为广州管圆线虫幼虫或早期(性未成熟)阶段成虫。临床上较常发生内脏,尤其是中枢神经系统感染,导致发热、头痛、呕吐、抽搐、昏迷等嗜酸性粒细胞增多性脑膜脑炎或脑膜炎。广州管圆线虫最早是由我国的陈心陶教授在广东家鼠及褐家鼠体内发现的,当时命名为广州肺线虫。后由 Matsumoto 在我国台湾报道,至 1946 年才由 Dougherty 正式命名为广州管圆线虫(图 11-6)。

图 11-6　广州管圆线虫中间宿主——褐云玛瑙螺

> **北京福寿螺事件**
>
> 2006 年北京发生 80 人因食用未彻底加热的福寿螺而患广州管圆线虫病的感染事件,是我国近几年比较严重的食品安全事件之一。北京"福寿螺事件"并非个案,早在北京之前,南方等地就因福寿螺造成水稻的大幅度减产,并致大批人患病。淡水产品因含有寄生虫,必须加工加热至熟透后方可食用。
>
> (来源:新华社,2006;湖北日报,2022)

> **上海甲肝病毒事件**
>
> 1988 年上海市甲型肝炎流行,共计有 30 万人患病。医院爆满,不得不在各单位设置临时病床。上海这次甲型肝炎流行并非由于甲肝病毒变异所致。上海市人群在对甲型肝炎免疫力下降的基础上,居民习惯生食已被甲肝病毒污染的毛蚶是造成流行的主要因素。
>
> (来源:上海预防医学,2017)

11.2.4.3　预防措施

(1) 政府管理

食品安全关系到广大人民群众的身体健康和生命安全,关系到经济健康发展和社会稳定,关系到政府和国家的形象。国家对食品工业的发展和食品安全一方面进行政策引导,一方面加强全面的监督管理,从政策上保证食品安全。

(2) 食品生产公司管理

从源头上防止食品污染,提倡"无公害食品""绿色食品""有机食品"。大力完善农业技术推广机构,指导农业生产者科学种植、科学养殖,规范生产管理,规范生产、防疫措施。推广工厂化的食品加工,及时销毁污染食品。通过优化产品结构,鼓励名优产品生产,扶持规模化集约化的食品企业集团,大力提高食品工业水平。建立统一规范的农产品质量安全标准体系,从生产源头保证食品安全。

(3) 个人行为规范

普及食品安全知识,改变不良卫生习惯。作为食物消费者,我们应养成良好的食品卫生习惯:不食用野生动物;避免进食生鲜的或未经彻底加热的家畜、家禽、鱼、虾、蟹、螺等动物肉、奶、蛋类;不喝生水,不吃生的蔬菜和不洁的瓜果;不用盛过生鲜品的器皿盛放其他直接入口食品;加工过鲜品的刀具及砧板必须清洗消毒后方可再使用;不用生鲜品喂饲猫、犬;避免与宠物猫、狗的亲密接触。

11.3 食品化学污染与健康

11.3.1 农药污染与健康

11.3.1.1 有机磷农药

有机磷农药是人类最早合成且至今仍在广泛使用的一类杀虫剂,也是目前我国使用的最主要的农药之一。有机磷农药发展的早期大部分是高效高毒品种,如对硫磷、甲胺磷、毒死蜱和甲拌磷等;而后逐步开发了许多高效低毒低残留品种,如氧乐果、敌百虫、敌敌畏、马拉硫磷、二嗪磷和杀螟松等,成为农药的一大家族。有机磷农药发展较快、品种多、使用广,至今已有60余种。有机磷农药化学性质不稳定,在自然界极易分解,在生物体内能迅速分解,残留时间短,因此引起的慢性中毒较为少见,仅农药厂工人多见。突出的表现是神经衰弱综合征与胆碱酯酶活性降低。有的有机磷农药可引起支气管哮喘、过敏性皮炎及接触性皮炎。有机磷农药在食品中的残留情况与有机氯相比数量甚微,残留时间也较短。一般根类或块茎类作物比叶菜类或豆类的豆荚部分残留时间长;蔬菜、水果中的半衰期大约为7~10 d。主要残留在水果和蔬菜的外皮,洗涤和去皮都能减少其残留量,如马铃薯洗涤去皮,可去掉99%的马拉硫磷。食品经过加工亦可减少残留,如含敌敌畏5.3 mg/kg的大米,经烹调后其含量可降至0.06 mg/kg,菠菜中的对硫磷煮沸后能消除61%。哺乳动物体内的有机磷农药的毒害作用主要表现为通过抑制胆碱酯酶活性而引起神经系统功能紊乱,主要症状为肌纤维震颤、精神错乱、语言失常等。下面介绍几种主要的有机磷农药。

（1）敌敌畏

敌敌畏又称二氯松，属于有机磷酸酯类化合物，分子式为 $C_4H_7Cl_2O_4P$，是一种常用的环境卫生杀虫剂，用于控制家庭害虫、公共卫生和保护储存产品免受昆虫侵害。其化学结构式如图 11-7 所示。这种化合物自 1961 年开始在市场上销售，并因其在城市水道中的普遍存在以及其危害远远超出昆虫危害的事实而引起争议。该杀虫剂自 1998 年起在欧盟被禁止使用。目前在我国还是可以销售和使用敌敌畏的。2000 年湖北省黄梅县曾出现一起敌敌畏污染原粮事件，给大众敲响了警钟。

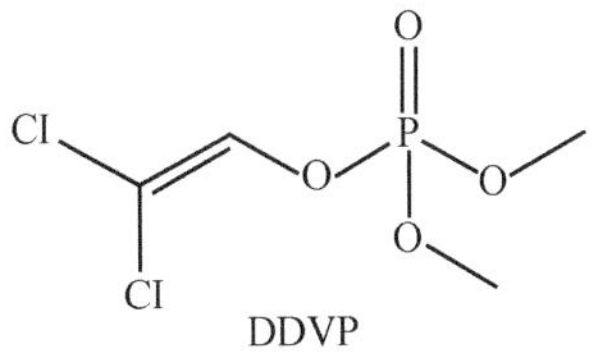

图 11-7　敌敌畏

敌敌畏对人体的毒害主要表现为抑制体内胆碱酯酶活性，造成神经生理功能紊乱。急性中毒多系误服引起。中毒表现有头痛、头昏、食欲减退、恶心、呕吐，腹痛、腹泻、流涎、瞳孔缩小、呼吸道分泌物增多、多汗、肌束震颤等。重症出现肺水肿、昏迷、呼吸麻痹、脑水肿。少数重度中毒者在临床症状消失后数周出现周围神经病。本品可引起变应性接触性皮炎。慢性中毒：接触工人可因持续经呼吸道及皮肤吸入而中毒，表现有头晕、头痛、无力、失眠、多汗、四肢麻木、肌肉跳动等。敌敌畏可使血胆碱酯酶活性降低。

（2）氧乐果

氧乐果的分子式为 $C_5H_{12}NO_4PS$。氧乐果的特点是具有内吸、触杀和一定胃毒作用，广谱，具有杀虫、杀螨等特点，具有强烈的触杀作用和内渗作用，是较理想的根、茎内吸传导性杀螨、杀虫剂，特别适于防治刺吸式害虫，效果优于乐果和内吸磷，不易产生抗性，并可降低易产生抗性的拟除虫菊酯的抗性。但具有极高的毒性，并且对环境有危害。其化学结构式如图 11-8 所示。

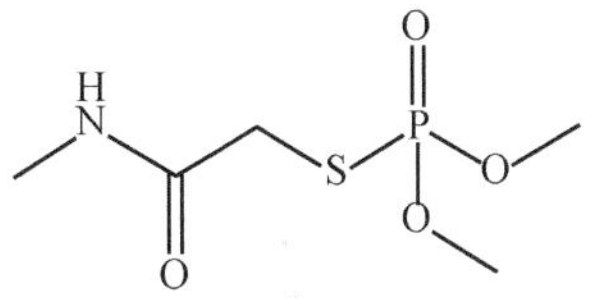

图 11-8　氧乐果

氧乐果在一定条件下会出现较长的残存期而在人体和动物体内积聚，通过富集作用对人体造成危害。对人体的毒害作用有神经毒性、生殖毒性、心血管毒性、内分泌毒性等。当前在我国，氧乐果禁止在蔬菜、瓜果、茶叶、菌类、中草药材上使用，禁止用于防治卫生害虫，禁止用于水生植物的病虫害防治。2020 年山西省农民姬某将氧乐果喷洒在梨树上并进行销售而被判刑。

（3）马拉硫磷

马拉硫磷（Malathion）是一种有机磷制的副交感神经杀虫剂，会与胆碱酯酶发生不可逆的结合，对人类的毒性较低。其分子式为 $C_{10}H_{19}O_6PS_2$。马拉硫磷具有良好的触杀、胃毒和一定的熏蒸作用，无内吸作用。进入虫体后氧化成马拉氧磷，从而更能发挥毒杀作用，而进入温血动物时，则被在昆虫体内没有的羧酸酯酶水解，因而失去毒性。马拉硫磷毒性低，残效期短，对刺吸式口器和咀嚼式口器的害虫都有效。中毒症状为头痛、头晕、恶

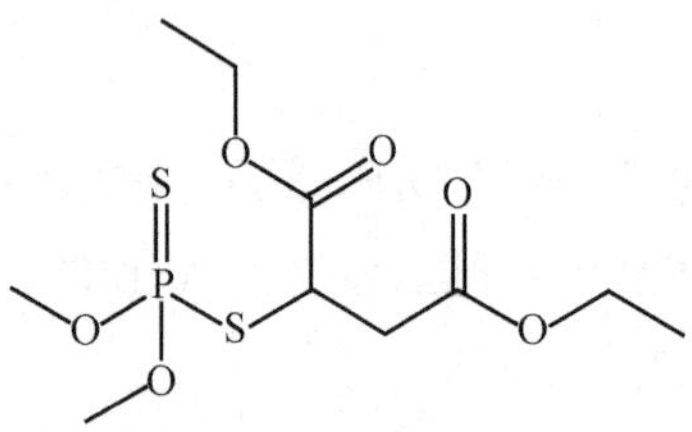

图 11-9 马拉硫磷

心、无力、多汗、呕吐、流涎、视力模糊、瞳孔缩小、痉挛、昏迷、肌纤颤、肺水肿等。误中毒时应立即送医院诊治,给病人皮下注射 1～2 毫克阿托品,并立即催吐。上呼吸道刺激可饮少量牛奶及苏打。眼睛受到沾染时可用温水冲洗。皮肤发炎时可用 20%苏打水湿绷带包扎。2017 年 10 月 27 日,世界卫生组织国际癌症研究机构公布的致癌物清单中,马拉硫磷为 2A 类致癌物。其化学结构式如图 11-9 所示。

11.3.1.2 有机氮农药

氨基甲酸酯类如呋喃丹(2,3-二氢-2,2-二甲基-7-苯并呋喃基-甲基氨基甲酸酯)、西维因、速灭威和其他含氮有机农药如多菌灵、托布津等是常用的有机氮农药。其特点为杀虫能力强、作用快、易分解、毒性低。有机氮农药的毒性机理与有机磷农药类似,能抑制胆碱酯酶,但有可逆性,能很快恢复正常,故比有机磷农药安全。它在食品中的残留情况与有机磷农药相似。托布津在植物体内能迅速代谢为多菌灵,二者均为广谱、高效、低毒、低残留的内吸附性杀虫剂。有研究曾试图用氨基甲酸酯类农药代替有机磷农药,但西维因、多菌灵在外界环境中可被亚硝化,形成的亚硝化化合物有致癌性,会给生物体带来其他危害。因此二者的选用应根据实际情况进行。下面介绍几种常见的有机氮农药。

(1) 西维因

西维因,学名甲氨基甲酸-1-萘酯,化学式为 $C_{10}H_7OCONHCH_3$。纯品为白色晶体,有触杀、胃毒和微弱的内吸作用,进入虫体后抑制胆碱酯酶的活性。对作物和森林的多种害虫防治效果好,对不易防治的咀嚼口器害虫,如棉铃虫等药效显著。西维因在哺乳动物体内被分解,形成 1-萘酚葡萄糖醛酸酯排出体外。常温下对光热稳定,遇强碱水解。

西维因主要作为广谱高效低毒杀虫剂,可用于水果、蔬菜、棉花、烟草等多种经济作物,也可以快速杀灭水中的浮游生物、藻类及部分细菌,可用于水体快速饮水消毒、空调循环水冷系统消毒和医用消毒。其化学结构式如图 11-10 所示。

(2) 速灭威

速灭威,学名间甲苯基甲基氨基甲酸酯,分子式为 $C_9H_{11}NO_2$,其化学结构式见图 11-11。速灭威为中等毒性杀虫剂。无慢性毒性,无致癌、致畸、致突变作用,对鱼有毒,对蜜蜂高毒。速灭威的特点为具有触杀和熏蒸作用,击倒力强,持效期较短。适用于灭杀稻飞虱、稻叶蝉、稻蓟马。并且对稻田蚂蟥有良好杀伤作用。

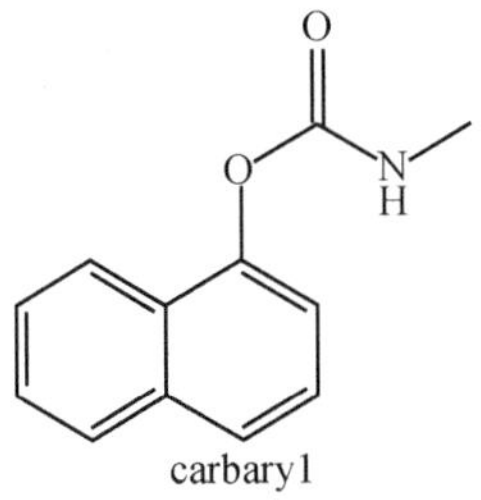

图 11-10　甲氨基甲酸-1-萘酯

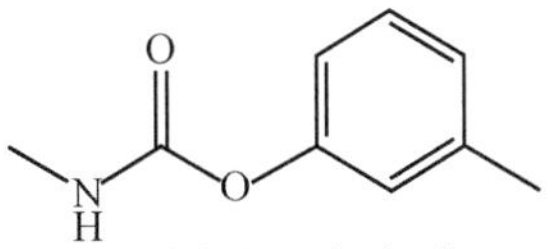

图 11-11　速灭威

11.3.1.3　有机氯农药

六六六、滴滴涕、三氯杀螨醇等都是常用的有机氯农药。其特点是：稳定性高、挥发性小、不易分解、耐高温、日照和酸性环境下均难降解，属环境中的高残留农药。有机氯农药在土壤中的残留时间一般较长，如土壤中的残留六六六的降解半衰期为 2 a，滴滴涕为 3～10 a。即便停止使用后，农作物仍会继续从土壤中吸收有机氯农药，而这种土壤生产的粮食和蔬菜在相当长一段时间内仍会有农药残留。有机氯农药的脂溶性强，不溶或微溶于水，因此在动植物体内的主要蓄积部位是富含脂肪的组织和谷类、水果的外皮等富含蜡质的部分。食品中有机氯农药残留量的总体情况是动物食品＞植物性食品；高脂肪食品＞低脂肪食品；猪肉＞牛、羊、兔肉；水产品中淡水食物＞海水食物，池塘＞河湖；植物性食品中，植物油＞粮食＞蔬菜＞水果，烟叶中也含有机氯农药。有机氯农药在食品中的残留不会因贮存、加工、烹调而减少。因此，长期摄入含有机氯农药残留的食物，将使其在人体内的蓄积量增加。在人体内，有机氯农药残留的主要蓄积部位是脂肪组织和肝脏，甚至母乳。人体脂肪中已富集的有机氯农药即便不再增加，也需经几十年才能降到较低水平。下面介绍几种常见的有机氯农药。

（1）六六六

六六六，即六氯环己烷，分子式为 $C_6H_6Cl_6$，白色晶体，有 8 种同分异构体，对昆虫有触杀、熏杀和胃毒作用。其化学结构式见图 11-12。在环境中，六六六稳定性强，不易分解，大量使用将直接造成对农作物的污染，同时农药残留在水和土中，通过食物链进入人体，而人体又不能通过新陈代谢把它排出体外。积累到一定程度，就会使人中毒。

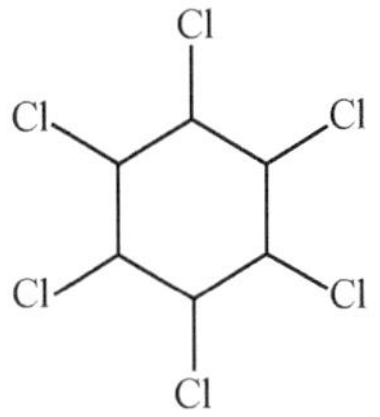

图 11-12　六氯环己烷

人体中毒时，对神经系统主要表现为头痛、头晕、多汗、无力、震颤、上下肢呈癫痫状抽搐、站立不稳、运动失调、意识迟钝甚至昏迷，并可因呼吸中枢抑制而呼吸衰竭；消化系统表现为流涎、恶心、呕吐、上腹不适疼痛、腹泻等症状；呼吸及循环系统表现为咽、喉、鼻黏膜充血，喉部有异物感，吐出泡沫痰、带血丝，呼吸困难，肺部有水，血压下降，心律不齐、心动过速甚至心室颤动；对皮肤刺激使皮肤潮红、产生丘疹、水疱、皮炎，甚至糜烂；使眼部产生流泪,剧烈疼痛。大剂量的六六六会伤害中枢神经系统和某些实质脏器。

2017年10月27日,世界卫生组织国际癌症研究机构公布的致癌物清单中,六氯环己烷为2B类致癌物。

（2）滴滴涕

滴滴涕又名二二三,英文缩写为DDT。学名为双对氯苯基三氯乙烷,化学式为$(ClC_6H_4)_2CH(CCl_3)$,为白色晶体,不溶于水,溶于煤油,可制成乳剂,是有效的杀虫剂。DDT为20世纪上半叶防止农业病虫害,减轻疟疾伤寒等蚊蝇传播的疾病危害起到了不小的作用。但由于其对环境污染过于严重,很多国家和地区已经禁止使用。世界卫生组织于2002年宣布,重新启用DDT用于控制蚊子的繁殖以预防疟疾、登革热、黄热病等在世界范围的卷土重来。

轻度中毒可出现头痛、头晕、无力、出汗、失眠、恶心、呕吐,偶有手及手指肌肉抽动震颤等症状。重度中毒常伴发高热、多汗、呕吐、腹泻;神经系统兴奋,上、下肢和面部肌肉呈强直性抽搐,并有癫痫样抽搐、惊厥发作;出现呼吸障碍、呼吸困难、紫绀,有时有肺水肿,甚至呼吸衰竭;对肝肾脏器损害,使肝肿大,肝功能改变;少尿、无尿、尿中有蛋白、红细胞等;对皮肤刺激可发生红肿、灼烧感、瘙痒,还可有皮炎发生,如溅入眼内,可使人暂时性失明。DDT一般毒性与六六六相同,属神经及实质脏器毒物,对人和大多数其他生物体具有中等强度的急性毒性。它能经皮肤吸收,是接触中毒的典型代表,由于其在常压时即使在12℃以下,也有一定的蒸发,所以吸入DDT蒸气亦能引起中毒。鱼、贝类对DDT有很强的富集作用。例如牡蛎能将其体内的DDT含量提高到周围海水水体中含量的7万倍。人体中DDT的含量随着其食物来源、工作环境的不同而有所差异。DDT是脂溶性很强的有机化合物,比较一致的认识是,人体各器官内DDT的残留量与该器官的脂肪含量呈正相关。

世界卫生组织国际癌症研究机构公布的致癌物清单中,DDT为2A类致癌物。

11.3.1.4　防治措施

施用农药是为了防治病虫草害,保证农作物高产丰收,我们应从源头出发,减少农药的使用。

① 综合防治病虫害,减少农药使用。培育抗病虫农作物品种是防治最有效的方法,同时也是最经济的方法。生产中使用农药的主要原因就是使农作物能够抵抗病虫,而培育抗病虫农作物就可以有效地降低农药用量。

② 利用陪植植物治虫从根本上来说属于一种生态防治方法。陪植植物治虫是指在农作物的周围种植一些害虫的天敌植物,这样就可以减少病虫对农作物的危害,从而减少农药用量。

③ 栽培耕作措施间混套作是一项非常有效的防病虫技术,即把形态特征不同与对生活因素的需求不同、生育期不同、根系分泌物不同的作物合理地搭配种植,不仅可以

立体地利用空间养分和水分,而且可以增加农田生态系统的生物多样性,增强抗性,减轻病虫草害。轮作是根据不同作物所需营养元素不同、根系入土深度不同而进行的轮换种植。

从农药的角度去考虑,我们国家作为农业大国,不使用农药是不可能的,如何减少农药的使用,从土地的角度去考虑最好从以下几个方面出发。

① 合理使用农药,控制污染源。想要有效地控制农药带来的污染,最根本的就是控制污染源,严格把控农药的用量。对农作物要对症下药、合理用药,农药的用量和浓度要精准把握。只有这样,才能在保护农作物的同时把农药的污染降到最低。

② 充分调动土壤本身的降解能力。生产中可以通过采取一些措施来提高土壤本身的自抗能力,如调节土壤结构、黏粒含量、有机质含量、土壤酸碱度、离子交换量、微生物种类数量等,使土壤对农药的降解能力提高,有利于减少农药污染。

被污染的土地可以采用生物处理来对土壤污染进行防治,以免污染再次蔓延。

① 微生物修复:这种方法简单来说就是利用微生物的手段对残留在土壤中的有害物质进行去除的过程,如果不能去除可以进行降解,将有害物质分解成二氧化碳和水。

② 植物修复:植物修复更适用于需要大面积降低农药污染的情况,这种方法不仅可以降低农药对环境的污染,而且可以去除环境中的重金属元素。

③ 菌根修复:菌根是土壤真菌菌丝与植物根系形成的共生体。有关资料显示,VA 菌根(丛枝菌根)外生菌丝重量占根重的 1%～5%,这样一来就使得这些外生菌丝与土壤的接触面积大大增加,植物的吸收能力提高,有利于植物的生长。另外,菌根化植物能为真菌提供养分,维持真菌代谢活性。此外,菌根有着独特的酶途径,可用以降解不能被细菌单独转化的有机物。因此,菌根修复的方法比较有效。

从农业生产者的角度出发,必须加强从业人员对农药污染的认知。要了解大量地使用农药会造成农药残留,将直接污染环境。要使农民清楚地了解农药的危害,提高农产品的质量。也必须加强农民的法治意识,了解到哪些农药是国家明令禁止的,哪些是可能对自身健康造成危害的。

11.3.2　食品添加剂与健康

《中华人民共和国食品卫生法》明确规定,食品添加剂是为改善食品色、香、味等品质,以及为防腐和加工工艺的需要而加入食品中的人工合成或者天然物质。从定义中可以看出,食品添加剂从原料的使用上可以分为天然物质和人工合成物质。我国食品添加剂有 23 个类别,2 400 多个品种,除去天然添加剂,人工添加剂本质上都是化学合成物质,其在食品加工过程中起重要作用。在合理范围内使用食品添加剂有以下三方面的作用。

① 食品添加剂可以延长食品的保质期,避免造成浪费,如防腐剂、抗氧化剂等。

② 食品添加剂可有效提高食品的色香味等品质,增强人们对食品购买的欲望,如漂白

剂、着色剂、护色剂、增味剂、甜味剂、香料等。

③ 食品添加剂还可以增强食品的营养成分,最大限度地发挥食品对人类生存的需求度,如消泡剂、酸度调节剂、增稠剂、膨松剂等。

11.3.2.1 食品添加剂发展状况

食品添加剂发展到现在,全世界已多达 25 000 余种(其中 80% 为香料),常用的 5 000 余种以上。其中,最常用的有 600~1 000 种(也有说 2 000 种左右)。例如:美国 FDA 公布使用的添加剂 2 922 种,其中受管理 1 755 种。日本使用食品添加剂约 1 100 种;欧洲允许使用 1 000~1 500 种,而中国至 2001 年公布批准食品添加剂有 1 618 种,2004 年达 1 700 种(其中包括食品香料 1 067 种),另外还有批准使用营养强化剂 75 种。已制定国家标准和行业标准有 221 种。食品添加剂在全球范围内都是与生活息息相关的产品,如何运用好它是一个长久的课题。食品添加剂目前来说存在的问题基本可以分为六类:食品添加剂超范围使用、食品超限量使用、食品添加剂本身质量指标未达到(有毒杂质超标)、临界使用食品添加剂。

11.3.2.2 几种主要的食品添加剂

(1) 焦糖色

焦糖又称焦糖色,俗称酱色,是用饴糖、蔗糖等熬成的黏稠液体或粉末,深褐色,有苦味,主要用于酱油、糖果、醋、啤酒等的着色。焦糖是一种在食品中应用范围十分广泛的天然着色剂,是食品添加剂中的重要一员。

(2) 溴酸钾

溴酸钾是一种无机盐,室温下为无色晶体,分子式为 $KBrO_3$。溴酸钾主要用作分析试剂、氧化剂、食品添加剂(中国现已禁用)、羊毛漂白处理剂。本品对眼睛、皮肤、黏膜有刺激性。口服后可引起恶心、呕吐、胃痛、呕血、腹泻等。另外,溴酸钾对于环境亦有一定危害。

2017 年 10 月 27 日,世界卫生组织国际癌症研究机构公布的致癌物清单中,溴酸钾为 2B 类致癌物。

溴酸钾面粉改良剂已被禁用。

(3) 糖精

糖精,学名邻苯甲酰磺酰亚胺(Saccharin),是一种不含有热量的甜味剂。它为白色结晶性粉末,难溶于水。其甜度为蔗糖的 300~500 倍,不含热量,吃起来会有轻微的苦味和金属味残留在舌头上。其钠盐易溶于水。

糖精的半数致死量(LD50)为 5 000~8 000 mg/kg,每日摄取安全容许量(ADI)为 0~2.5 mg/kg。糖精可由邻磺酸基苯甲酸与氨反应制得,主要用于食品工业,可用于牙膏、香烟及化妆品。

糖精的毒性变化

20 世纪 70 年代发现糖精有对实验动物致癌的可能。美国 FDA 于 1971 年取消了糖精的 GRAS 认证,后发现其在允许用量范围内是无害的,FAO/WHO 制订的 ADI 值为 0～5 mg/kg,安全率以 100 计,最大无作用剂量(MNL)为 500 mg/kg。但 2017 年 10 月 27 日,世界卫生组织国际癌症研究机构公布的致癌物清单中,糖精及其盐被列为 3 类致癌物。

(来源:美国卫生与公共服务部,2020)

11.3.2.3　食品添加剂目前存在的问题

(1) 食品添加剂超范围使用;

(2) 食品添加剂超限量使用;

(3) 食品添加剂本身质量指标未达到(有毒杂质超标),而导致使用后发生安全问题;

(4) 临界使用食品添加剂,需开发更加安全的替代添加剂;

(5) 食用香料、香精安全性问题。

11.3.2.4　食物中食品添加剂使用的防控措施

食品安全关系着人们的身心健康。随着食品添加剂使用种类的不断增加和使用范围的不断推广,食品添加剂在给消费者带来各种新追求的同时,食品安全隐患的出现频率也随之加大。因此必须严格规范食品添加剂的使用,正确看待食品添加剂,从而保障人们的健康。食品添加剂的问题也是个反复并且经常推新的问题,需要检测与标准制定人员、管理部门和消费者三方共同的努力。

(1) 广泛开展食品安全培训,引导消费者的消费认知

当前,很多消费者对于食品添加剂的使用存在着较大的疑虑和怀疑,相关部门必须通过网络媒体、新媒体等各种宣传手段,举办有针对性的科普宣讲活动,普及推广食品添加剂的知识,引导消费者客观认识食品添加剂,提高消费者辨别真伪食品添加剂的能力,正确引导消费认知,使食品添加剂能具有更广阔的市场,更好地为食品加工行业和消费者服务。

(2) 严格遵守食品安全标准,提高食品检测水平

保证食品安全的第一道屏障是严格控制食品添加剂的使用,严格按照食品安全标准使用和进行食品安全检测。食品安全等相关部门要对检测机构的工作人员进行系统科学的培训,使之深入了解食品生产流程与加工工艺,学习《中华人民共和国食品安全法》《食品安全国家标准 食品添加剂使用标准》(GB 2760—2014)等相关食品法律法规及标准,准确掌握食品安全标准,进而科学、公平、公正、高效地做好检测工作。同时还要不断创新食品安全检测方式方法,引进先进的检测设备,提高检测的准确度和可信度,解决食品添加

剂使用的适量适度问题,确保食品安全。

（3）建立健全食品安全监管制度,用制度规范不文明行为

建立一套科学而完备的食品添加剂管理和监督制度。①建立健全食品安全溯源体系,确保食品"从农田到餐桌"全过程的监督,保证食品添加剂使用信息的真实准确。②建立健全食品加工企业应用食品添加剂的报告制度,有效提高食品添加剂的检测工作质量。③建立健全食品加工企业诚信档案制度,落实食品加工企业的备案工作。④建立健全食品添加剂的使用监督制度,加强各部门的联合执法力度,确保食品添加剂的监管工作能有序进行。同时要加大社会舆论监督的力度,特别是新闻媒体的监督,有效减少或避免滥用食品添加剂的行为。

（4）加强食品安全法律法规体系建设,用法律法规制裁违法行为

2009 年,随着《中华人民共和国食品安全法》出台,我国制定了部分食品添加剂的使用标准,但随着经济的不断发展和人们生活水平的不断提高,这些法律法规及标准也存在一些滞后性,不能满足实际需要,因此有必要加强食品安全法律法规体系建设;加强法律法规的顶层设计和标准层面的约束;对违反食品安全相关法律法规的企业进行严厉惩处,发挥法律法规的震慑作用,确保消费者能够吃到放心的食品。

11.3.3 亚硝酸盐与人体健康

11.3.3.1 亚硝酸盐

亚硝酸盐,一类无机化合物的总称。主要指亚硝酸钠,亚硝酸钠为白色至淡黄色粉末或颗粒状,味微咸,易溶于水。

硝酸盐和亚硝酸盐广泛存在于人类环境中,是自然界中最普遍的含氮化合物。人体内硝酸盐在微生物的作用下可还原为亚硝酸盐。亚硝酸盐外观及滋味都与食盐相似,并在工业、建筑业中广为使用,肉类制品中也允许其作为发色剂限量使用。由亚硝酸盐引起食物中毒的概率较高。

11.3.3.2 亚硝酸盐的来源

（1）蔬菜中硝酸盐和亚硝酸盐的来源

从大气中吸收。随着社会的发展,煤燃烧产生的大量氮氧化物与大气中的氧和其他自由基发生反应,产生 NO 气体,然后通过空气中的水蒸气转化成 HNO_3,长时间暴露于这些氧化物的蔬菜就会含有大量硝酸盐。

通过植物固氮菌获得。有些真菌能够吸收空气中的氮元素合成有机物为自身所用成为固氮菌,以促进自身生长发育,而这些合成的有机物便以硝酸盐为主要成分,这些硝酸盐较为稳定,不会对人体产生危害。

化肥的吸收与转化。随着农业生产的发展,化肥被大量使用,而硝铵又是主要的农业

化肥之一,植物吸收硝铵后蔬菜中硝酸盐的积累是人工造成植物硝酸盐积累的主要原因。

从农业灌溉的水源中吸收。部分农业灌溉用水往往是工业、农业和生活废水,其中常含有硝酸盐,可以被蔬菜吸收。此外,硝酸盐也可能存在于工业废渣中,工业废渣会污染地表水和地下水,造成灌溉水中的硝酸盐污染。

(2) 肉类和肉制品中亚硝酸盐来源

新鲜肉的紫红色是由还原型(亚铁)肌红蛋白决定的,但还原型(亚铁)肌红蛋白很不稳定,极易被氧化成高铁血红蛋白,肉的色泽也会发生明显的变化,严重影响肉及制品的外观。为使肉及制品能较长时间保持其原有的色泽,人们发现在肉及肉制品的加工过程中加入亚硝酸盐或硝酸盐可达到目的。其原理如下:在细菌作用下,加入的硝酸盐可还原成亚硝酸盐,而在酸性条件下亚硝酸盐可转化成为亚硝酸,亚硝酸又可释放出—NO,而肌红蛋白或血红蛋白会与—NO 反应,生成鲜艳、亮红的亚硝基肌红蛋白(MbNO)或亚硝基血红蛋白(HbNO)(少量)。亚硝基肌红蛋白(或血红蛋白)遇热后,放出巯基(—SH),成为具有鲜红色的亚硝基血色源,从而起到固定和增强肉的红色的作用。

(3) 其他来源

除了上述情况,还有少部分的硝酸盐和亚硝酸盐来源于其他途径,如长时间反复蒸煮的开水往往含有较高的亚硝酸盐;人体存在紊乱的胃肠道功能时,或人体存在贫血及蛔虫病时人体肠道内的细菌就可以对硝酸盐进行转化,最后得到亚硝酸盐;腌制的肉类和蔬菜中同样含有亚硝酸盐;误将亚硝酸盐当作食盐、白砂糖等。

硝酸盐和亚硝酸盐也有其他作用,硝酸盐环境可以抑制微生物的生长和繁殖,特别是对肉毒梭菌的抑制。它对肉毒梭菌具有特殊的抑制作用,更加促使亚硝酸盐被广泛使用。此外,实验结果表明,与不使用亚硝酸盐的香肠相比,使用亚硝酸盐的香肠风味显著增加。

11.3.3.3　亚硝酸盐的危害

(1) 急性中毒

在短时间之内,如果个体摄入了大量的亚硝酸盐,那么人体内的亚硝酸盐会作用于血红蛋白含有的二价铁,将其转化为三价铁,使血红蛋白的携氧能力大大下降,这种由于肠道物质造成的缺氧称为肠源性发绀。常见的临床症状有头晕、头痛,心率加快,烦躁不安,唇、指甲及全身皮肤青紫等。此外,亚硝酸盐还可以通过乳汁进入婴儿,导致婴儿体内组织出现缺氧性紫癜。

(2) 慢性中毒

致癌性。人体内含有硝酸盐还原菌,该细菌会促使体内的亚硝酸盐与胺结合生成亚硝胺。如果个体分泌的胃酸明显不足,那么还原菌就会旺盛地生长。无论个体胃酸分泌多少,都可以提升亚硝胺的产生量。亚硝胺在引起食管癌、胃癌、肝癌和结直肠癌方面具有很强的作用,在 100 多种已知的亚硝胺化合物中,已经证实大约 80% 可使动物引起癌症,并且没有发现哪一种动物具有亚硝胺抗性。亚硝胺具有诱导任何器官肿瘤的能力,特别是通过胎盘产生垂直传播的肿瘤时。

致畸性。亚硝酸盐可以通过胎盘屏障进入胎儿,因此如果怀孕期间过量摄入亚硝酸,胎儿的生长发育会受到干扰,并对胎儿产生致畸作用。研究表明,5 岁以下儿童发生颅内肿瘤的相对风险与母亲在怀孕期间食用的亚硝酸盐量有关。亚硝酸盐对幼儿也非常有害,欧盟相关机构甚至要求亚硝酸盐不应用于婴儿食品。在 20 世纪 80 年代,南澳大利亚出现了先天性新生儿畸形,主要是中枢神经系统疾病,发现含有较高硝酸根离子的地下水是该病的原因。另一项研究指出,由于水中硝酸盐的含量超过 15 mg/kg,先天性畸形的风险增加了 4 倍。

致突变性。亚硝酸盐进入人体后,使嘧啶或嘌呤脱氨,这导致核酸的结构和性质发生变化,使 DNA 复制无序,引起碱基置换突变和遗传物质的改变,即亚硝酸盐有致突变性。此外,亚硝酸盐还可以影响 DNA 双链体之间的交联并引起遗传效应。

11.3.3.4　防治措施

（1）从饮食方面控制亚硝酸盐的摄入

①剩菜不适合长时间在高温下储存。②不要经常喝反复煮开的水。③少吃或不吃未腌制好的泡菜。④禁食腐烂变质蔬菜或变质的腌菜,如发黄的青菜、黄瓜等。此外,在购买蔬菜时,应注意蔬菜的外观。⑤多吃含有维生素 C 和维生素 E 的蔬菜和水果。在食物中加入更多的醋,以防止形成亚硝酸盐。

（2）严格控制食品生产和加工中添加亚硝酸盐

①妥善保管亚硝酸盐,防止误食。②严格按照世界卫生组织关于食品添加剂的规定限制亚硝酸盐和硝酸盐的含量。世界卫生组织建议在没有理想的替代品之前将用量限制在最低水平;根据中国现行法律法规的规定,肉制品中硝酸盐的最大用量为 0.5 g/kg。在罐头肉类和肉类产品中,亚硝酸盐的最大量也受到严格管制,标准为 0.15 g/kg。严格确保摄入量正常,对人体没有潜在危害。③净化水资源,特别是在饮用水中硝酸盐含量高的地区进行水净化。④尽量使用低温保存食品技术,以减少亚硝酸盐的产生。⑤做好食品保鲜工作,防止微生物污染和食物污染。⑥合理的加工技术和烹饪技巧可以有效降低硝酸盐等物质含量。有实验数据表明,烹饪后商品蔬菜的硝酸盐含量减少了 50%～70%;在食用蔬菜之前,进行 3 min 的沸水浸泡处理,可以有效降低硝酸盐的含量。⑦加强监督管理。在荷兰、比利时、德国等国家都有明确的规定,蔬菜产品要想顺利进入蔬菜市场,需要严格检测硝酸盐的剂量,确切的硝酸盐含量记录在证书上。

11.4　食品包装与健康

食品包装是食品业的重要组成部分。食品包装的作用主要是保护商品质量和卫生,不损失原始成分和营养,方便采运,促进销售,提高货架期和商品价值。随着生活水平的日益提高,人们对包装的要求也越来越高,包装材料也逐渐向安全、轻便、美观、经济的方向发展。包装材料是食品包装中的主要组成部分,人们一直关注着食品包装材料的安全性问题。20 世纪 60 年代塑料包装的引进,带来了包装材料中有机化学物质进入食品的问题,如聚苯乙烯,其单体苯乙烯可从塑料包装进入食品。当采用陶瓷器皿盛放酸性食品时,其表面釉料中所含的铅就可能被溶出,随食物进入人体而造成对人体的危害。现代包装给消费者提供了高质量的食物,同时也使用了种类更多的包装材料,如玻璃、陶瓷、金属(主要是铝和锡)、木制品(木制纸浆、纤维素),以及塑料等。食品包装材料品种和数量的增加,在一定程度上给食品带来了不安全因素。包装材料直接和食物接触,很多材料成分可进入食品中,这一过程一般称为"迁移"。它可在玻璃、陶瓷、金属、硬纸板、塑料包装材料中发生。常用的食品包装材料和容器主要有:纸和纸包装容器、塑料和塑料包装容器、金属和金属包装容器、复合材料及其包装容器、组合容器、玻璃陶瓷容器、木质容器和其他麻袋、布袋、草、竹等包装物。纸、塑料、金属和玻璃已成为包装工业的四大支柱材料。对于食品包装材料安全性的基本要求就是不能向食品中释放有害物质,不与食品中成分发生反应。来自食品包装中的化学物质成为食品污染物,这个问题越来越受到人们的重视,并在很多国家已经作为研究热点。

11.4.1　纸类包装材料的污染

　　纸和纸板作为包装材料历来占据了主导地位。某些发达国家曾一度大力发展塑料包装,但后来逐渐认识到塑料制品等人工合成包装材料对环境造成的危害是极其严重的,故人们主动放弃塑料制品等,开始重新使用纸制品,这就导致了纸和纸制品的应用范围越来越广泛。不同纸类包装材料根据性能的不同,应用在食品、轻工、化工、医药等各个领域,可为这些行业提供销售包装和运输包装。

11.4.1.1　纸类包装存在的安全问题

　　虽然纸制品具有优异的包装性能,但是其安全性也引起了人们的重视。主要有两方面的问题:

　　① 加工处理时,特别是在纸制品的加工过程中,通常有一些杂质残留下来,如纸浆中的化学残留物(包括碱性和酸性两大类),纸板间的黏合剂、涂料和油墨等若处理和使用不当均可以污染食品,轻则造成产品中出现异味,重则将某些有毒物质渗透到食品中。

　　② 由于包装用纸和纸制品直接与食品接触,故不得采用废旧报纸和社会回收废纸为原料,不得使用荧光增白剂或对人体有害的化学助剂。但在实际生产中还是有很多厂家出于经济利益考虑使用不合规范的上述材料。

11.4.1.2　几种包装用纸

（1）玻璃纸

玻璃纸是由再生纤维素制成的透明薄膜。它对空气、油脂、细菌和水的低渗透性使它可用于食品包装。但是玻璃纸对水蒸气具有很高的渗透性，可以通过涂覆硝基漆来解决这个问题。除了食品包装，玻璃纸也用于透明包装压敏带、管道和许多其他类似的应用。与许多其他类似的材料不同，玻璃纸是可生物降解的。但是，它的制造过程中使用了有毒化学物质。

（2）植物羊皮纸

植物羊皮纸是用纯植物纤维制成的原纸经过硫酸处理制得的半透明包装纸，又称为硫酸纸。植物羊皮纸可用于包装糖果、食品、油蜡、茶叶、烟草等食物，适用于医药、仪器、机械零件等。工业羊皮纸适用于化工药品、仪器、机器零件等工业包装，具有防油、防水、湿强度大的特性。食品羊皮纸主要用于食物、药品、消毒材料的内包装用纸，也可用于其他需要抗油耐水商品的包装。

（3）普通食品包装纸

普通食品包装纸是一种不经涂蜡加工可直接包装食品的包装纸。它分一号、二号、三号三种，有单面光和双面光两种式样，主要为平板纸，用于食品商店、副食店、旅游食品供应点等，作为零售食品的包装用纸。

（4）鸡皮纸

鸡皮纸是一种单面光的平板薄型包装纸，供印刷商标、包装日用百货、食品之用等。光泽好，有较高的耐破度和耐折度，有一定的抗水性。其特点是纸质均匀，拉力强，纸面光泽良好并有油腻感，纤维分布均匀，经过包扎不易破裂，色泽多样。

11.4.2　塑料包装材料的污染

塑料是以一种高分子聚合物树脂为基本成分，再加入一些用来改善性能的各种添加剂为辅料制成的高分子材料。它广泛用于食品的包装，取代了玻璃、金属和纸类等传统包装材料，成为目前食品销售包装最主要的包装材料。

11.4.2.1　塑料包装存在的安全隐患

（1）塑料树脂的安全问题

用于食品包装的大多数塑料树脂材料是无毒的，但它们的单体分子却大多有毒性，并且有的毒性较强，有的已被证明为致癌物。如：聚苯乙烯树脂中的苯乙烯单体对肝脏细胞有破坏作用；丙烯腈塑料的单体是强致癌物，在一些国家禁用该种材料。

（2）塑料添加剂的安全问题

塑料添加剂一般包括增塑剂、稳定剂、着色剂、油墨和润滑剂等，以上添加剂均不同程度地有一些毒性,在加工时应该慎用。

11.4.2.2　几种常见的塑料包装

（1）双向拉伸聚丙烯薄膜（BOPP）

BOPP 是将高分子聚丙烯的熔体首先通过狭长机头制成片材或厚膜,然后在专用的拉伸机内,在一定的温度和设定的速度下,同时或分步在垂直的两个方向(纵向、横向)上进行拉伸,并经过适当的冷却、热处理或特殊的加工(如电晕、涂覆等)制成的薄膜。一般复合结构的 BOPP 珠光膜/CPP(流延聚丙烯薄膜)、BOPP 珠光膜/PE(聚乙烯)等,由于具有一定的珠光效果,常常用于冰激凌、热封标签、甜食、饼干、风味小吃包装等。厚度为 35 微米的双面热封型珠光膜 BOPP 可以直接用于雪糕、冰激凌等冷饮包装,也可以用于糖果枕式包装,巧克力、香皂的防护包装。厚度为 30 微米的双面热封 BOPP 珠光膜广泛应用于饼干、甜食、糖果、风味小吃等包装。BOPP 珠光膜除软包装上的应用外,还有相当一部分用于礼品包装。

（2）低密度聚乙烯薄膜（LDPE）

低密度聚乙烯又称高压聚乙烯,常缩写为 LDPE,呈乳白色,无味、无臭、无毒,表面无光泽的蜡状颗粒。其密度为 $0.91\sim0.93\ \text{g/cm}^3$,是聚乙烯树脂中最轻的品种,具有良好的柔软性、延伸性、电绝缘性、透明性、易加工性和一定的透气性。其化学稳定性能较好,耐碱、耐一般有机溶剂。低密度聚乙烯的应用范围：调味料、糕点、糖、蜜饯、饼干、奶粉、茶叶、鱼肉松等食品包装；片剂、粉剂等药品包装,衬衫、服装、针织棉制品及化纤制品等纤维制品包装；洗衣粉、洗涤剂、化妆品等日化用品包装。由于单层 PE 薄膜的机械性能较差,所以通常用作复合包装袋的内层,即多层复合薄膜热封性基材。

（3）聚酯薄膜（PET）

PET 是以聚对苯二甲酸乙二醇酯为原料,采用挤出法制成厚片,再经双向拉伸制成的薄膜材料。PET 是一种高分子塑料薄膜,因其综合性能优良而越来越受到广大消费者的青睐。它是一种无色透明、有光泽的薄膜,机械性能优良,刚性、硬度及韧性高,耐穿刺,耐摩擦,耐高温和低温,耐化学药品性、耐油性、气密性和保香性良好,是常用的阻透性复合薄膜基材之一。

11.4.3　金属包装材料的污染

由于金属包装材料的高强度、高阻隔性及加工使用性能的优良,其在食品包装中占有非常重要的地位,成为食品包装的四大支柱材料之一,在包装材料中仅次于纸和纸制品而居第二位。

11.4.3.1　金属包装存在的安全问题

（1）由于金属包装材料及制品的化学稳定性能较差,不耐酸、碱,尤其对酸性食品敏感。所以,有金属包装的食品放置一定时间后,涂层溶解,使金属离子析出,影响产品的质量。

(2) 由于金属材料的阻隔性优于其他材料,故放置一定时间后包装内部处于无氧或少氧的状态,所以厌氧或兼性厌氧的微生物有增殖的可能,特别是含高动物蛋白质类的食品,应注意肉毒梭菌的存在,它产生的毒素不耐加热,但是其毒力比氰化钾大1万倍。

11.4.3.2 主要的金属包装材料

(1) 钢材

与其他金属包装材料相比,钢材来源较丰富,能耗和成本也较低,至今仍占据金属包装材料首位,低碳薄钢板具有良好的塑性和延展性,制桶制罐工艺性好,有优良的综合防护性能,但冲拔性能没有铝材好。钢板包装最大的缺点是耐腐蚀性差,易锈,必须采用表面镀层和涂料等方式才能使用。镀锡薄钢板是制造桶的主要材料,大量用于罐头工业,也可以用来制造其他食品包装容器。

(2) 铝材

铝材较钢材使用时间较短,但是丰富的铝资源和优异的性能使得铝包装材料某些方面取代了钢质包装材料。铝材的主要特点是质量轻、无毒无味、可塑性好、延展性好,在大气和水汽中化学性质稳定,不生锈,表面洁净有光泽。

铝的不足之处是在酸碱盐介质中不耐蚀,故表面也需涂料或镀层才能作为食品容器。而且其强度较钢低,成本比钢高,往往主要用作销售包装。

11.4.4 玻璃包装材料的污染

食品包装用的玻璃主要是钠-钙-硅系玻璃,其中玻璃容器约80%为瓶和罐。一般大口瓶用于盛装粉状、粒状、膏状或块状食品,小口瓶用于盛装液体类食品。玻璃材料本身不存在安全性问题,但这类包装材料一般都是循环使用,在使用过程中瓶内可能存在异物和清洗消毒剂的残留。

玻璃包装材料具有以下的优点:

① 玻璃包装材料具有良好的阻隔性能,可以很好地阻止氧气等气体对内装物的侵袭,同时可以阻止内装物的可挥发性成分向大气中挥发;

② 玻璃包装材料可以反复多次使用,可以降低包装成本;

③ 玻璃包装材料能够较容易地进行颜色和透明度的改变;

④ 玻璃包装材料安全卫生、有良好的耐腐蚀能力和耐酸蚀能力,适合酸性物质(果蔬汁饮料等)的包装;

⑤ 由于玻璃包装材料适合自动灌装生产线的生产,国内的玻璃瓶自动灌装技术和设备发展也较成熟,采用玻璃瓶包装果蔬汁饮料在国内有一定的生产优势。

11.4.5　搪瓷和陶瓷包装材料的污染

在食品行业,陶瓷包装的使用是一种传统的方法,有着悠久的历史。主要容器有瓶、罐、缸、坛等,用于酒类、调味品以及传统食品的包装。陶瓷包装容器的安全问题主要是釉陶瓷表面釉层中重金属元素铅或镉的溶出对人体健康造成的危害。

（1）铅

高浓度的铅摄入人体,会导致胃疼、头痛、颤抖、神经性烦躁,突触数量降低,在最严重的情况下,可能人事不省,直至死亡。在很低的浓度下,铅的慢性长期健康效应表现为影响大脑和神经系统。

（2）镉

镉及其化合物均有一定的毒性。用镀镉的器皿调制或存放酸性食物或饮料,饮食中可能含镉,误食后也可引起急性镉中毒。潜伏期短,通常经 10～20 分钟后,即可发生恶心、呕吐、腹痛、腹泻等症状。严重者伴有眩晕、大汗、虚脱、上肢感觉迟钝,甚至出现抽搐、休克。一般需经 3～5 天才可恢复。长期吸入镉可产生慢性中毒,引起肾脏损害,主要表现为尿中含大量低分子量蛋白质,肾小球的滤过功能虽多属正常,但肾小管的回收功能减退,并且尿镉的排出增加。

慢性镉中毒的早期肾脏损害表现为尿中出现低分子蛋白（β2 微球蛋白、维生素 A 结合蛋白、溶菌酶和核糖核酸酶等）,还可出现葡萄糖尿、高氨基酸尿和高磷酸尿。慢性中毒患者常伴有牙齿颈部黄斑、嗅觉减退或丧失、鼻黏膜溃疡和萎缩,其他尚有食欲减退、恶心、体重减轻和高血压。晚期患者出现慢性肾功能衰竭。肺部表现为慢性阻塞性肺疾病,最终导致肺功能减退。长期接触镉者肺癌发病率增高。

日本报告因摄食被镉污染的水源引起的一种慢性镉中毒疾病称"痛痛病"。临床表现为背和腿疼痛、腹胀和消化不良,严重患者发生多发性病理性骨折。实验室检查有肾小管再吸收功能障碍,尿钙和尿磷酸盐排泄增加,血钙降低等。痛痛病经流行病学调查认为与镉有关。痛痛病以育龄妇女多见,故考虑除镉外,尚有营养缺乏、钙丢失和内分泌失调等因素。

11.4.6　防护措施

食品包装方面的防护主要注意以下五点:①食品包装用安全的食品包装材料替代受限制或可疑的材料。②用环保安全的印刷油墨、黏合剂、涂料取代有机溶剂。③制定食品包装材料的安全法规。④进一步完善和强化食品包装材料的安全性检测。⑤进一步严格食品包装材料的市场准入制度。

食品包装用更加安全的材料,对于避免食品安全污染至关重要,不能将食品包装作为食品生产的副产品而不作为食物安全生产的关键一环。当前使用的有机溶剂可以采用更加健康的印刷油墨、黏合剂、涂料,例如醇溶性油墨、水性油墨、UV 油墨、大豆油墨等并且可以推广无溶剂复合工艺;取代油剂溶剂涂料的环保涂料有预涂涂料、水性涂料、粘贴涂料和粉末涂料,在金属桶等工业包装上主要推广应用预涂涂料。制定食品包装材料的安全法规:对所有与食品接触的材料及器具实行强制性的标签制度;给出食品包装材料允许存在的物质清单和纯度标准,以及允许进入食品的总迁移量与特定迁移量;给出食品接触材料和器具成分迁移试验,包括设定食物的模拟液体、接触时间和温度的基本规则。应尽快制定"食品包装材料与容器关于迁移的安全限量法规",同时为提高迁移测试的精确性与权威性,应尽快建立国家迁移测试实验室。

从实验室角度,也要对当前的食品包装有一个准确的把握,在目前已检测的阻隔性能、机械性能、热封性能、密封性等项目基础上,应增加化学成分组成和迁移测试两个项目。化学成分组成检测应包括对包装材料、辅料中有毒有害的有机化合物及重金属检测,尤其是对残留的单体,苯类残留物质,重金属铅、镉、铬、双酚 A 等物质的检测;迁移测试是用于评测从包装材料向食品中流失迁移的有毒有害残留物的含量水平。后者应是新型包装材料必选测试项目。

严格市场准入规定,与食品直接接触的塑料包装、容器、工具等制品的生产加工企业必须进行必备生产条件和质量安全保证能力的审查以及对产品进行强制检验,确认其产品具有安全性,企业须具备持续稳定生产合格产品的能力,方准许其生产销售产品并进入市场;但对纸、陶瓷、玻璃、金属、橡胶、竹制品等种类繁多的食品包装材料仍未实行或强制执行市场准入制度。

思考题

1. 食品的污染主要分为哪两大类,其中有哪些具体的内容?

2. 从日常生活出发,你觉得社会上有哪些食品安全隐患,该怎样做?(分别从个人,企业,政府的角度论述)

3. 查阅相关资料,如果你是一个水果罐头厂老板,你需要注意和处理哪些流程上的哪些污染,给出表格说明。

4. 哪些食品的亚硝酸盐含量比较多? 应该如何预防亚硝酸盐危害?

5. 黄曲霉毒素有哪些危害? 如何预防黄曲霉毒素危害?

参考文献

[1] WHO Food-borne disease[EB/OL]. https://www.who.int/zh/news-room/fact-sheets/detail/food-safety.

[2] 付萍,王连森,陈江,等.2015 年中国大陆食源性疾病暴发事件监测资料分析[J].中国食品卫生志,2019,31(1):64-70.

[3] 中华人民共和国卫生部,中国国家标准化管理委员会.食品卫生微生物学检验标准(GB/T 4789—2008)[S].北京:中国标准出版社,2009.

［4］王伟华,张新武,周靖波.食源性微生物快速检测研究进展［J］.食品安全质量检测学报,2010,1(4):182-188.

［5］施春雷.食源性致病微生物研究的新动态［J］.食品安全质量检测学报,2019,10(18):5981-5982.

［6］孙献周,于琪,张巧.食物中食源性致病菌污染现状及危害［J］.河南医学高等专科学院学报,2021,33(3):335-339.

［7］孙若玉,任亚妮,张斌.生物性污染对食品安全的影响［J］.食品研究与开发,2015,36(11):146-149.

［8］李兰扣.食品的化学性污染的危害及防治［J］.科技风,2012(000)019:112.

［9］白岚,孙国云.强致癌物质——N-亚硝基类化合物［J］.农业与技术,2002(4):35.

［10］马俪珍,南庆贤.方长法 N-亚硝胺类化合物与食品安全性［A］.农产品加工(学刊)2005(12):8-11＋14.

［11］吴丹.食品的化学性污染的危害及防治［J］.食品工业科技.2008(05).

［12］李臣,周洪星,石骏,等.地沟油的特点及其危害［J］.农产品加工,2010(06):69-70.

［13］余擎宇,何若滢.地沟油对人体健康的危害［J］.粮油食品科技.2011(4):36-37.

［14］曹文明,薛斌,杨波涛,等.地沟油检测技术的发展与研究［J］.粮食科技与经济.2011,036(001):41-44.

［15］吕航,张文,宫国强.转基因食品检测技术的相关研究［J］.粮食流通技术,2021,002(027):146-148.

［16］曾庆肖,张文.国内外转基因食品研究进展及安全性探讨［J］.食品安全导刊,2021,6(6):6-7.

［17］陈长宏,张科.食品的病毒污染途径及预防措施［J］.现代农业科技,2011(14):2.